AN ESSENTIAL GUIDE TO **BUSINESS STATISTICS**

비즈니스 통계학

Dawn Willoughby 지음 | 권세혁 옮김

DAWN WILLOUGHBY

WILEY　Σ시그마프레스

비즈니스 통계학

발행일 | 2016년 9월 1일 1쇄 발행

지은이 | Dawn Willoughby
옮긴이 | 권세혁
발행인 | 강학경
발행처 | (주)시그마프레스
디자인 | 김정하
편집 | 이호선

등록번호 | 제10-2642호
주소 | 서울특별시 영등포구 양평로 22길 21 선유도코오롱디지털타워 A401~403호
전자우편 | sigma@spress.co.kr
홈페이지 | http://www.sigmapress.co.kr
전화 | (02)323-4845, (02)2062-5184~8
팩스 | (02)323-4197

ISBN | 978-89-6866-772-5

An Essential Guide to Business Statistics

* 책값은 책 뒤표지에 있습니다.

* 이 도서의 국립중앙도서관 출판시도서목록(CIP)은 서지정보유통지원시스템 홈페이지
(http://seoji.nl.go.kr)와 국가자료공동목록시스템(http://www.nl.go.kr/kolisnet)에서 이용하
실 수 있습니다.(CIP제어번호 : 2016019810)

대학에서 통계학 교육에 몸담은 지 20년이 되었다. 그간의 강의노트를 매년 수정·보완하여 개인 홈페이지에서 제공했고, 통계학 관련 저서를 발간하기도 했다. 그럼에도 적절한 교재에 대한 갈급함이 있었다. 특히 경상계열의 1학년을 대상으로 한 기초 통계학원론을 강의할 때 그러했다. 통계학 교수들이 집필한 저서는 1학년 학생들에게는 버거운 수학적 지식을 다소 많이 요구하고 있었기 때문이다.

경상계열 기초통계학 저서는 적어도 다음 두 가지 조건을 만족해야 한다. 첫째, 경영경제를 전공하려는 학부생들이 쉽게 통계학적 마인드를 가질 수 있도록 사례 중심으로 기술되어 있어야 한다. 둘째, 고등학교 문과생이 습득한 수준의 수학 지식만으로 이해할 수 있는 내용들로 이루어져야 한다. 이에 덧붙이자면, 한 학기 동안 통계학 전반을 다룰 수 있는 분량이면 더 좋을 것이다.

(주)시그마프레스가 제안한 *An Essential Guide to Business Statistics*는 바로 이러한 조건들에 부합하는 책이었다. 이 책은 수식을 최소한으로 사용하여 경상계열 학부생의 수식에 대한 부담을 덜어 주고, 통계학의 개념 및 용어에 대한 상세한 설명과 사례 중심의 통계기법 활용방법을 담고 있다. 또한 통계학 분야에서 주로 쓰는 엑셀 프로그램을 사용한 통계 계산 및 숫자 그래프 작성 예시를 제시하여 실제 비즈니스 보고서 작성이 가능하도록 구성하였다.

번역 작업은 처음이라 적절한 한글 표현과 기술 방법에 고민이 많았다. 이런 고민을 함께 해 준 미국 펜실베이니아대학교 경제학 전공자인 레이철 양과 학부 통계학 지식을 쏟아 적절한 용어 선택과 교정을 도와 준 이미현 씨에게 감사한다. 마지막으로 이 책을 제안해 준 (주)시그마프레스 관계자에게도 감사를 전한다.

모든 사람이 통계를 사랑하는 날을 꿈꾸며
대전 한남 오정골에서 권세혁 교수

개요

비즈니스 관련 학위를 공부하는 1학년 학부생을 위하여 항상 다음의 세 가지 주요 목적을 염두에 두고 이 책을 썼다.

1. 학생들의 선택 학위 과정에 포함된 과목과 관련된 사업 기반 데이터와 시나리오를 사용한다. 이것은 참여, 이해와 동기 부여에 도움이 된다.
2. 비전공자가 감당하기 어려운 통계적 개념에 대한 긴 토론 없이 이해를 돕는 충분한 설명과 명확한 표현을 사용해 책을 쓴다.
3. 학생들이 엄격하게 각 주제에 대한 이해를 테스트 할 수 있는 기회를 가질 수 있도록 충분한 양의 연습을 제공하는 데 초점을 둔다.

이 책은 학생들이 데이터의 수집, 분석, 해석 및 프리젠테이션에 능숙해지는 데 도움을 준다. 하지만 무엇보다도 그들이 고객을 이해하고, 결정을 하고, 미래를 계획하는 일련의 비즈니스 맥락에서 통계가 얼마나 중요한지를 깨닫게 되기를 기대한다.

대상 독자

앞에서 언급하였듯이 이 책은 1학년 학부생을 위한 것이다. 이 책의 도움을 가장 많이 받는 학생은 비즈니스와 관련된 학위 과정에 등록해 비즈니스 통계 또는 양적 방법과 관련한 입문 수업을 들어야 하는 학생들이다.

영국과 유럽에서는 비즈니스 대학원이 확대되고 있다. 학부와 대학원 수업을 듣는 학생 수는 늘고 많은 학교가 야심 찬 건축 계획과 민간 기업과의 광범위한 협력에 착수했다.

비즈니스 대학원에서 학사 학위 과정은 종종 공부를 시작하는 첫해에 비즈니스 통계, 양적 방법 또는 이와 유사한 필수 수업을 포함한다.

예를 들어, 다음과 같은 학위 과정에 일반적으로 이러한 수업이 포함된다.

- 회계와 비즈니스
- 회계와 관리
- 금융과 투자 은행업
- 비즈니스와 관리
- 정보 기술 관리

책 전반에 수치 기반 과목을 잘 이해하지 못하는 학생들이 공부와 과제에 흥미를 느낄 수 있게 비즈니스 기반 시나리오와 관련된 데이터를 사용한다. 이 책은 학생들에게 비즈니스 관련 데이터에 통계적 기술을 적용하는 연습 기회를 제공하는 매주 수업이나 숙제로 사용될 수 있다. 시험에 대비할 수 있게 개정 가이드로 사용할 수도 있고 수업 교재로 사용될 수도 있다.

주요 장점

이 책은 다양한 방법으로 학생들에게 도움을 준다.

- 각 주제의 학습 포인트들은 간결하게 요약되어 있고, 이해를 강화하고 수정을 지원하기 위한 필수적인 자원을 제공한다.
- 명확하게 제시된 예제는 학생들이 통계 수식의 사용을 이해하고 학습을 강화하는 비즈니스 관련 문제에 자신의 지식을 적용하는 데 도움을 준다.
- 책의 각 장마다 실제 비지니스 관련 데이터를 사용하는 40개의 연습문제가 있다. 각 문제 마다 표, 그래프, 차트를 포함한 풀이를 제공한다.
- 모든 장에서는 학생들이 자신의 학습 잠재력을 극대화하고 결과를 해석하고 계산 시 발생하는 흔한 실수를 방지하는 데 도움을 주는 힌트와 팁 부분이 포함되어 있다.
- 장의 본문에서 제시된 예제와 관련하여 스크린 샷과 관련된 설명은 많은 통계적 기술을 실행하는 마이크로소프트 엑셀 2016 사용법을 제공한다.
- 글이 그림들과 예제를 포함해 이해하기 쉽게 제시되어 계산력이 약한 학생들도 과제를 쉽게 이해할 수 있다.

CONTENTS 차례

CHAPTER 1

서론

비즈니스 관점에서 다양한 목적으로 정보를 수집하는 일은 빈번하다. 예를 들면 다음과 같다.

- 고객을 보다 잘 이해하기 위하여 : 고객이 구입을 선호하는 제품은 무엇인가?
- 비즈니스 규모에 대한 의사결정 : 세일즈 팀 인원을 늘려야 할까?
- 재정적 정보에 대한 분석 : 작년에 시장점유율이 얼마나 증가하였나?
- 미래에 대한 계획 : 새로운 생산 시설의 입지로 적합한 장소는 어디인가?

그러나 데이터(data)로 언급되는 비즈니스 정보는 적절하게 처리되고 해석되지 않으면 실용적으로 사용할 수 없다. 통계학은 데이터를 수집, 분석, 해석, 표현하는 수리과학이며 이런 데이터들을 이해하는 것을 도울 것이다.

핵심용어

관측값(observation)	변수(variable)	질적자료(qualitative data)
기술통계학(descriptive statistics)	양적자료(quantitative data)	추론통계학(inferential statistics)
데이터(data)	연속형(continuous)	
데이터 세트(data set)	이산형(discrete)	

수집

정보를 수집함에 있어 시간과 비용의 효율성을 보장해야 한다. 집단의 일부에 관심을 갖는다면 조사해야 할 전체 대상(사람, 개체)을 대표할 표본집단을 선택하는 것이 중요하다.

2장에서는 조사할 때 사용할 수 있는 데이터 수집 기법에 대해 설명하고 있다. 또한 관심 집단을 선택하는 표본추출 비교방법을 제공하는데, 그것은 정보를 수집하는 데 생기는 오차의 크기를 설명해 준다.

분석

다음 6개 장에서는 주어진 정보를 표, 그래프, 숫자를 통해 효과적으로 분석할 수 있는 다양한 방법을 보여 준다. 데이터는 흔히 큰 규모로 수집되기 때문에 그와 관련된 자세한 과정을 간단하게 요약하는 것이 결과를 이해하는 데 도움이 된다. 이런 과정을 기술통계학(descriptive statistics)이라고 부른다.

3장과 4장에서는 표, 차트나 그래프를 사용해 다양한 정보를 설명하는 예들을 보여 준다. 5장과 6장은 데이터의 대표값이나 변동의 측도를 설명하는 수치적 방법에 초점을 맞추고 있다. 2개의 데이터 세트 사이에 가능한 관계를 분석할 때 사용되는 상관관계와 회귀분석은 7장과 8장에서 설명한다.

해석

이 책의 마지막 2개 장에서는 추론통계학(inferential statistics)으로 알려진 여러 가지 이론과 기법을 소개하고 있다. 소규모 대표 집단을 조사함으로써 전체 조사 집단에 대한 결론을 내릴 수 있다.

9장에서는 추론통계학적 방법을 이해하는 데 필요한 확률의 기본을 소개하고 있다. 확률은 불확실한 상황에서 어떤 사건이 일어날 수 있는 가능성을 수치화하는 방법을 설명해 준다. 10장에서는 수집된 데이터를 설명할 수 있는 추정치를 통계학적 도표로 사용하는 법을 알려준다.

표현

우리가 가진 정보를 충분히 조사하고 새로운 사실을 발견했을 때 우리의 연구 결과를 보고서, 웹페이지 또는 발표를 통해 공유할 필요가 있다. 사용된 방법들과 결론에 이르기까지의 과정을 충분히 설명하는 것이 중요하다.

이 책은 정보를 요약하고 설명하는 방법을 알려준다. 예를 들면 4장에서는 그래프와 도표를 사용하는 간단한 기준선을 알려준다. 5장과 6장에서는 언제, 어떤 수치적 방법을 사용해야 하는지를 설명하고, 7장에서는 마지막 결론을 내리기 전에 고려해야 할 제한 사항들을 알려준다.

용어

기술과 추론통계학에 대한 방식들을 사용하기 전에 알아야 할 몇 가지 기본적인 용어가 있다.

변수

변수(variable)란 다양한 값을 가질 수 있는 특성 혹은 속성이다. 정보를 수집할 때 각각의 대상이 변수마다 서로 다른 값이 관측될 수 있다.

관측값

주어진 대상의 변수의 값을 **관측값**(observation)이라고 한다. 다양한 변수의 관측값들을 수집했을 경우 이를 **데이터 세트**(data set)라고 한다.

양적, 질적

각각의 변수와 관측값들은 제공하는 정보에 따라 양적자료와 질적자료로 나눠진다. 수치로 나타낼 수 있는 정보를 **양적자료**(quantitative data)라고 한다. **질적자료**(qualitative data)는 수치로 나타낼 수 없는 특징을 갖는다. 질적자료는 단어나 알파벳을 사용하여 나타낸다.

이산형, 연속형

양적변수는 이산형 데이터와 연속형 데이터로 구분할 수 있다. **이산형**(discrete) 변수는 명확한 값(정수)으로만 주어질 수 있는 반면, **연속형**(continuous) 변수는 정해진 범위 안에 어떤 수라도 될 수 있다. 이산 데이터는 셀 수 있으나 연속 데이터는 측정해야 한다.

다음 표가 위 용어를 사용하여 정보를 분류하는 방법을 알려준다.

변수	관측값 예	양적 혹은 질적	이산형 혹은 연속형
회사 종업원 수	2,350명, 31명, 175,000명	양적	이산형
고객 구매 이유	브랜드, 색상, 기능	질적	해당 없음
생산된 시리얼 총량	500.5g, 499.2g, 502.3g	양적	연속형

통계학적 기법을 수집한 데이터에 적용하기 전에 우선 데이터를 적절한 속성으로 분류하여야 한다. 양적자료인지 질적자료인지를 정하는 것이 중요한 첫 단계이다. 데이터의 특징에 따라 사용되는 기법이 정해지고 올바른 분류가 조사의 정확한 결론을 내릴 수 있게 만든다.

엑셀 활용하기

스프레드시트 패키지로 만들어진 마이크로소프트 엑셀은 데이터를 분석하고 발표하는 데 사용할 수 있다.

특히 엑셀은 다음 세 가지에 도움을 준다.

- 계산할 때 사용할 공식들을 만들 때
- 내장된 함수를 사용할 때
- 그래프나 차트로 데이터를 표현할 때

이 절에서는 기본적인 공식들을 활용하는 방법과 내장되어 있는 간단한 수학적 함수들을 설명한다. 중심 경향과 산포, 상관과 회귀를 측정할 때, 또한 도표를 사용할 때 어떤 통계 함수를 사용하는지에 대해서는 각각의 적당한 장에서 설명될 것이다.

이 책에 있는 스크린 샷들과 설명들은 'MS Excel 2016'을 사용해서 예를 든 것이다.

기본 공식 만들기

엑셀에 기본적인 공식을 구성할 때, 결과를 나타내고 싶은 셀을 누르고 등식 기호(=)로 시작하면 된다. 셀 안에 적는 정보를 등식 기호(=)로 시작할 경우 엑셀은 함수로 인식한다.

등식 기호(=)를 셀 안에 쓸 경우, 적당한 수, 언급하는 셀들과 연산자를 사용해 계산을 해야 한다. 원하는 셀을 지정할 때 직접 입력하거나 그 셀을 마우스 버튼을 사용해 누를 수 있다. 공식이 완성됐을 때 〈enter〉 키를 치면 계산의 결과치를 볼 수 있다.

가장 많이 사용되는 연산자들은 다음과 같다.

연산자	설명	공식 예	결과
*	곱셈	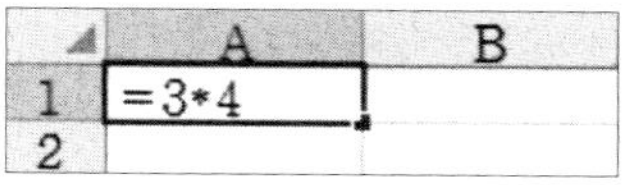 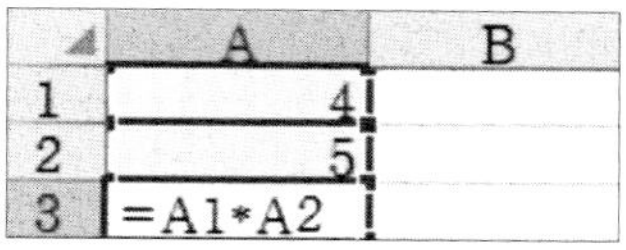	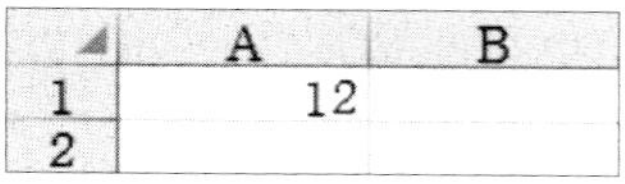 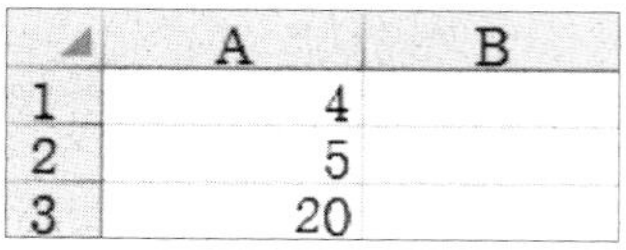

완성된 공식을 보고 싶을 땐 결과가 쓰여 있는 셀(눌러진 셀 위치가 표현, 사각형)을 눌러서 스프레드시트 맨 위에 있는 **공식 바**(타원형 부분)를 보면 된다. 수식에 셀이 지정되면 지정된 셀이 표시가 된다. 다음 그림에서 **A1**, **A2** 셀이 하이라이트된 것을 확인할 수 있다.

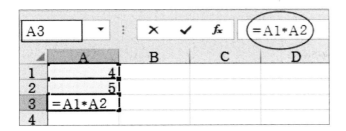

연산자	설명	공식 예	결과
/	나눗셈	A 1 =18/6 2 A 1　3 2 3　50 4　10 5 =A3/A4	A 1　3 2 3　50 4　10 5　5

연산자	설명	공식 예	결과
+	덧셈	A 1 9+14 2 A 1 9+14 2 3　17 4　8 5 =A3+A4	A 1　23 2 3　17 4　8 5　25

연산자	설명	공식 예	결과
−	뺄셈	A 1 =19−3 2 A 1　16 2 3　4 4　15 5 =A3−A4	A 1　16 2 3　4 4　15 5　−11

공식을 구성할 때 연산자들을 사용하는 순서도 중요하다. 엑셀은 일반적인 계산 우선 순위를 사용하기 때문에 곱셈과 나눗셈을 덧셈, 뺄셈보다 먼저 수행한다. 만약에 계산 우선 순서를 바꾸고 싶으면 괄호 기호를 사용해야 한다.

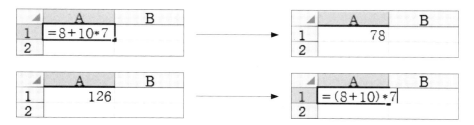

내장 함수 이용하기

엑셀에서는 곱셈, 나눗셈, 덧셈, 뺄셈 같은 연산자 외에도 내장된 다양한 수학 함수들을 사용할 수 있다.

리본에 있는 **수식** 탭을 사용하여 내장된 수학 함수들을 사용하려면 다음 두 가지 방법이 있다.

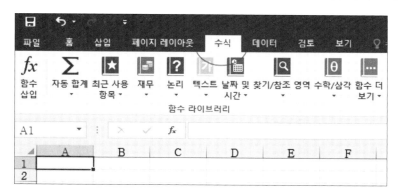

- 결과를 나타내고 싶은 셀을 누른 뒤 메뉴 바에서 **수식** 메뉴를 선택한 후 **수학/삼각** 아이콘 메뉴에서 원하는 함수를 찾는다.

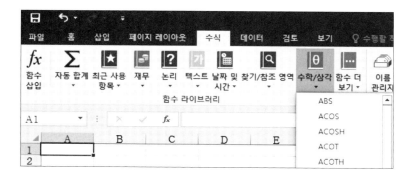

- **함수 삽입**을 사용하여 찾을 수 있다. **함수 마법사** 창이 팝업되면 **함수 검색** 상자나 **함수 선택** 상자를 써서 함수를 찾은 뒤 **확인**을 누른다.

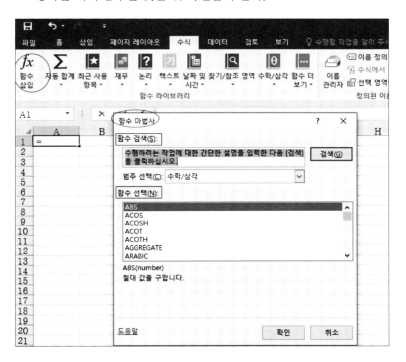

팝업 리스트에서 알맞은 함수를 선택하면, **함수 마법사** 대화상자가 나타난다. 대화상자에 함수와 그 함수에 해당되는 구문에 대한 설명이 있다.

　볼드체를 사용한 구문은 반드시 입력해야 하는데, 나머지 구문들은 쓰지 않아도 무방하다. 적당한 수 또는 셀 지정의 조합을 입력한 뒤 〈enter〉 키나 **확인** 버튼을 누르면 함수의 결과가 나타난다.

　통계 함수들을 구성할 때 쓰는 내장된 함수는 **POWER**, **SQRT**와 **SUM**일 경우가 많다. 이 세 가지 함수의 **함수 마법사** 대화상자와 함수를 사용한 예를 다음에서 볼 수 있다.

함수	내용	구문	인수 설명
POWER	승수값을 계산(밑수를 지수만큼 곱한 값)	POWER(number, base) number=밑수 base=지수	(밑수)^(지수) 밑수 : 승수의 아래 값으로 계속 곱해지는 값 지수 : 승수의 위 값으로 지수만큼 밑수를 곱함

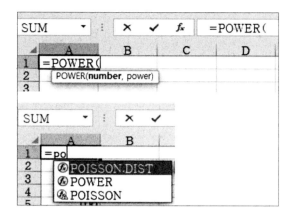

결과를 나타내고 싶은 셀을 선택한 후 '=PO'까지만 입력하면 내장된 함수 중 'PO'로 시작되는 함수가 나타난다. 함수 **POWER**를 선택하면 입력해야 할 인수가 순서대로 나타난다. **number**=밑수, **base**=지수값을 입력하면 결과가 나타난다.

공식 예	결과
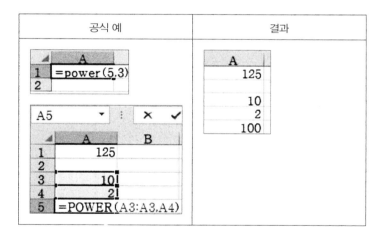	

함수	내용	구문	인수 설명
SQRT	입력한 수의 제곱근 값을 계산 만약 입력한 수가 음수이면 **#NUM!**가 출력된다.	SQRT(number)	**number**(숫자) : 제곱근을 구하려는 수

공식 예	결과

함수	내용	구문
SUM	인수 사용된 모든 숫자 값의 총합을 계산	SUM(숫자1, 숫자2, …)

공식 예	결과

통계함수

수식 입력 탭을 사용해서 통계 함수에 접근할 수 있는데, 전과 같이 두 가지의 방법이 있다.

- 입력을 원하는 셀을 누른 뒤 **함수 입력**을 클릭한다. **함수 마법사** 창이 팝업되면 **범주 선택** 상자에서 **통계**를 선택하고 **확인** 버튼을 누른다.

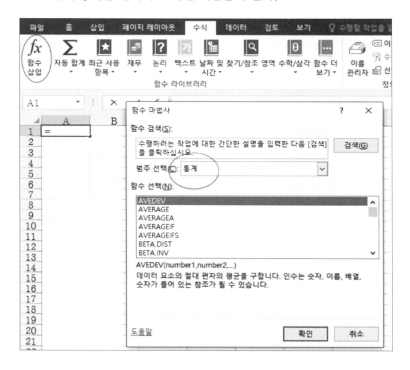

통계 함수에 접근하는 두 번째 방법은 원하는 셀을 누른 뒤 수식 메뉴를 클릭한 다음 **함수 더 보기** 아이콘을 클릭하여 드롭 다운 메뉴에서 **통계** 메뉴를 선택하고 필요한 함수를 스크롤하여 찾아 선택한다.

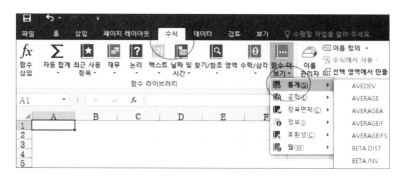

데이터 수집

목표

이 장에서 설명하는 것은 다음과 같다.

- 다음을 구별한다.
  - 모집단과 표본
  - 1차와 2차 데이터
- 추출 방법들을 실행하고 비교한다.
- 면접과 설문지를 사용해 데이터를 수집한다.
- 데이터를 수집할 때 편이가 어떻게 발생하는지 이해한다.

핵심용어

개방형 질문(open question)
계통추출(systematic sampling)
군집추출(cluster sampling)
단순임의추출(simple random sampling)
대표적인(representative)
면접(interview)
모집단(population)

무응답 편이(non-response bias)
설문지(questionnaire)
응답자(respondent)
응답 편이(response bias)
전수조사(census)
층화추출(stratified sampling)
파일럿 연구(pilot study)
편의추출(convenience sampling)

폐쇄형 질문(closed question)
표본(sample)
표본 프레임(sampling frame)
피면접인(interviewee)
할당추출(quota sampling)
확률비례배분(proportional allocation)
1차 데이터(primary data)
2차 데이터(secondary data)

서론

대부분의 기업에 대한 연구 조사와 논문들은 사람에 대한 데이터를 수집하는 것이 포함된다. 이 장의 시작은 데이터를 포함한 조사에 사용되는 기본적인 용어들을 알려준다. 또한 관심 대상 전체 사람들에 대한 데이터를 수집하는 것이 비현실적일 때 그보다 더 적은 수의 사람들을 선택해서 분석하는 방법들을 알아본다. 그리고 데이터 수집에 있어 면접과 설문지 기법을 비교해 본다. 마지막으로 편이가 어떻게 생기는지를 설명한다.

이 장에서는 조사에 있어 똑같은 시나리오를 예로 든다. 이것은 방법 묘사들의 정황을 나타내고 그와 관련된 문제점과 장점들을 보여 준다. 이 장에서 사용할 시나리오는 30개국에 지점이 있는 큰 보험회사에 다니는 20,000명의 직원들이 출근할 때 이용하는 이동 수단을 조사하는 것이다. 직원들이 회사에 출근할 때 걷는지, 자전거를 타는지, 자동차, 기차 또는 버스를 이용하는지에 대해 알아본다.

용어

모집단

조사를 할 때 정보를 얻고자 하는 관심 집단, 즉 모든 사람들의 모임을 **모집단**(population)이라고 한다.

표본 프레임

표본 프레임(sampling frame)은 모집단에 속해 있는 모든 사람들의 정보가 있는 리스트다. 각 개인이 리스트에 딱 한 번만 기록되어 있어야 하고, 이 사람들에 대한 정확하고 업데이트된 정보가 필요하다.

전수조사

모집단에 속한 모든 사람들의 정보를 얻으려면 **전수조사**(census, 총조사)를 실행해야 한다. 이는 관심 모집단에 인식 가능한 사람의 수가 합리적으로 적은 수일 때 실행 가능하다. 관심 대상의 모집단이 클 때 전수조사에 들어가는 비용과 시간 때문에 비현실적이 되는 경우가 많다.

표본

전체 모집단의 전수조사를 실행하는 대신 좀 더 적은 수의 사람들을 대상으로 데이터를 수집할 수 있다. 이 소규모의 집단은 우리가 정보를 얻을 모집단에 속한 그룹이고, **표본**(sample)이라고 한다. 표본은 모집단의 모든 사람들에게 질문하고 그들을 관찰하는 것보다 빠르고, 쉽고, 훨씬 더 적은 비용으로 조사가 가능하다.

예제

이 장에서 쓸 시나리오에 해당하는 모집단은 보험회사에 다니는 모든 직원들이고, 표본 프레임은 이 회사 사람들을 모두 포함한 리스트이다. 전수조사를 실행하고 싶을 땐 표본 프레임에 있는 모든 직원들에게 연락해서 출근할 때 어떤 이동 수단을 이용하는지 물어본다. 대신 표본을 쓰고 싶을 땐 다음과 같은 그룹들을 고려할 수 있다.

- 브라질 사무실에서 일하고 있는 고용인
- 25~34세의 고용인
- 여성 고용인
- 정규직

1차 데이터와 2차 데이터

통계학에서는 데이터를 1차와 2차 데이터로 나누는데, **1차 데이터**(primary data)는 면접 또는 설문지를 통해 분석자가 직접 수집한 데이터이다. **2차 데이터**(secondary data)란 신문과 리포트 또는 정부나 기업의 출판물, 역사적 기록들을 통해 이미 수집·공표된 데이터를 말한다.

각각의 데이터의 장단점은 다음과 같다.

1차 데이터	2차 데이터
스스로 데이터를 수집하므로 연구와 결과에 적합한 방법으로 실행할 수 있다는 점이 장점이다.	2차 데이터는 이미 한 번 처리되었기 때문에 우리가 실행하려는 연구에 완벽하게 알맞은 형태가 아닐 수도 있다.
<ul><li>연구 조사와 직접적으로 관련되고</li><li>관심 대상인 지역에서 데이터가 수집되며</li><li>최근 데이터 수집 경향이 있음</li></ul>	2차 데이터는 이미 수집된 경우로, 다음과 같은 경향이 있다.<ul><li>본인의 연구 조사와 직접적으로 관련되지 않은 다른 이유로 수집</li><li>다른 관심 지역</li><li>오래된 정보</li></ul>
모집단의 방대한 표본으로부터 정보를 모으기 위한 데이터 수집 방법은 어렵고 시간이 많이 든다.	오랜 기간 동안 수집된 대규모 데이터베이스의 정보에 쉽고 빠르게 접근할 수 있다.
1차 데이터를 수집하기 위해 면접과 설문지를 사용하는 것은 많은 비용이 든다.	2차 데이터는 대부분 별도의 비용 없이 사용할 수 있다.
어떤 방식으로 표본을 선택하고 데이터를 수집할지 직접 결정할 수 있다.	2차 데이터가 어떻게 수집되었는지 그 과정을 자세히 알기는 어렵다.

표본추출 방법

조사 실행을 위해 1차 데이터를 수집하고자 할 때 관심 모집단으로부터 표본을 추출하는 대표적인 방법은 단순임의추출, 편의추출, 할당추출, 계통추출, 군집추출, 층화추출 등이 있다.

모집단의 특성을 가장 잘 반영할 수 있는 **대표적인**(representative) 표본을 추출하는 것이 가장 중요한 목적이다. 그래서 조사 목적 측면에서 표본 개체들은 가능한 모집단 개체들의 특성들을 가장 잘 나타내야 한다.

단순임의추출

단순임의추출(simple random sampling)은 모집단의 개체들이 표본으로 선택될 수 있는 가능성이 동일한 추출 방법이다. 단순임의표본을 선택할 때 간단한 세 가지 단계가 있다. (1) 모집단의 각각의 개체들에게 각자 서로 다른 번호를 부여한다. (2) 컴퓨터 프로그램을 이용하여 사전에 결정된 표본 크기만큼 각자의 개체에게 주어진 수들의 부분집합(난수)을 생성한다. (3) 마지막으로 생성된 부분집합에 있는 숫자들과 일치하는 개체들을 교체 없이 선택한다. 따라서 한 번 선택한 사람은 다시 선택되지 않는다.

단순임의추출의 주요 장점은 표본을 선택하는 것이 연구원의 판단에 맡겨지는 것이 아니라, 모집단의 모든 개체들이 선택될 수 있는 가능성이 같다는 것이다. 개체들의 특성에 따라 선택된 표본이 모집단을 대표할 만한 집단이 될 수가 있다. 하지만 단순임의추출은 모집단의 모든 개체들이 적힌 리스트, 즉 표본 프레임이 있을 경우에만 가능하다. 특히 모집단 개체들이 지리적으로 흩어져 있을 때 단순임의추출 방법을 사용하는 것은 비용이나 소요되는 시간을 고려해 볼 때 효과적이지 않다.

예제

직원이 20,000명인 보험회사(30개국 지점)를 다니는 직원들이 선호하는 이동 수단을 알아보기 위하여 500명의 직원을 표본추출한다고 가정해 보자. 표본 프레임으로 시작해서 각각의 20,000명의 직원에게 1~20,000까지의 일련 번호를 배정한다. 표본 프레임 리스트의 섹션은 다음과 같다.

일련 번호	성	이름	성별	나이
...	...	...	...	...
15235	스미스	앨리슨	여	< 25

15236	필즈	조지	남	> 54
15237	휘트먼	샐리	여	< 25
15238	그린	서맨사	여	25~34
15239	할	짐	남	< 25
15240	피어스	수잔	여	25~34
15241	토마스	아만다	여	45~54
15242	존스	아드리안	남	35~44
15243	테일러	피터	남	35~44
15244	데이비스	줄리아	여	25~34
…	…	…	…	…

다음 단계는 컴퓨터 프로그램을 사용해 임의적으로 1과 20,000 사이에 있는 난수들을 생성한다. 생성된 난수들과 일치하는 직원들을 확인하고 그 직원들을 표본 대상으로 선택한다. 예를 들면 난수 15238이 생성되었다면, 일련 번호 15238인 서맨사 그린이 표본으로 선택되고 그가 선호하는 이동 수단을 알아보아야 한다.

일련 번호	성	이름	성별	나이
…	…	…	…	…
15237	휘트먼	샐리	여	< 25
15238	그린	서맨사	여	25~34
15239	할	짐	남	< 25
…	…	…	…	…

이 추출 방법의 경우, 선택된 500명의 직원들이 30개국 중 25개국 나라의 사무실에서 일하고 있을 수가 있다. 표본에 선택된 직원들을 개인적으로 직접 만나려면 연구 조사에 오랜 시간이 걸릴 수밖에 없다. 하지만 추출된 표본의 모든 직원들에게 선호하는 이동 수단을 이메일로 질문한다면 비용이 훨씬 더 절감할 수 있을 것이다.

조사 목적에 따라 표본이 나이와 성별 같은 특성에 의해 모집단을 대표할 수 있어야 하나, 단순임의추출 경우에는 표본이 모집단을 대표하지 못하는 경우가 빈번히 발생한다. 생성된 모든 난수들에 의해 표본으로 선택된 직원들의 나이가 모두 25세 미만인 경우가 가능하다. 이러한 경우 데이터 분석의 결과가 나이가 어린 직원들은 비싼 자동차보험 때문에 자동차를 직접 운전하기보다는 다른 이동 수단을 이용하게 되는 편이를 보이게 될 것이다.

편의추출

편의추출(convenience sampling)은 표본을 추출할 때 조사를 편리하게 진행할 수 있는 사람들만 선택하는 것이다.

편의추출의 장점은 빠른 시간 안에 연구가 실행될 수 있다는 점이다. 모집단의 모든 사람들의 정보가 적혀 있는 표본 프레임이 필요하지 않고, 연구 조사 비용도 낮다. 하지만 선택된 표본이 모집단이 가진 특성을 나타내지 못하는 경우도 빈번히 발생한다. 예를 들면, 표본에 선택된 사람들이 연구자의 친구나 가족, 동료일 수도 있고 그 인근 지역에 사는 사람들일 수도 있다.

예제

보험회사 시나리오에서 편의추출을 실행하려면 월요일 아침 9시에 런던 사무실 출입구 앞에서 첫 500명의 직원에게 차, 버스, 기차, 자전거, 도보 중 어떤 이동 수단으로 회사에 출근했는지 질문한다.

편의추출이 빠르고 비용면에서 효과적이지만, 추출된 표본이 다음과 같은 이유들 때문에 모집단을 대표할 수 없는 경우가 있다.

- 정문이 기차역 반대편에 있을 수도 있고 커다란 직원 주차장에서 회사 건물로 바로 들어갈 수 있는 길이 따로 있을 수도 있다.
- 아침 9시에 설문조사를 실행하면 아침 9시에 회사 건물로 들어간 사람들만 표본의 대상으로 선택될 것이다. 교대로 일하는 직원은 조사 대상 표본에서 배제될 수 있다.
- 런던 사무실을 선택한 것은 런던 사무실에서 일하지 않는 다른 모든 직원들은 연구 조사에서 제외한 것이나 다름 없다.

할당추출

할당추출(quota sampling)을 실행할 때에는 원하는 모집단의 특성을 파악한 후, 그 특성을 사용해 편리하게 가능한 사람들을 정해진 인원수만큼 설문조사에 참여시킨다. 예를 들면 모집단을 성별로 나눠서 20대 여성과 20대 남성들에게 설문지를 돌려 연구 조사 데이터를 수집한다.

할당추출은 편의추출과 비슷하지만 할당추출은 모집단의 특성들을 고려하기 때문에 표본이 모집단의 특성을 더욱 잘 반영할 수 있다. 표본 프레임이 필요하지 않고, 신속하게 낮은 비용으로 조사를 실시할 수 있는 추출 방법이다.

예제

출퇴근 이동 수단에 대한 연구 조사임을 고려했을 때, 모집단이 나이(25세 미만, 25~34세, 35~44세, 45~54세, 54세 이상)로 나눠진다는 사실을 이용할 수 있다. 런던 사무실 정문 앞에서 월요일 아침 9시에 나이 그룹별로 100명씩 설문조사를 할 수 있다.

표본이 모집단의 모든 직원들을 대표할 수는 없지만 각각의 나이 그룹은 대표할 수 있다.

계통추출

계통추출(systematic sampling)을 실행하는 방법은 모집단의 리스트에 적혀 있는 모든 개체 중에 임의로 한 사람을 선택한 뒤 그다음 사람을 리스트에서 규칙적으로 일정한 간격을 두고 선택하는 것이다. 예를 들면 모집단의 인원수가 200명인데 20명으로 구성된 표본을 만들고 싶으면 리스트에서 임의로 시작점을 정하고 그로부터 매번 10번째인 사람을 선택한다.

계통추출은 모집단을 대표하는 표본을 만드는 점에서는 단순임의추출과 비슷하지만 실행하기는 더 용이하다. 모집단의 모든 개체들이 적혀진 신뢰할 수 있는 표본 프레임이 있어야만 체계적인 추출이 가능하다. 모집단 개체들이 지리적으로 흩어져 있다면 표본을 추출하는 데 많은 비용과 시간이 소요될 수 있다. 모집단에서 규칙적인 간격으로 선택한 사람들이 같은 특성을 가지고 있다면 만들어진 표본이 모집단을 대표할 수 없을 수도 있다. 난수를 한 번만 뽑는다는 것만 다를 뿐 단순임의추출과 동일한 장단점을 지니고 있는 표본추출 방법이다.

예제

보험회사 시나리오를 보면 표본 프레임을 만들려고 컴퓨터 프로그램을 사용해 임의로 1과 40 사이에 있는 수를 생성한 후 그 수를 시작점으로 정한다. 그 숫자와 일치하는 사람을 표본에 포함하고 500명의 직원이 선택될 때까지 매번 연속적으로 40번째 사람들을 표본 리스트에 적는다. 임의의 수가 26이라고 가정해 보자. 그럼 그다음과 같은 직원들을 표본 프레임에서 고른다.

일련 번호	성	이름	성별	나이
…	…	…	…	…
00026	프라이스	존	남	45~54
…	…	…	…	…
…	…	…	…	…

〈계속〉

00066	브라운	스테파니	여	> 54
...	...	...	...	...
...	...	...	...	...
00106	피셔	몰리	여	> 54
...	...	...	...	...
...	...	...	...	...
00146	영	패트릭	남	45~54
...	...	...	...	...

단순임의추출 때와 같은 두 가지 문제점이 계통추출 경우에도 해당된다. 그 두 가지 문제점은 선택된 500명의 직원들이 30개국 중 25개국 나라의 사무실에서 일하고 있을 경우에 발생하는 자원(비용과 시간)의 증가와 표본 대상으로 선택된 모든 직원들의 나이가 25세 미만일 수 있다는 가능성이다.

군집추출

군집추출(cluster sampling)의 경우에는 모집단의 개체들을 집단 또는 군집으로 나누는 것이 필수적이다. 군집들로 만들어진 임의 표본이 선택되면, 선택된 군집에 있는 모든 사람들로 표본을 구성한다.

군집추출이 표본을 생성하는 데 가장 편리하고 실용적인 방법일 수 있다. 모집단의 개체들이 지리적으로 흩어져 있는 경우에 시간과 비용을 줄일 수 있는 추출 방법이다. 다른 추출 방법과 달리 군집추출은 모집단의 대한 정보가 들어 있는 표본 프레임이 필요하지 않다. 하지만 각각의 군집에 속해 있는 사람들이 매우 비슷한 특성을 가지고 있으면 표본이 모집단의 대표적인 집단이 될 수가 없다. 이것은 군집들에 속해 있는 개체들이 비교적 모집단을 대표하는 집단이라고 확신할 수 있으면 개선될 수 있다.

예제

보험회사의 직원들을 대상으로 표본을 만들 때 군집추출을 사용한다면 30개국의 나라에 있는 각 사무실에서 일하는 직원들이 한 집단 또는 군집에 속해 있다고 보는 것이 가장 합리적이다.

6개의 군집을 추출에 사용한다고 볼 때 각각의 집단을 1~30까지 숫자를 지정한 후 컴퓨터 소프트웨어 제품을 사용해 임의의 숫자를 다음과 같이 생성한다.

1	2	3	4	5	6
캐나다	(멕시코)	라트비아	중국	브라질	스페인

7	8	9	10	11	12
폴란드	영국	우루과이	벨기에	(칠레)	싱가포르

13	14	15	16	17	18
웨덴	독일	아르헨티나	핀란드	오만	(에스토니아)

19	20	21	22	23	24
(캐나다)	멕시코	라트비아	중국	브라질	스페인

25	26	27	28	29	30
사우디아라비아	(콜롬비아)	프랑스	리투아니아	바레인	이탈리아

31	32	33	34	35	36
인도	노르웨이	아일랜드	크로아티아	(말레이시아)	스위스

표본 데이터를 만들기 위해서 멕시코, 칠레, 스웨덴, 에스토니아, 콜롬비아, 말레이시아
의 지점에서 일하는 모든 직원들의 이동 수단에 대해 질문한다.

표본에 속해 있는 직원들 개개인을 만나기 위해 여행을 한다고 하면, 단 6개국만을 방
문하면 되므로 단순임의추출을 사용할 때보다 필요한 시간과 비용 자원을 감소시킨다.
하지만 선택된 지점들이 각각 공통 특징을 공유하는 경우에는 생성된 표본이 반드시 전
체 모집단을 대표할 수 없게 된다. 6개국의 지점들이 도시 중심 지역에 위치해서 주차장
이 제한적이고 비용이 비싸다고 가정해 보자. 표본 데이터 수집·분석 결과 직원들 중 적
은 수만 운전해서 출근한다고 나타날 수 있으나, 이 결과가 모집단의 전체 직원이 운전하
여 출근하는 비율이라고 결론지을 수 없다. 즉, 위의 군집추출은 모집단을 대표하는 표본
을 뽑았다고 할 수 없다.

층화추출

층화추출(stratified sampling)은 군집추출과 유사하지만, 층화추출에서는 모집단 내에 속해 있
는 많은 특성들을 나타낼 수 있는 그룹 또는 계층들로 나눠진다. 어떤 특성들을 선택할지는 아마
도 연구원의 관심(조사 목적)에 의해 영향을 받겠지만, 모집단의 각 개체들은 오직 하나의 계층에
만 속해야 한다. 계층 내에서 표본을 선택할 때는 단순임의추출을 적용한다. 각 계층으로부터 추
출된 표본의 크기가 전체 모집단의 상대적 크기에 비례하는데, 이것을 **확률비례배분**(proportional
allocation)이라 한다. 예를 들면, 모집단이 1,000명의 여성과 500명의 남성들로 구성되어 있으면,

여성의 표본이 남성의 표본의 두 배 크기가 되어야 한다.

층화추출은 다소 복잡하고 시간 소모적인 프로세스일 수 있지만, 생성된 표본이 모집단을 대표할 가능성이 가장 높은 방법이다. 특히 임의로 생성된 숫자들을 이용해 각 계층에서 개체들을 선택할 경우 정보가 효과적으로 모집단을 분할하는 데 사용될 수 있도록 프로세스를 시작하기 전에 매우 구체적인 표본 프레임이 필요하다.

예제

보험회사 시나리오를 고려해 볼 때 직원들이 출근할 때 사용하는 이동 수단이 어떻게 자신의 나이와 연결되어 있는지에 관심을 가질 수도 있다.

이런 경우에는 모집단의 모든 개체들을 나이별로 나누는 게 가장 적절하다. 각 계층에 속해 있는 각 개체에서는 그 계층 내의 고유 번호가 부여된다.

나이 : 25세 미만			
번호	이름	성	성별
...	...	...	...
0346	스미스	앨리슨	여
0347	휘트먼	샐리	여
0348	할	짐	남
...	...	...	...

나이 : 25~34세			
번호	이름	성	성별
...	...	...	...
1002	그린	서맨사	여
1003	피어스	수잔	여
1004	데이비스	줄리아	여
...	...	...	...

나이 : 35~44세			
번호	이름	성	성별
...	...	...	...
1025	존스	아드리안	남
1026	테일러	피터	남
1027	파이퍼	잭	남
...	...	...	...

나이 : 45~54세			
번호	이름	성	성별
...	...	...	...
0650	토마스	아만다	여
0651	프라이스	존	남
0652	영	패트릭	남
...	...	...	...

나이 : 54세 초과			
번호	이름	성	성별
...	...	...	...
0098	필즈	조지	남
0099	브라운	스테파니	여
0100	피셔	몰리	여
...	...	...	...

단순임의추출을 사용해 컴퓨터 프로그램에 의해 임의로 생성된 숫자에 대응하는 각 계층에 있는 고용인들이 선택된다. 5개의 계층이 있기 때문에 500명의 표본이 필요할 경우 각 계층에서 100명의 개체를 선택해야 한다.

확률비례배분을 이용한 층화추출은 각 계층의 개체들의 수에 의해 표본 크기가 결정된다. 직원의 10%가 25세 미만, 40%가 25~34세, 30%는 35~44세, 15%가 45~54세와 5%가 54세 이상이라고 가정하자.

다음과 같은 크기 구성으로 각 계층에서 표본을 선택한다.

500명의 10%는 25세 미만인 직원 50명
500명의 40%는 25~34세 사이인 직원 200명
500명의 30%는 35~44세 사이인 직원 150명
500명의 15%는 45~54세 사이인 직원 75명
500명의 5%는 54세 초과인 직원 25명

층화추출을 사용할 경우 표본이 모집단의 모든 연령 집단을 대표한다. 나이와 이동 수단의 관계에 관심 있다면 표본이 모집단의 모든 연령 집단을 대표하는 점이 중요하다. 이 방법을 사용하는 것은 매우 복잡할 수 있으며 이 프로세스를 시작하기 전에 나이가 명시된 매우 구체적인 직원 리스트가 필요하다. 그러나 추출된 표본은 다른 추출 방법에 비해 모집단을 대표할 가능성이 매우 높고, 특히 각 나이 그룹에 속해 있는 직원들의 수를 고려한 확률비례배분을 적용한다면 표본의 대표성이 더 높아진다.

추출 방법 비교

어떤 추출 방법을 사용할지 결정할 때는 모집단의 특성과 주어진 시간 및 비용을 우선 고려해야 한다. 표본을 만들 때 주요 목적은 선택된 표본을 관찰한 결과를 일반화시켜 모집단에 대한 결론을 낼 수 있도록 주어진 자원 안에서 만들어진 표본이 모집단을 가능한 완전히 대표할 수 있도록 추출 방법을 진행하는 것이다.

	표본 프레임 필요 여부	추출 용이성	대표성
단순임의	예	✓	✓✓
편의	아니요	✓✓✓	×
할당	아니요	✓✓✓	✓
계통	예	✓✓	✓✓
군집	아니요	✓✓✓	✓✓
층화	예	✓	✓✓✓

이 장에 설명된 각각의 추출 방법은 사람에 대한 데이터를 수집하는 연구를 고려하는 것이다. 하지만 관심 대상이 물체라 할지라도 이러한 다섯 가지 방법을 사용할 수 있다. 그 예는 다음과 같다.

- 햄프셔 주에 지어진 주택들의 유형
- 7월에 영국인이 구입한 자동차의 색상
- 작년에 영화관에서 상영된 영화 장르
- 맨체스터에 있는 10군데 명문학교의 시험 결과

데이터 수집 방법

어떤 방법을 사용해서 관심 집단의 표본을 선택할지 결정한 후에 조사의 다음 단계는 어떤 방법으로 사람들로부터 데이터를 수집할지 결정하는 것이다. 데이터를 수집할 때 쓰는 기법은 다음과 같다.

면접

면접(interview)을 실행할 경우 표본의 모든 사람들에게 질문을 하고 각자의 의견에 대한 정보를 수집한다. 면접 대상자를 **피면접인**(interviewee)이라고 한다. 면접을 실행하는 데 많은 시간을 소모할 수 있지만, 연구자는 표본에 속한 사람들에게서 풍부하고 다양한 정보를 수집할 가능성이 높다.

면접은 구조화 또는 비공식적일 수 있다. 구조화된 면접을 실행할 때 연구원은 사전에 질문들을 준비하고 준비된 질문들만 물어본다. 모두 같은 질문들을 했기 때문에 다른 피면접인들로부터 수집된 데이터를 비교하고 분석하는 게 용이하다. 사전에 준비된 질문들 때문에 구조화된 면접이 비공식 면접보다 수행하기가 비교적 빠르다. 그러나 연구자가 면접을 하는 동안 피면접자의 흥미로운 반응에서 얻어질 수 있는 예기치 않은 방향을 추구할 수 없기 때문에 수집될 수 있는 다양한 데이터의 양이 제한적이다.

비공식 면접을 하는 동안에는 면접 대상자의 대답에 따라 관련된 질문이라고 생각되는 질문들을 할 수 있다. 연구원은 사전에 준비된 질문들로만 질문을 제한할 필요는 없지만, 면접을 하는 동안에 항상 연구 조사의 목적을 기억하는 것이 중요하다. 그렇지 않으면 연구 조사와 관련 없는 데이터를 수집하게 되어 시간을 낭비할 수 있다. 이 방법은 매우 다양한 데이터를 수집할 수는 있지만, 데이터가 다양하기 때문에 각각의 피면접인들의 대답을 비교하고 분석하는 것이 어려울 수도 있다. 즉, 표본 데이터로부터 결론을 끌어내는 데 복잡한 분석 과정이 요구될 수 있다.

면접은 대면 또는 전화로 진행할 수 있다. 표본에 속해 있는 사람들이 지리적으로 흩어져 있을 경우에는 면대면보다는 전화로 실행하는 방법이 비용면에서 효율적이고 편리하고 빠를 수 있다. 하지만 연구원은 언제 전화 면접을 실행하는 것이 효율적일지 고민해야 한다. 낮에 전화하면 유치원에 다니는 자녀들이 있는 사람들의 비중이 너무 많아질 수 있고, 밤에 전화하면 저녁 활동에 참석하는 사람들의 비중이 너무 적을 수 있다.

설문지

설문지(questionnaire)를 사용하는 방법이 면접을 실행하는 것보다 데이터를 더 빠르고 더 적은 비용으로 수집할 수 있다. 설문지의 질문에 답하는 사람을 응답자(respondent)라고 한다. 질문은 이해하고 대답하기 쉬워야 하기 때문에 설문지를 작성하는 데 많은 시간이 소요될 수 있다. 연구자가 받은 대답들을 효과적으로 분석하기 쉽고 결론을 낼 수 있도록 질문 문항들을 신중하게 작성해야 한다.

요즈음은 우편조사를 사용하는 대신, 온라인 설문조사가 인기를 끌고 있다.

온라인 설문조사와 같이 전자 시스템을 사용하는 것에는 많은 장점이 있다. 데이터 수집과 분배를 위한 인쇄나 우편 서비스가 필요 없기 때문에 시간과 비용면에서 요구되는 자원을 감소시킬 것이다. 설문조사를 작성하는 데 쓰는 소프트웨어 패키지들은 효율적이고 편리하다. 대부분의 프로그램들은 무료이고 설문조사를 이메일과 소셜 미디어를 통해 자동으로 분배한다. 사람들이 설문조사에 참여하길 원하도록 팝업 이미지와 드롭 다운 메뉴와 같은 기능을 사용하여 매력적이고 흥미로운 설문지를 작성할 수 있다. 온라인 설문조사가 서류상의 설문조사보다 빠르게 대답할 수 있다고 느끼기 때문에 더 많은 사람들이 온라인으로 정보를 줄 수 있다. 수집된 대답들은 연구자가 컴퓨터로 처리할 수 있다. 분석을 위해 결과는 스프레드 시트나 다른 컴퓨터 프로그램에 직접 입력할 수 있기 때문에 실수도 줄이고 시간을 절약할 수 있다.

하지만 온라인 설문조사와 관련된 몇 가지 문제들이 있다. 온라인 배포 사용이 증가함으로써 사람들이 전자 요청 오버로드 때문에 요청을 무시하거나 삭제할 가능성이 있다. 또한 표본 대상이 인터넷을 많이 사용하는 사람들로 제한되기 때문에 결과에 있어 노인들과 같은 모집단은 대표할 수 없을 수도 있다. 이메일이나 소셜 미디어를 통해 정보에 대한 요청이 성공적일 수 있으나, 소프트웨어 호환성 또는 기타 기술적인 문제에 의해 설문조사 대상이 설문조사에 접근하지 못하거나 조사자에게 회송되지 않는 경우들도 발생한다.

개방형 질문과 폐쇄형 질문

설문조사지나 구조화된 면접의 조사지는 개방형(주관식, 자기 기입)과 폐쇄형(객관식, 선택형)으로 작성되어야 한다. 개방형 질문(open question)은 응답자들이 자신들의 의견을 직접 기입할 수 있도록 구성한다. 이런 개방형 질문들은 답하는 데 시간이 오래 걸릴 수 있지만, 조사 중인 주제에 대한 보다 자세한 정보를 얻을 수 있다. 폐쇄형 질문(closed question)은 응답자가 선택할 수 있는 가능한 대답들이 정해져 있다. 주관식보다 훨씬 더 신속하게 답변할 수 있으며, 조사자가 대답들을 좀 더 쉽게 분석할 수 있다. 하지만 객관식은 대답 문항들이 정해져 있기 때문에 주관식이 주는 다양한 데이터를 얻을 수가 없다.

예제

직원들의 통근 수단을 조사하는 시나리오의 경우 구조화된 면접 또는 설문지 작성 사례는 다음과 같다.

폐쇄형 질문

> 귀하의 나이는?
> ☐ 25세 미만　☐ 25~34세　☐ 35~44세　☐ 45~54세　☐ 55세 이상

> 어떤 이동 수단으로 출근하십니까?
> ☐ 도보　☐ 자전거　☐ 운전　☐ 기차　☐ 버스　☐ 기타

개방형 질문

> 어떤 이동 수단으로 출근하십니까?
> ☐ 도보　☐ 자전거　☐ 운전　☐ 기차　☐ 버스　☐ 기타

좋은 질문 설계

1. 편이 또는 유도 질문은 피하는 것이 좋다.

유도성이 있거나 편이된 질문이란 연구 조사가 도달하고자 하는 어떤 특정한 결론을 끌어내기 위해 일정 응답을 끌어내는 질문들이다. 이런 질문들은 피면접인 또는 응답자에게 압박감을 줄 수 있으며, 자신이 생각하는 실제 의견과 달리 주어진 아이디어에 본의 아니게 동의할 수 있다. 이런 문항들에 답을 할 경우에 응답자들은 시간과 생각이 가장 적게 들어가는 쉬운 동의 경로를 선택한다.

예제

> 기존 연구에 의하면 걷는 것과 장수는 연관 관계가 있다고 합니다. 귀하는 차로 출근하는 것보다 도보로 출근하는 것이 더 낫다고 생각하십니까?

이 질문을 쓴 연구자는 자신의 관점을 명확하게 지시하고 있다. 걸어서 회사로 출근하는 것이 운전하는 것보다 건강에 훨씬 좋다는 점 말이다. 이런 경우 직원들이 자신의 의견을 고려하기보다는 기대 수명에 대한 강한 진술에 동의하게 되는 경향이 있다.

2. 명확하게 질문한다.

애매한 질문은 때때로 사람들마다 서로 다르게 해석할 가능성이 있다. 사람들이 같은 단어에 다른 의미를 부여할 수 있기 때문에 애매한 질문들은 주관적일 수 있다. 응답자들이 질문을 제대로 이해했는지 여부를 알 수 없기 때문에 응답 결과들이 연구에 유용하게 사용될 수 있는지에 대한 확신이 없다.

예제

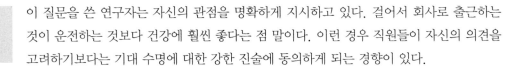

귀하는 집에서 직장을 오가는 데 장시간 소요하십니까?

사람들마다 '장시간'이란 단어를 다 다르게 해석할 수 있기 때문에 이 질문은 주관적인 질문이 된다. 어떤 직원들은 통근 시간이 30분 이상이면 '장시간'이라고 생각하는 반면, 어떤 직원들은 2시간 미만의 통근 시간이면 합리적이라고 생각할 수 있다.

3. 중복되는 구간을 사용하지 않는다.

각 응답자 또는 면접 대상이 선택할 수 있는 구간이 하나만 있도록 모든 숫자의 구간은 서로 중복되면 안 된다. 중복되는 구간을 사용하면 응답자들이 자기가 어떤 구간에 속해 있는지 모를 수도 있기 때문에 그 질문에 대답하지 않거나 결과 활용에 어려움이 있다.

예제

집과 일하는 사무실과의 거리는 얼마나 됩니까?
　□ 1마일 미만　　□ 1~3마일　　□ 4~10마일　　□ 11~20마일　　□ 20마일 이상

어느 직원이 자신의 사무실에서 정확하게 20마일 거리에 살고 있다면, 그 직원은 '11~20마일'과 '20마일 이상', 이 두 가지 답변 중 어느 것에 체크해야 할지 모를 수가 있다.

4. 복합적인 질문을 피한다.

복합적인 질문은 동시에 하나 이상의 질문을 하기 때문에 응답자가 질문을 해석하고 정확하게

대답하는 것이 어렵다. 그런 경우는 연구원이 대답의 의미를 확신할 수 없기 때문에 설문지 결과를 잘못 해석할 수도 있다.

예제

> 주간 운동 활동에 회사에 출근하는 이동 수단이 포함되어 있거나, 팀 게임 등 다른 운동을 하십니까?
> 예/아니요

이 질문에 대한 직원의 대답이 '아니요.'일 때 그 대답이 '아니다, 나는 이동 수단을 내 주간 운동 활동에 포함하지 않는다.' 또는 '아니다, 다른 방법으로 운동을 하지 않는다.' 또는 '아니다, 나는 팀 게임에 참여하지 않는다.' 등을 의미할 수 있다. 만약에 어떤 직원이 주간 운동 활동의 일부분으로 회사에 걸어가지만 다른 방법으로 운동하지 않을 때 어떻게 이 질문에 대답할지 명확하지가 않다.

5. 가능한 모든 답들을 허용한다.

모든 사람이 각각의 질문에 대한 답변을 제공할 수 있는지 확인해야 한다. 객관식 설문조사에서 제공한 대답 옵션들이 응답자의 관점이나 상황을 나타내지 못할 경우에 고를 수 있는 '기타' 카테고리를 포함해야 한다.

예제

> 어느 사무실에서 주로 일을 하십니까?
> ☐ 중국　　☐ 벨기에　　☐ 인도　　☐ 크로아티아　　☐ 캐나다　　☐ 바레인

보험회사는 30개국에 지점을 두고 있지만, 이 질문에서는 6개 보기만을 제시한다. 멕시코에 있는 사무실에서 근무하는 직원은 이 질문에 답할 수가 없다.

6. 질문에 대한 답변을 할 수 있는지 확인한다.

사람들에게 질문할 때 흔히 일어나는 오류는 오래 지난 일에 대한 질문이어서 응답자가 대답을 기억하지 못하거나 일반적으로 계산할 수 없는 뭔가를 측정하고 계산하려고 할 때 일어난다. 많은 대답이 정확히 있는 답이 아닌 기억에 의존한 추정일 수밖에 없어(회상 오류 발생) 응답자들은 이런 유형의 질문을 접하면 정확한 답을 할 수 없으므로 당황할 수 있다.

예제

> 작년에 출근하는 데 지출한 비용은 얼마입니까?

모든 직원이 1년 동안 이동 수단으로 쓴 비용을 계산할 수 없거나 기억하지 못할 수도 있다. 회사에 운전해서 출근하는 직원들은 차를 회사에 출근할 때만 사용하지 않기 때문에 자기들이 회사로 출근할 때 사용한 주유 비용을 자세히 모를 수도 있다.

조사방법 비교

면접이나 설문조사를 통해 데이터를 수집하는 경우에 장단점이 존재하는데, 그림 2.1은 각 기법에 대한 몇 가지 장단점을 보여 준다.

긍정적   부정적

면접조사	설문지
면접에서는 연구자가 피면접인에게 질문을 더 완벽하게 설명할 수 있기 때문에 더 복잡한 질문을 할 수가 있다.	명확한 질문들만 설문조사에 사용될 수 있다. 부가 설명을 할 수 없기 때문에 질문들이 쉽게 이해되고 응답될 수 있는지 연구자는 사전 확인해야 한다.
정보를 수집할 때 사람들에게 직접 접근해서 요구하면 거절하기 힘들기 때문에 더 많은 사람이 면접에 응한다.	표본에 속해 있는 사람들은 인쇄된 설문지를 받을 경우에 응답하지 않고 무시할 가능성이 높다. 특히 조사 중인 주제에 대한 강한 의견이 없을 경우 그렇다.
비공식 면접의 경우 연구원이 면접 대상자의 답에 대한 자세한 설명이 필요할 때 추가 질문을 할 수 있는 기회가 있다.	연구자가 응답자의 대답을 이해하지 못했을 경우에 자세한 내용을 더 질문할 기회가 없고, 그로 인하여 수집된 데이터를 사용할 수 없을 수도 있다.
1차 데이터를 수집하기 위해 면접을 실행할 때 면접 대상자들이 모두 연구원이 선택한 사람들이라는 것을 알 수 있다.	응답 설문지를 이메일 또는 우편으로 받았을 때 실제 표본 대상이 그 설문지에 응답을 했는지 알 수 없다.
연구자가 한 번에 한 사람하고만 대화를 나눌 수 있기 때문에 면접을 하는 데 시간이 많이 소모된다. 연구자를 여러 명 고용한다면 데이터 수집할 때 더 많은 비용이 들 것이다.	설문지는 큰 표본을 대상으로 데이터를 수집할 경우 시간을 효율적으로 쓸 수 있는 방법이다. 우편 비용은 전화조사 또는 면접조사 비용보다 적을 가능성이 높다.
만약에 표본의 개체들이 지리적으로 흩어져 있을 경우 연구원이 각 장소를 방문해야 하기 때문에 더 많은 시간과 비용을 써야 한다.	설문지는 지리적으로 넓은 지역에 속해 있는 표본 대상들에게 쉽게 보낼 수 있는 장점이 있다. 연구자가 더 다양한 데이터를 수집할 수 있도록 도와준다.
연구자가 응답자에게 직접적으로 민감한 질문을 할 경우 진실이 아닌 또는 과장된 대답을 줄 가능성이 높아진다.	응답자들은 익명으로 설문조사를 완료할 수 있기 때문에 민감한 질문에 정직한 답변을 줄 가능성이 높다.

부정적   긍정적

그림 2.1 데이터 수집을 위한 설문조사와 면접조사에 관한 긍정적인 측면과 부정적인 측면

편이에 대한 이해

면접조사 또는 설문조사로부터 얻은 응답들에 편이가 있으면 수집된 데이터가 조사에 부적합하거나, 조사 결과가 정확하지도 않고 대표성도 낮아 관심 모집단에 관한 일반화된 결론을 낼 수 없을 수 있다. 편이에는 응답 편이와 무응답 편이가 있다.

　면접 조사지 또는 설문지에 주어진 답변이 응답자의 진실과 의견을 반영하지 않을 경우에 **응답 편이**(response bias)가 발생한다. 때로 사람들은 진실을 과장하거나 부정확하게 말해서 자신을 더 호의적으로 보이게 한다. 특히 재정 상황이나 건강 관련 문제 같은 민감한 주제들에 있어 사람들은 과대 추정값 또는 과소 추정값으로 답할 수 있다. 예를 들면 실제보다 더 높은 연봉을, 더 낮은 주간 알코올 소비량을 응답할 수 있다. 질문을 하는 방식 또는 질문을 만들기 위해 선택된 단어들이 응답 편이를 만들 수 있다. 응답자들은 심리적 압박감을 느껴 자신의 관점을 반영하는 대답 대신 연구자가 원하는 답을 줄 경우가 있다. 이 상황에서는 조사에서 수집된 데이터는 참가자의 관점보다 연구자의 의견을 나타내는 경우가 많다.

　조사를 위해 데이터 제공을 요청할 경우 종종 사람들은 참여하지 않는 것을 선택한다. 무응답자들이 참가자들과 다른 특성과 의견을 가지고 있을 경우에 데이터 수집이 모집단을 전체적으로 대표할 수 없기 때문에 **무응답 편이**(non-response bias)가 발생할 수 있다. 예를 들어, 표본은 남성과 여성들이 모두 포함됐다고 가정할 때 남성들이 모두 면접을 거절하면 수집한 데이터가 남녀 모두를 대표할 수 없다. 또한 극단적으로 긍정적 또는 부정적인 관점을 가진 사람들은 무관심한 사람들보다 자신의 감정을 공유할 가능성이 높다. 응답자들이 면접 또는 설문지의 어느 특정 질문에 답하지 않을 때 무응답 편이가 발생한다. 예를 들어 응답자들이 객관식에서 알맞은 답을 찾지 못하거나 주관식에 답할 시간이 없는 경우가 있다. 이런 경우에 연구자는 누락된 데이터에 대한 이유를 알 수 없기 때문에 조사에 있어 정확한 결론을 산출하기 어려울 수 있다.

　요구된 질문 유형과 그 질문들을 명확하게 표현하는 방법에 대해 생각하는 시간을 충분히 갖는다면 응답 편이와 무응답 편이를 줄일 수도 있다. 면접 대상이나 응답자의 대답에 영향을 미치지 않으려면 질문할 때 자신의 의견을 드러내지 말아야 한다. 응답자의 답변이 의미 있는지 확신하려면 응답자가 요구하는 질문들을 확실히 이해했는지 확인해야 한다.

힌트와 팁

계획 우선

데이터 소스, 표본 추출 방법 및 데이터 수집 기법에 대한 결정을 하기 전에 연구 조사를 신중하게 계획하는 것이 필수적이다. 연구 목표에 대해 생각하고 각각의 결정과 관련된 장단점을 고려한다. 1차 또는 2차 데이터의 사용 및 가용 자원에 적합한 추출 방법의 결정과 면접을 실행할지 설문지를 배포할지의 여부, 무엇보다도 표본이 모집단의 특성을 잘 나타내고, 데이터를 수집할 때 편이를 줄이는 것이 가장 중요하다.

파일럿 연구

설문지 또는 면접에서 사용되는 질문 문항의 질을 평가하기 위해 **파일럿 연구**(pilot study)를 사용한다. 파일럿 연구는 종종 친구나 가족으로 구성된 작은 그룹의 사람들에게 설문지에 있는 문항들을 질문하고 그 문항들의 명확성에 대해 그룹의 의견을 물어본다. 사람들이 대답하기 꺼려하는 질문들과 이해하기 어려운 질문들을 찾을 수 있다. 파일럿 연구 결과의 기록 및 피드백의 결과로 질문들을 수정한 기록을 남겨 두는 것이 유용하다.

응답률 제고

응답률은 배포된 설문지 수로 응답자의 반환 설문지의 수를 나눈 값이다. 조사의 응답률을 높일 수 있는 방법들은 다음과 같다.

- 모든 질문이 명확하게 표현되고 대답하기 쉬운지 확인한다.
- 조사의 중요성을 설명하고 조사 결과의 영향과 활용에 대한 설명을 설문지에 포함한다.
- 후속 전화 또는 이메일을 이용해 응답하지 않는 사람들에게 응답을 요청한다.
- 무료 조언이나 할인 쿠폰 등을 응답 보상으로 제공한다.

연습문제

1 우편 주문 회사의 관리팀은 직원 휴게실에 틀어 줄 음악 유형을 결정하기 위해 직원들의 음악 취향에 대해 알아볼 계획이다. 모든 회사 직원들에게 질문하려면 많은 시간이 걸리기 때문에 나이가 20~25세인 직원들에게만 질문하기로 결정한다.

(a) 어떤 그룹이 모집단이고 어떤 그룹이 표본인가?

(b) 수집된 표본 데이터가 모집단의 음악적 취향을 대표적으로 잘 나타낼 수 있다고 생각하는가? 당신의 답변에 대한 이유를 밝히시오.

2 가구 매장의 매니저는 고객 서비스 개선이 매출 증가에 좋은 영향을 미칠 것이라고 생각한다. 매니저가 고객들의 구매 경험을 알아볼 수 있도록 설문지를 그의 모든 고객들에게 각각 보내기로 결정한다.

(a) 응답률은 어떻게 계산하는가?

(b) 매니저가 응답률을 극대화할 수 있는 세 가지 방법을 적으시오.

3 단순임의추출과 계통추출 방법의 차이를 설명하시오.

4 응답 편이를 설명하고 응답 편이가 발생할 수 있는 상황의 예를 드시오.

5 다음의 시나리오에서 데이터를 수집할 때 편의추출, 군집추출, 계통추출, 층화추출 중 어느 추출 방법을 사용하였는지 결정하시오.

(a) 글래스고 마을에서 가구당 매년 지불한 전기 요금에 대해 조사를 실행한다. 단순임의추출 방법을 사용해 마을에 있는 30개의 거리를 선택한 뒤, 선택된 거리에 있는 모든 가정들을 방문하여 각 가정의 거주자에게 전기 요금에 대해 질문한다.

(b) 연구원은 비행기 탑승을 기다리는 동안 공항 상점에서 남성들이 여성들보다 돈을 더 많이 쓰는지에 관심이 있다. 연구원은 승객들을 남녀 두 그룹으로 나눈 뒤 단순임의추출을 사용해 15명의 남성과 15명의 여성을 선택해 공항에서 그들의 지출에 대한 정보를 얻는다.

6 수상 경력이 있는 피자 배달 가게는 피자 토핑의 품질에 대해 열정적이다. 그리하여 7월 중 일주일 동안 고객 의견 조사를 실행하기로 결정한 뒤, 그 주 동안 햄과 파인애플 피자를 주문하는 모든 고객에게 그 토핑의 질에 관해 질문한다.

(a) 이 표본 대상이 왜 모집단을 대표할 수 없는지 설명하시오.

(b) 층화추출을 사용해 좀 더 대표적인 표본을 수집할 수 있는지 설명하시오.

7 기업들이 직원들에게 재택 근무를 할 수 있도록 권고해야 하는지의 여부에 대해 면접할 때 할 수 있는 유도 또는 편이 질문의 예를 드시오.

8 전수조사 대신 표본을 사용해 데이터를 수집하는 것이 더 좋은 이유를 설명하시오.

9 최근 식품 가격의 상승에 대한 사람들의 생각을 조사하기 위해 설문지를 작성하는 연구원에게 줄 수 있는 두 가지의 지침을 예를 들어 설명하시오.

10 현대적인 도시 중심에 각각 4개의 넓은 아파트 단지가 있는 15개의 빌딩 블록이 있다. 현장 소장은 재활용에 대한 주민들의 자세를 알아보고 싶은데, 60개의 아파트를 하나하나 방문할 시간이 없다.

(a) 데이터 수집을 위해 군집 추출을 사용할 때 모집단을 대표하는 20개의 아파트를 표본으로 어떻게 추출할지 설명하시오.

(b) 군집추출 방법의 장단점을 한 가지씩 설명하시오.

11 어느 소매점 분석가는 주요 도시 외부에 있는 쇼핑몰 상점들에 고용된 판매 보조원들의 수를 조사하고자 한다. 쇼핑몰에 280개의 상점들이 있지만 분석가는 조사를 위해 사용할 수

있는 자원이 제한되어 있다. 단순임의추출을 사용해 45개의 상점을 대상으로 정보를 수집하기로 결정한다.

45개 표본 상점을 어떻게 추출할지 설명하시오.

12 좋은 질문 작성을 보장하기 위한 6단계는 다음과 같다.

- 편이 또는 유도 심문을 하지 않는다.
- 질문은 명확해야 한다.
- 중복되는 구간을 사용하지 않는다.
- 복합 질문을 피한다.
- 가능한 모든 답을 허용한다.
- 질문에 답할 수 있는지를 확인한다.

위의 6단계의 단계를 사용해 다음의 각 질문의 문제점을 밝히고 그 이유를 설명하시오.

(a) 귀하는 지난달 책, 음악과 영화에 얼마를 소비했습니까?

(b) 재활용 재료로 제품을 만드는 것은 미래 세대를 위해 자연 자원을 보존하는 것입니다. 귀하는 생활폐기물을 재활용하는 것이 중요하다는 것에 동의하십니까?

(c) 귀하는 어떤 아이스크림 맛을 가장 좋아하십니까? : 딸기, 초콜릿, 바닐라

(d) 귀하는 지난달에 기차 여행을 몇 번 다녔습니까?

| ☐ 5번 미만 | ☐ 5~10번 | ☐ 10~15번 | ☐ 15번 이상 |

(e) 귀하는 휴가계획을 온라인에서 예약한 적과 예약할 때 필요한 휴가의 유형을 쉽게 검색할 수 있었습니까?   ☐ 예 ☐ 아니요

(f) 귀하는 긴 시간 동안 독서를 하십니까?

13 다음 중 모집단에 속해 있는 모든 사람이 선택될 확률이 같은 추출방법은 무엇인가?

(a) 단순임의추출

(b) 편의추출

(c) 할당추출

14 지방의회 의원은 지역 현지에 살고 있는 250명에게 그 지역의 버스 서비스의 운행 횟수에 만족하는지 알아보고자 한다. 한정된 자금을 가지고 있으며, 다음 지방 선거가 곧 시행되므로 신속하게 조사해야 한다. 이 경우 면접을 실행하기보다는 데이터 수집을 위한 온라인 설문조사를 사용하는 것이 더 좋은 이유를 설명하시오.

15 인쇄회사는 매년 시행되는 자선 행사를 위해 5,000장의 홍보 전단지를 생산한다. 생성된 난

수가 24라고 가정한다면, 계통추출을 사용해 이미지의 품질을 체크할 수 있도록 50장의 표본 전단지를 어떻게 선택할지 설명하시오.

16 다음 설명 중 면접을 실행해서 데이터를 수집하는 것과 설문지를 사용해서 수집하는 것을 구별하시오.

(a) 응답자가 질문을 이해하지 못하면 의미를 설명할 수 있어 보다 복잡한 질문을 할 수 있다.

(b) 연구자는 응답자가 질문에 답하지 않았을 때 질문의 의미가 불분명해서인지 답하길 원하지 않았는지를 알 수가 없다.

(c) 많은 양의 데이터를 제한된 시간과 비용을 사용해 수집할 수 있다.

(d) 지리적으로 분산된 표본 개체들로부터 데이터를 수집할 때 비용이 많이 들 수 있다.

17 표본 프레임은

(a) 표본을 위해 선택된 사람들의 목록이다.

(b) 층화추출로 선택된 그룹의 목록이다.

(c) 모집단의 모든 개체들에 대한 정보를 포함한 목록이다.

18 조사를 위해 설문지를 사용하여 데이터를 수집할 때 나타나는 두 가지 장점과 두 가지 단점을 설명하시오.

19 다음 시나리오에서 단순임의추출을 사용할 때 가능한 표본 프레임을 설명하시오.

(a) 다음 지방 의회 선거에서 유권자가 투표하고자 하는 정당한 후보를 찾기 위한 설문조사

(b) 1주일 동안 관리팀 직원들이 회의하는 데 소비하는 시간에 대한 조사

(c) 교과서를 출판한 대학 강사 수에 대한 조사 연구

20 면접조사를 실행해 데이터를 수집할 때 나타나는 두 가지 장점과 두 가지 단점을 설명하시오.

21 고객 만족도 조사를 실행하기 위해 레스토랑 매니저는 한 달 동안 레스토랑을 다녀간 모든 고객의 이름과 전화 번호를 기록한다. 목록에서 임의의 시작점을 정하고 그 시작점으로부터 50명을 선택할 때까지 매번 25번째인 고객을 선택해 식당 이용 평가를 위한 데이터 수집을 위해 각 고객에게 전화를 한다. 이 조사에서 어떤 추출 방법을 사용했는지 설명하시오.

22 다음과 같은 질문을 온라인 설문지에서 볼 수 있다.

많은 사람들이 현 정부가 보건, 교통, 치안, 교육에 충분한 비용을 지불하지 않는다고 느끼고 있습니다. 동의하십니까?

질문의 문제점이 무엇이라고 생각하는가?

23 군집추출과 층화추출의 차이점을 설명하시오.

24 파일럿 연구는

(a) 응답률을 높이기 위해 할인 쿠폰을 제공한다.

(b) 작은 그룹을 이용해 질문의 완성도를 테스트한다.

(c) 표본 개체들이 면접받기를 원하는지 확인한다.

25 모집단과 표본의 차이를 설명하시오.

26 연구원은 규모가 큰 고등학교에서 학생에게 주어진 숙제의 양을 조사하고 있다. 9학년 전체 학생들은 매주 받은 숙제의 양에 대한 정보를 제공하도록 요청받는다. 연구원은 학교에서 학생들 모두에게 주어진 숙제의 양에 대한 결론을 내기 위해 수집된 표본 데이터를 사용할 수 있는가?

27 다음과 같은 데이터 수집 시나리오에서 생길 수 있는 편이가 응답 편이인지 무응답 편이인지 말하고 이유를 설명하시오.

(a) 고객 만족도 조사 설문지를 레스토랑에서 식사를 하고 있는 사람들에게 배포한다.

(b) 건강한 식습관에 대한 조사에서 연구원이 지난 주에 먹은 초콜릿 바 개수를 질문한다.

(c) 면접관은 지역에서 생산된 식품을 구입하는 것이 환경에 좋은 모든 이유를 나열한 뒤 참가자들에게 해외 토마토와 영국 토마토 중 구입할 때 더 선호하는 토마토가 무엇인지 물어본다.

28 온라인 설문조사와 관련된 두 가지 장점과 두 가지 단점을 설명하시오.

29 다음의 조사 내용에서 모집단을 정의하고 전수조사를 시행하는 것이 실용적인지 결정하시오.

(a) 25~30세 영국 성인들은 여름 휴가를 영국에서 보내고 싶어 하는지 아니면 해외여행을 선호하는지.

(b) 화요일 아침에 도서관에 있는 사람들은 소설과 비소설 책 중 어느 책을 선호하는지.

(c) 한 제조업체에서 만든 연필을 떨어뜨렸을 때 쉽게 부러지는지.

30 온라인 서점의 관리팀은 사람이 사는 지역과 선호하는 책이 픽션인지 논픽션인지가 연관성이 있는지를 조사하기로 결정한다. 24개의 미국 카운티에 살고 있는 100명을 표본 개체로 선택한다. 직접 만나서 면접조사하는 대신 전화로 면접을 실행하는 것이 더 좋은 이유를 설명하시오.

31 연료 절약에 대한 기사를 쓰기 위해 유명 자동차 잡지는 가족에 적합한 자동차의 연료 효율에 대한 연구를 시행하고자 한다. 확률비례배분을 이용한 층화추출로 1,200대의 차량이 속해 있는 모집단에서 100대의 차량을 표본조사하고자 한다. 모집단은 420대의 중형차, 240대의 스테이션왜건, 480대의 승합차와 60대의 고급 승용차로 구성되어 있다. 각 차의 유형

에서 몇 대의 차를 표본에 포함시켜야 하는가?

32 편의추출과 할당추출의 두 가지 추출 방법 사이에 한 가지 유사성과 한 가지 차이점을 설명하시오.

33 회사 직원 연령과 매주 식당에서 쓰는 비용의 상관관계를 조사한다고 가정해 보자. 조사를 위한 설문지에 쓸 수 있는 주관식 질문과 객관식 질문을 각 한 문제씩 만들어 보시오.

34 스포츠 센터 소유자는 고객들이 스포츠 센터에 운동 클래스를 참여하러 오는지 체육관 시설을 사용하러 오는지 라켓 스포츠를 하러 오는지 알아보고 싶어 한다. 수요일 오전 9시 45분에 입구 개찰구에 대기한 후 그 시간 이후에 건물에 들어 오는 50명의 고객에게 스포츠 센터를 이용하는 주된 이유를 물어본다.

(a) 스포츠 센터 소유자가 수집한 데이터는 센터를 이용하는 모든 고객들을 대표할 수 있는가? 답변에 대한 합리적인 세 가지 이유를 드시오.

(b) 센터 소유자는 어떤 추출 방법을 사용했는가?

35 구조화된 면접과 비공식 면접의 차이를 설명하시오. 각 면접의 장단점을 하나씩 설명하시오.

36 영국에 본사가 있는 세계적인 택배 서비스를 운영하는 회사는 평균 택배 시간에 대한 조사를 실행한다. 표본으로 기록되는 택배 시간이 모집단을 대표할 수 있도록 배달 소포의 모집단을 분할하는 데 사용할 세 가지 특징을 제시하시오.

37 지역 교육 당국은 지역으로 이사하는 가족의 수가 증가하는 만큼 그 지역에 초등학교를 하나 더 세울 것인지를 평가하길 원한다. 각각의 가정에서부터 가장 가까운 학교까지 걸리는 시간을 알아보기로 한다.

(a) 평가에 있어 도움을 줄 수 있는 각 가정에 대한 세 가지 정보를 말하시오.

(b) 이 연구에 있어 1차 데이터와 2차 데이터 중 어떤 데이터를 사용해야 하는가? 답변에 대한 합리적인 이유를 말하시오.

38 무응답 편이가 발생할 수 있는 원인에 있어 응답자가 설문지에 있는 질문에 답할 수 없는 이유 두 가지를 말하시오.

39 전체 모집단을 대표하는 표본을 선택하는 것이 중요한 이유를 설명하시오.

40 1차 데이터와 2차 데이터의 차이를 설명하시오. 각 데이터 유형마다 장단점을 하나씩 설명하시오.

연습문제 해답

1 (a) 모집단은 우편주문회사에 일하고 있는 모든 직원이다. 표본은 우편주문회사에 일하는 20~25세인 모든 직원들이다.

(b) 아니다. 수집된 표본 데이터가 모집단의 음악 취향을 대표할 수 없는 이유는 나이가 음악 취향에 영향을 미치는 요인이 될 수 있고, 표본은 특정 연령 그룹에서만 선택되었기 때문이다. 25세 이상과 20세 미만인 직원들의 의견이 무시된다.

2 (a) 응답률은 가구 매장 매니저가 분배한 설문지 수로 고객들이 반납한 설문지의 수를 나눈 비율이다.

(b) 매니저가 응답률을 극대화할 수 있는 세 가지 방법은 다음과 같다.

- 모든 질문이 명확하게 표현되고 대답하기 쉬운지 확인한다.
- 후속 전화 또는 이메일을 사용해 응답하지 않는 사람들에게 문의한다.
- 매장 할인 쿠폰을 사용해 응답자에 대한 보상을 제공한다.

3 단순임의추출에서는

- 모집단의 각 개체에게 고유 번호를 준다.
- 컴퓨터 프로그램을 사용해 요구되는 표본 사이즈에 따라 임의적으로 각자의 개체에게 주어진 수들의 부분집합을 생성한다.
- 표본을 만들 때 임의로 생성된 번호들과 일치하는 모집단 개체들을 선택한다.

계통추출에서는

- 컴퓨터 프로그램을 사용해 임의로 숫자를 생성해 그 숫자를 모집단 개체 목록의 시작점으로 선정한다.
- 시작점 숫자와 일치하는 사람을 선택한 뒤 특정한 간격에서 발생하는 각 사람을 선택한다.

4 면접 또는 설문조사에서 주어진 답변이 응답자의 진정성 있는 진실과 의견을 반영하지 않을 때 응답 편이가 발생한다. 응답 편이가 일어날 수 있는 상황은 더 호의적으로 보이고 싶어서 허위 대답을 하거나 진실을 과장할 때 또는 정확하게 자신의 관점을 반영하는 대답 대신 심리적 압박감을 느껴 연구자가 듣고 싶은 답을 할 때이다.

5 (a) 글래스고 마을에서 가정당 매년 지불한 전기 요금에 대한 조사에는 군집추출을 사용한다.

(b) 비행기 탑승을 기다리는 동안 공항 상점에서 남성들이 여성들보다 돈을 더 많이 쓰는지 조사할 때는 층화추출을 사용한다.

6 (a) 한 가지의 종류의 피자, 햄과 파인애플 피자를 주문한 사람들만 표본에 포함되었기 때문에 표본은 전체 모집단을 대표하지 않는다. 다른 종류의 피자토핑이 만족스럽지 않고 햄과 파인애플 토핑의 품질이 특히 좋았을 가능성이 있다. 이 경우에는 표본에 속해 있는 고객들은 토핑을 매우 좋게 평가할 텐데 이 평가는 모든 고객들의 의견을 반영할 수 없다.

(b) 층화추출을 사용해야 보다 더 대표적인 표본을 얻을 수 있는 이유는 다음과 같다.

- 주문한 피자의 종류에 따라 고객들을 계층으로 나눈다.
- 각 계층에 대한 표본 프레임을 생성하고 각 계층의 각 개체에게 고유 번호를 제공한다.
- 컴퓨터 프로그램을 사용해 임의로 생성된 번호에 대응하는 각 계층에서 고객을 선택한다.

7 기업들이 직원들에게 재택 근무를 할 수 있도록 권고해야 하는지의 여부에 대해 면접을 할 때 질문할 수 있는 유도 또는 편이 질문의 예는 다음과 같다.

'재택 근무하는 직원들은 통근 비용을 절약할 수 있고 좀 더 자유롭게 일하는 것을 즐길 수 있습니다. 더 많은 기업들이 직원들에게 이런 좋은 기회를 제공해야 한다고 동의하십니까?'

8 모집단이 너무 크거나 충분히 정의되지 않았을 수 있기 때문에 데이터를 수집할 때 전수조사 대신 표본을 사용하는 것이 더욱 효과적이다. 또한 전수조사는 특히, 모집단 개체들이 지리적으로 흩어져 분포되어 있을 때 시간과 비용이 많이 들 수 있다.

9 식품 가격의 최근 상승에 대한 사람들의 생각을 조사하기 위해 설문지를 작성하는 연구원에게 줄 수 있는 두 가지 지침은 다음과 같다.

- 중복되는 구간을 사용하지 않는다.

지난주에 슈퍼에서 사용한 금액이 얼마입니까?

50달러 미만 ☐	50~100달러 ☐	100~150달러 ☐	150달러 초과 ☐

- 복합적인 질문을 피한다.

작년과 올해에 같은 음식 비용을 소비했거나 주간 지출이 작년과 올해가 같다고 생각하십니까? 예/아니요

10 (a) 군집추출 방법은 다음의 데이터를 수집하는 데 사용할 수 있다.

- 빌딩 블록을 군집으로 이용하여, 각 블록에 1~15까지의 번호를 제공한다.
- 컴퓨터 프로그램을 사용해 임의로 생성된 수를 이용하여 5개의 블록을 선택한다.
- 선택된 5개의 블록에 있는 각 4개의 아파트 단지를 방문하여 20개의 아파트 주민 표본을 대상으로 데이터를 수집한다.

(b) 장점 : 군집추출은 표본을 형성하는 것이 매우 편리하고 실용적이다. 모집단 개체들이 넓은 지리적 영역에 걸쳐 있을 경우 필요한 시간과 비용을 줄일 수 있다.

단점 : 각 군집에 있는 사람들이 모두 매우 유사한 특성을 가질 경우 선택된 표본이 모집단을 충분히 대표하지 않을 수가 있다.

11 소매 분석가는 단순임의추출을 이용해 45개의 표본 소매점을 다음과 같이 고른다.

- 쇼핑몰에서 각 매점에 고유 번호를 부여한다.
- 컴퓨터 프로그램을 사용해 무작위로 1과 280 사이에 있는 45개의 숫자를 생성한다.
- 생성된 수와 일치하는 매점을 교체 없이 선택해서 표본을 만든다. 그래서 매점이 한 번 선택되면 두 번 다시 선택될 수 없도록 한다.

12 (a) 응답자가 질문에 답할 수 있는지 확인해야 한다 : 지난달에 각 품목에 비용을 얼마나 소비했는지 기억하지 못할 수도 있다.

(b) 편이되거나 유도하는 질문들은 피한다 : 연구자가 강하게 자신의 관점을 표현하고 응답자의 동의를 부추길 수 있다.

(c) 가능한 모든 답들을 허용한다 : 응답자가 좋아하는 아이스크림이 민트일 경우 가능한 옵션이 없다.

(d) 중복되는 구간을 사용하지 않는다 : 10번의 기차 여행을 다녀왔을 경우 두 가지 답을 고를 수 있다.

(e) 복합적인 질문들을 피한다 : '예.'가 휴가를 온라인에서 예약한 적이 있거나 필요한 휴가의 유형을 쉽게 찾을 수 있었거나 둘 다를 의미할 수 있다.

(f) 질문들은 명확해야 한다 : 사람들마다 '장시간'에 대한 의미가 다를 수 있다.

13 옵션 (a). 단순임의추출 방법은 모집단에 속해 있는 모든 사람이 표본으로 선택될 확률이 같다.

14 다음 지방 선거가 시행되기 전에 신속하게 처리할 필요가 있기 때문에 데이터 수집을 위해 면접 대신 온라인 설문조사를 사용하는 것이 더 효과적이다. 250명을 각각 면접하는

것보다 온라인 설문조사를 요청하는 게 훨씬 빠르다.

15 다음과 같은 단계를 거쳐서 계통추출을 이용해 50개 표본 전단지를 추출한다.

- 24번째 전단지를 선택하고 난 뒤 그 전단지의 이미지 품질을 체크한다.
- 5000 나누기 50은 100이므로 50개의 전단지가 포함된 표본을 만들려면 계통적으로 124, 224, 324…4924까지 적혀 있는 전단지를 선택한다.

16 (a) 면접을 실행한다. 피면접인이 질문을 이해하지 못할 때 질문들을 더 완벽하게 설명할 수 있기 때문에 더 복잡한 질문들을 할 수가 있다.

(b) 설문지를 사용한다. 질문에 답하지 않았을 때 질문의 의미가 불분명했는지, 답하길 원하지 않는지 연구자는 알 수가 없다.

(c) 설문지를 사용한다. 많은 양의 데이터를 제한된 시간과 비용을 사용해 수집할 수 있다.

(d) 면접을 실행한다. 표본의 개체들이 지리적으로 흩어져 있을 경우 데이터 수집에 많은 비용이 소요될 수 있다.

17 옵션 (c). 표본 프레임은 모집단의 모든 개체에 대한 정보를 포함한 목록이다.

18 설문지를 사용해서 데이터를 수집할 경우 나타나는 장점들은 다음과 같다.

- 설문지는 방대한 표본 대상으로 데이터를 수집할 경우 시간을 효율적으로 쓸 수 있는 방법이다. 발생한 우편 비용은 전화 요금 또는 면접조사 비용보다 적을 가능성이 있다.
- 응답자들은 익명으로 설문조사를 완료할 수 있기 때문에 민감한 질문에 정직한 답변을 줄 가능성이 높다.
- 설문지는 넓은 지리적 영역에 속해 있는 표본 대상들에게 쉽게 보낼 수 있는 게 장점이다. 연구자가 더 다양한 데이터를 수집할 수 있도록 도와준다.

설문지를 사용해서 데이터를 수집할 경우 나타나는 단점들은 다음과 같다.

- 명확한 질문들만 설문조사에 사용될 수 있다. 더 이상 설명을 할 수 없기 때문에 연구원은 질문들이 쉽게 이해될 수 있는지 확인해야 한다.
- 표본에 속해 있는 개체들은 설문지를 받을 경우에 특히, 조사 중인 주제에 대한 명확한 의견이 없을 경우 그 설문지를 무시할 가능성이 높다.
- 연구자가 응답자가 준 대답을 이해하지 못했을 경우에 자세한 내용을 더 질문할 기회가 없고, 수집된 데이터를 사용할 수 없을 수도 있다.
- 이메일 또는 우편으로 응답된 설문지를 받았을 때 실제 표본 대상이 질문에 답변했

는지 알 수 없다.

19 단순임의추출에서 사용될 수 있는 가능한 표본 프레임은

(a) 다음 지방 의회 선거에서 투표할 자격이 있는 모든 유권자의 목록이다.

(b) 관리팀 모든 직원들이 적힌 목록이다.

(c) 대학에 있는 모든 강사들의 목록이다.

20 면접을 실행해서 데이터를 수집할 경우 나타나는 장점들은 다음과 같다.

- 면접에서는 연구자가 피면접인에게 질문들을 더 완벽하게 설명할 수 있기 때문에 더 복잡한 질문들을 할 수가 있다.

- 정보를 수집할 때 사람들에게 직접 접근해서 요구하면 거절하기 힘들기 때문에 더 많은 사람들이 면접에 응할 수 있다.

- 비공식 면접의 경우 연구원이 면접 대상자의 답에 대한 자세한 설명이 필요할 때 추가 질문을 할 수 있는 기회가 있다.

- 1차 데이터를 수집하기 위해 면접을 실행할 때 면접 대상자들 모두 연구원이 표본으로 선택한 사람들이라는 것을 알 수 있다

면접을 실행해서 데이터를 수집할 경우 나타나는 단점들은 다음과 같다.

- 연구자가 한 번에 한 사람하고만 대화를 나눌 수 있기 때문에 면접을 하는 데 시간이 많이 소모된다. 연구자를 여러 명 고용한다면 데이터 수집할 때 비용이 더 많이 들 것이다.

- 만약에 면접 대상자들이 지리적으로 흩어져 있을 경우 연구원이 각 장소를 방문해야 하기 때문에 더 많은 시간과 비용을 사용해야 한다.

- 연구자가 응답자에게 직접적으로 민감한 질문을 할 경우 진실이 아닌 대답 또는 과장된 대답을 줄 가능성이 높아진다.

21 레스토랑 매니저는 계통추출을 사용했다.

22 이 질문에는 두 가지 문제점이 있다. 연구자는 응답자가 다수의 사람들의 의견에 동의하도록 부추기기 때문에 이 질문은 편이 또는 유도 질문이다. 또한 이 질문은 복합적이기 때문에 정부가 건강에 충분한 비용을 지불하지 않지만 교육에 대한 충분한 지출이 있다고 생각한다면 '예.' '아니요.'로 대답하기 힘들다.

23 모집단을 그룹으로 분류한다는 면에서 군집추출과 층화추출은 동일하다. 군집추출은 군집(그룹)을 단순임의추출하고 추출된 군집에 속한 응답자는 모두 표본으로 선택한다.

층화추출은 각 계층(그룹)에 속한 응답자를 단순임의추출방법으로 표본추출한다.

24 옵션 (b). 작은 그룹을 이용해 질문의 완성도를 테스트하는 것이 파일럿 연구다.

25 조사를 할 때 정보를 얻고자 하는 관심 집단, 즉 모든 사람들의 모임을 모집단이라고 한다. 우리가 정보를 얻을 모집단에 속한 소규모 집단을 표본이라고 한다.

26 연구원은 수집된 표본이 9학년 학생들로만 구성됐기 때문에 표본을 이용해 학교에서 학생들 모두에게 주어진 숙제의 양에 대한 결론을 낼 수가 없다. 주어진 숙제의 양이 학생의 학년과 관련이 있을 가능성이 있다. 낮은 학년 학생들은 중등 학교의 낯선 교육 시스템에 익숙해지는 시간을 갖도록 숙제를 조금 덜 내 주는 반면, 높은 학년 학생들은 시험을 준비하기 위해 더 많은 숙제를 받을 수 있다.

27 (a) 레스토랑에서 식사하는 사람에게 고객 만족 설문조사를 나눠줄 때 다음의 무응답 편이가 발생할 수 있다. 아주 좋은 경험이나 아주 나쁜 경험을 한 사람이 만족스러운 경험을 한 사람보다 설문지를 작성할 가능성이 높아서 수집된 데이터가 모집단을 대표하지 않을 수 있다.

(b) 건강 식습관에 대한 조사에서 연구원이 지난주에 먹은 초콜릿 바의 개수에 대한 질문을 한다. 이 질문에서 다음의 응답 편이가 발생할 수 있다. 사람들은 자신을 더 건강하게 보이기 위해 먹은 초콜릿 바의 수를 실제보다 더 적게 기록할 수 있다.

(c) 면접관은 지역에서 생산된 식품을 구입하는 것이 환경에 좋은 모든 이유를 나열한 뒤 응답자들에게 해외 토마토와 영국 토마토 중 구입할 때 더 선호하는 토마토가 무엇인지 물어본다. 이 질문에서 다음의 응답 편이가 발생할 수 있다. 사람들은 심리적 압박감 때문에 자신의 관점을 반영하는 답보다 면접인의 의견에 동의하는 경우가 있다.

28 온라인 설문조사와 관련된 몇 가지 장점들이 있다.

* 데이터 수집과 배포를 위한 인쇄나 우편 서비스가 필요 없기 때문에 시간과 비용면에서 요구되는 자원을 감소시킬 것이다.
* 사람들이 설문조사에 참여하길 유도하기 위하여 이미지와 드롭 다운 메뉴와 같은 기능을 사용하여 매력적이고 흥미로운 설문지를 작성할 수 있다.
* 스프레드시트나 분석을 위한 컴퓨터 프로그램에 직접 입력될 수 있기 때문에 실수도 줄이고 시간을 절약할 수 있다.

온라인 설문조사와 관련된 몇 가지 문제들이 있다.

- 온라인 배포 사용이 증가함으로써 사람들이 전자 요청 과부하로 요청을 무시하거나 삭제할 가능성이 있다.
- 표본 대상이 인터넷을 많이 사용하는 사람들에게 제한되기 때문에 결과에 있어, 노인들과 같은 모집단은 대표할 수 없는 경우가 있다.
- 이메일이나 소셜 미디어를 통해 정보에 대한 요청이 성공적일 수 있으나, 소프트웨어 호환성 또는 기타 기술적인 문제에 의해 설문조사 대상이 설문조사에 접근하지 못하거나 연구원에게 반납할 수 없는 경우들이 있다.

29 (a) 모든 25~30세 영국 성인이 모집단이다. 모집단이 너무 크고 지리적으로 흩어져 있을 경우가 있기 때문에 전수조사는 많은 시간과 비용이 소비될 수 있다.

(b) 화요일 아침에 도서관에 있는 모든 사람들이 모집단이다. 모집단의 규모가 비교적 작고 같은 시간에 같은 장소에 있기 때문에 전수조사를 실행하는 것이 편리하다.

(c) 한 제조업체에서 만든 모든 연필들이 모집단이다. 이 경우에는 연필이 쉽게 부러지는지를 알기 위해 모든 연필들을 떨어 뜨려 보아야 하므로 전수조사를 실행하는 것은 실용적이지 않다.

30 100명의 표본 개체들이 영국의 24개의 카운티에 흩어져 살고 있기 때문에 직접 면접하는 것보다는 전화로 하는 것이 더 효율적이다. 조사를 위해 전화하는 것이 여러 곳을 여행하는 것보다 소요 비용이 훨씬 더 적게 든다.

31 확률비례배분을 이용해 차 종류별 표본 크기는 다음과 같다.

420은 1,200대의 35%, 100대의 35%는 35대의 중형차

240은 1,200대의 20%, 100대의 20%는 20대의 스테이션왜건

480은 1,200대의 40%, 100대의 40%는 40대의 승합차

60은 1,200대의 5%, 100대의 5%는 5대의 고급 승용차

32 편의추출과 할당추출은 둘 다 표본을 선택할 때 모집단에 있어 가장 편리하게 선택할 수 있는 개체들을 뽑는다. 편의추출에서는 사람들의 특징을 고려하지 않는 반면, 할당추출은 특징을 고려해서, 예를 들면 35명의 남성과 35명의 여성과 같이 정해진 사람 수에 알맞게 표본을 고른다.

33 객관식 : 귀하의 나이는?

25세 미만 ☐	25~34세 ☐	35~44세 ☐	45~54세 ☐	54세 초과 ☐

주관식 : 회사 구내 식당에서 점심을 먹는 것이 집에서 만든 도시락을 가져 오는 것보다 비용면에서 더 효율적이라고 생각하는지에 대한 의견을 말하시오.

34 (a) 수요일 오전 9시 45분에 센터를 방문한 고객들만 표본에 포함됐기 때문에 스포츠 센터 소유자가 수집한 데이터가 센터를 이용하는 모든 고객들을 대표할 수 없다. 10시에 시작하는 운동 클래스들이 있어서 질문에 답한 사람들의 높은 비율은 클래스를 참여하고자 왔다고 답할 가능성이 높다. 수영장 관리 때문에 그 시간에 수영장을 운영하지 않으면 9시 45분에 센터를 방문하는 사람들 중에 수영을 하러 온 사람들은 없을 것이다. 라켓 스포츠는, 예를 들면 오전 10시 30분부터 11시 30분까지, 반 시간마다 예약이 가능하기 때문에 라켓 스포츠를 할 사람들은 예약 시간보다 45분 전에 올 가능성이 적다.

(b) 스포츠 센터 소유자는 편의추출을 사용했다.

35 구조화된 면접을 실행할 때 연구원은 사전에 질문들을 준비하고 면접을 할 때 준비된 질문들만 하게 된다. 비공식 면접을 하는 동안에는 연구원이 면접 대상자의 대답에 따라 관련된 질문이라고 생각되는 질문들을 할 수 있다.

구조화된 면접

장점 : 모두 같은 질문들을 했기 때문에 서로 다른 피면접인들부터 수집된 데이터를 비교하고 분석하는 것이 쉽다.

단점 : 연구자가 면접을 하는 동안 피면접자의 흥미로운 반응에서 얻어질 수 있는 예기치 않은 반응에 의한 정보를 얻을 수 없기 때문에 수집될 수 있는 다양한 데이터의 양을 제한한다.

비공식 면접

장점 : 이 방법은 매우 다양한 데이터를 수집할 수 있다.

단점 : 데이터가 다양할 수 있기 때문에 각각의 피면접인들의 대답을 비교하고 분석하는 게 어려울 수도 있다. 표본 데이터로부터 결론을 끌어내는 것이 복잡한 과정이 될 수 있다.

36 표본으로 기록되는 택배 시간이 모집단을 잘 대표할 수 있도록 소포의 모집단을 분할하는 데 사용할 세 가지 특징은 다음과 같다.

- 소포의 크기(예 : 소형, 중형, 대형)
- 도착 목적지(예 : 영국 내 아니면 해외)

- 구매된 서비스 종류(예 : 당일 배송, 익일 배송)

37 (a) 지역 교육 당국이 수집해야 할 세 가지 정보는 집에서부터 학교까지 걸어서 걸리는 시간, 집 주소, 다니는 학교의 이름이다.

(b) 이런 시나리오에서는 2차 데이터가 없을 가능성이 높기 때문에 1차 데이터를 써야 합리적이다.

38 응답자가 설문지에 있는 질문에 답을 하지 않은 이유는 다음과 같다.

- 응답자들은 객관식 질문의 답 옵션 중 적절한 답을 찾지 못할 수도 있다.
- 주관식 질문에 답할 시간이 없을 수도 있다.
- 응답자가 질문의 의미를 이해하지 못할 수도 있다.

39 표본을 만들 때 중요한 것은 선택된 표본을 관찰한 결과를 일반화시켜 모집단에 대한 결론을 낼 수 있도록 만들어진 표본이 가능한 모집단을 대표할 수 있도록 추출 방법을 진행하는 것이다.

40 1차 데이터와 2차 데이터의 차이점은 다음과 같다.

- 1차 데이터는 연구자가 직접 얻은 데이터인 반면, 2차 데이터는 다른 사람이 이미 수집해 놓은 데이터를 연구자가 사용하는 것이다.
- 1차 데이터는 대부분 원자료인 반면 2차 데이터는 이미 한 번 처리된 자료이다.

1차 데이터

장점 : 스스로 데이터를 수집할 경우 연구와 결과에 편리한 방법으로 실행할 수 있다는 것이 장점이다.

단점 : 모집단의 방대한 표본들로부터 정보를 얻는 수집 방법들은 어렵고 시간이 많이 든다.

2차 데이터

장점 : 오랜 기간 동안 수집된 대규모 데이터베이스로 정보 조사를 쉽고 빠르게 접근할 수 있다.

단점 : 2차 데이터는 이미 한 번 처리되었기 때문에 우리가 실행하려는 연구에 완벽하게 알맞은 형태가 아닐 수도 있다.

데이터 빈도

서론

2장에 설명된 데이터 수집 방법의 사용은 아주 큰 데이터 집합의 누적을 야기할 수 있다. 특히 각 모집단 개체를 대상으로 데이터를 수집하거나 아주 큰 크기의 표본을 선택했을 경우에 그러한 결과가 나타난다. 이런 큰 규모의 데이터 집합은 이해하고 처리하는 것이 어려울 수도 있지만, 우리의 정보를 간결한 형태로 제공할 수 있도록 빈도표나 그룹화된 빈도표를 시작점으로 사용할 수 있다. 데이터 집합을 성공적으로 도표로 만들면, 4장과 5장에서 정리된 그래프나 수치적 기법을 사용할 수 있다.

이 장에서는 질적자료와 양적자료를 요약하기 위해 빈도표를 만드는 방법을 설명한다. 그룹화된 빈도표에 대해선 합리적인 그룹 또는 계급의 중요성을 논의하고 계급의 수치적 특성을 식별하기 위한 몇 가지 새로운 용어와 방법을 소개한다.

빈도표

질적 또는 양적 자료 값들이 수집되는 순서로 기록하는 경우를 **원자료**(raw data)라고 한다. 행(row)과 열(column)을 가진 일반적인 도표로 원자료를 정리할 수 있지만, 가끔 수집된 데이터의 양이 그 의미를 실제로 해석하거나 요약 통계를 생성하는 것을 어렵게 만들기도 한다.

빈도표(frequency distribution)를 사용해 원자료를 처리하고 간소화시키면, 다음이 가능해진다.

- 가장 자주 발생하는 데이터 값 등의 데이터 집합의 특성들을 예측할 수 있다.
- 원자료의 양에 의해 숨겨진 중요한 특징 또는 기본 패턴을 강조할 수 있다.
- 2개의 데이터 집합을 서로 더 쉽게 비교할 수 있다.

빈도표의 구조는 데이터 집합의 가장 작은 값과 가장 큰 값 사이에 수집된 데이터의 서로 다른 모든 값의 목록을 만드는 것을 포함한다. 그다음 수집된 데이터에 있는 서로 다른 별개의 값들이 각각 몇 번씩 발생했는지 세고 기록한다.

빈도표는 보통 3개의 열들이 있는 표로 표시된다. 첫 번째 열은 서로 다른 별개의 데이터 값을 식별하기 위해 사용한다. 첫 번째 열의 제목은 수집된 데이터를 설명할 수 있어야 한다. 두 번째 열의 제목은 '집계'이고, 각 해당 행에 표시된 별개의 값이 발생할 때마다 집계 표시(|)를 적어 넣는다. 좀 더 확실하게 알아보기 위해 집계 표시 5개를 하나의 세트로 그룹화한다. 각각의 별개의 값들의 총 집계 표시 수는 세 번째 열에 기록된다. 이 총 수는 서로 다른 별개의 값들이 일어나는 빈도를 나타내고, 빈도가 열의 제목이 된다. 빈도를 보통 f로 나타낸다.

　　표의 행의 수는 데이터 집합에 있는 가장 작은 값(이상)부터 가장 큰 값(이하)에서 일어나는 서로 다른 별개의 값들이 개수를 나타낸다. 종종 세 번째 열의 마지막 행에 빈도들의 합을 기록한다. 이 합은 데이터 집합의 모든 값의 합과 동일하다.

　　일부의 집계 표시를 포함한 빈도표에 대한 템플릿은 다음과 같다. 이 템플릿에 의해 표현된 데이터 집합은 3개의 서로 다른 값과 전체 데이터의 25개의 부분들을 포함한다.

데이터 설명	집계	빈도
관측값	ⅢⅢ ⅢⅢ Ⅱ	12
관측값	ⅢⅢ	4
관측값	ⅢⅢ ⅢⅢ	9
총합		25

빈도표는 때때로 집계 표시 없이 만들어진다. 이러한 경우에 이 표의 열의 형태는 다음과 같다.

데이터 설명	빈도
관측값	12
관측값	4
관측값	9
총합	25

또는 이와 같은 행의 형태로 나타난다.

데이터 설명	관측값	관측값	관측값	총합
빈도	12	4	9	25

　　양적자료를 위한 도수분포표의 첫 번째 열에 있는 서로 다른 별개의 값들은 단 하나의 값도 누락되지 않아야 한다. 그러나 수집된 데이터 값들이 별개의 값과 일치하지 않을 경우에는 그 행 안에 집계 표시가 없고 빈도 열은 '0'일 가능성이 있다.

　　데이터 집합에 대한 몇 가지 기본 요약 통계를 생성하기 위해 빈도표를 사용할 수 있다. 예를 들면 어떤 값이 가장 많이 발생하고 어떤 값이 가장 적게 발생하는지를 나타내 준다. 원자료를 사용해서 이런 값들을 찾는 것도 가능하지만, 특히 규모가 큰 표본 또는 모집단의 데이터를 수집했을 경우 원자료를 사용하는 대신 빈도표를 쓰면 절차가 더 간단해지고 오류의 발생을 줄일 수 있다.

예제-양적자료

공항 안내 데스크에서 체크인 절차 시 50명의 성인 승객들에게 비행 중 마시고 싶은 무료 음료가 무엇인지 질문한다. 제공 가능한 음료들은 차, 커피, 주스, 와인과 물이다.

승객들의 선택은 다음의 표에서와 같이 원자료로 기록되었다. 첫 번째 승객은 차, 두 번째 승객은 물과 마지막 승객은 주스를 주문했다.

차	물	물	차	와인	커피	물	물	커피	물
와인	와인	주스	커피	물	물	차	커피	물	커피
와인	차	커피	커피	와인	주스	와인	와인	주스	물
커피	커피	커피	커피	커피	와인	주스	차	커피	차
커피	와인	주스	차	물	주스	와인	물	차	주스

빈도표를 사용해 최초 10명의 승객들의 선택을 요약하면 다음과 같다.

음료	집계	빈도
차	||	2
커피	||	2
주스		
물	₩	5
와인	|	1
총합		10

다음은 최종 작성된 빈도표이다.

음료	집계	빈도
차	₩ |||	8
커피	₩ ₩ ||||	14
주스	₩ ||	7
물	₩ ₩ |	11
와인	₩ ₩	10
총합		50

빈도의 총합은 각 승객이 선택한 하나의 음료를 대표한다.

빈도표의 세 번째 열을 보면 가장 인기 있었던 무료 음료는 14명의 승객이 선택한 커피였다. 가장 인기 없었던 음료는 단 7명의 승객만이 선택한 주스였다.

차와 커피의 빈도를 더해 보면 22명의 승객이 뜨거운 음료를 선택했다는 것을 알 수 있고, 마찬가지로 빈도표는 50명 중 40명의 승객이 비알콜성 음료를 주문한 것을 보여 준다.

예제 — 질적자료

공항의 출발 라운지에 있는 커피숍에서 매니저는 각각의 고객이 구입한 품목의 수를 기록했다.

다음 표는 50명의 고객으로부터 수집된 데이터를 순서대로 나타낸 것이다.

2	3	1	1	2	5	6	2	5	3
2	2	2	1	1	1	3	3	6	1
1	1	2	2	5	5	6	2	6	2
6	6	3	2	5	3	1	1	2	3
5	2	6	3	3	2	2	1	1	1

빈도표는 다음과 같다.

구입한 품목 수	집계	빈도
1	ⅢⅡ ⅢⅡ Ⅲ	13
2	ⅢⅡ ⅢⅡ ⅢⅡ	15
3	ⅢⅡ ⅢⅢ	9
4		0
5	ⅢⅡ Ⅰ	6
6	ⅢⅡ Ⅱ	7
총합		50

총 빈도는 데이터 개수와 같다.

실제 빈도표는 집계 표시 없이 다음과 같은 열의 형태로 보인다.

구입한 품목 수	빈도
1	13
2	15
3	9
4	0
5	6
6	7
총합	50

행으로 표현하면 다음과 같다.

구입한 품목 수	1	2	3	4	5	6	합계
빈도	13	15	9	0	6	7	50

빈도표는 정확히 4개의 품목을 구입한 고객이 없었다는 것을 보여 준다. 각 별개의 값을 그 값의 빈도로 곱해서 각 품목이 커피숍에서 총 몇 번 구입됐는지 다음과 같이 계산할 수 있다. $(1 \times 13) + (2 \times 15) + (3 \times 9) + (5 \times 6) + (6 \times 7) = 142$개의 품목들이 50명의 고객에 의해 구입되었다.

상대빈도

때때로 데이터 집합에 있는 모든 값에 대한 각각의 별개의 값의 빈도의 비율을 고려해야 한다. 상대빈도(relative frequency)는 다음과 같이 계산된다.

$$상대빈도 = \frac{특정\ 개별\ 값의\ 빈도}{빈도의\ 총합}$$

빈도는 데이터 집합 내에서 개별의 값이 발생하는 횟수를 나타내는 반면, 상대빈도는 그 데이터 집합에 있는 개별 관측값들의 발생 비율을 보여 준다.

상대빈도는 일반적으로 2개의 데이터 집합을 비교하는 유용한 방법을 제공한다. 쉽게 이해할 수 있도록 종종 소수를 백분율로 바꾸기 위해 상대빈도에 '100'을 곱한다.

예제 – 상대빈도

다음은 50명의 승객들이 선호하는 무료 음료 데이터의 음료별 빈도와 상대빈도를 소수와 백분율로 나타낸 표이다.

선호 음료	빈도	상대빈도	상대빈도(%)
차	8	8/50 = 0.16	0.16 × 100 = 16%
커피	14	0.28	28%
주스	7	0.14	14%
물	11	0.22	22%

와인	10	0.20	20%
합계	50	1.00	100%

상대빈도는 50명의 승객에 의한 선택의 관점에서 각각의 음료 선호도의 비율을 제공한다. 상대빈도가 나타내는 것은 16%의 승객들은 차를 선택했고, 28%는 커피, 14%는 주스, 22%는 물과 20%는 와인을 주문했다는 것이다.

누적빈도

양적자료의 경우 빈도표의 개념은 누적빈도를 포함할 수 있도록 확장시킬 수 있다. 특정 별개의 값의 **누적빈도**(cumulative frequency)는 그 별개의 값보다 작거나 같은 값으로 수집된 데이터 값의 개수를 나타낸다. 실제로는 표에 나타나는 빈도들의 이동 합계이다.

어떤 특정한 행의 누적빈도를 계산하려면 그 행의 이전에 있는 모든 행들의 빈도와 그 행의 빈도의 합을 계산하면 된다. 빈도표의 첫 번째 행의 누적빈도는 관측값의 빈도와 같다.

누적빈도를 표시하기 위해 빈도표에 열을 추가해서 그 열의 제목을 '누적빈도'라고 한다.

예제 – 누적빈도

공항의 출발 라운지에 있는 커피숍에서 구입된 품목의 수를 조사한 이전의 예제를 살펴보면, 빈도표의 누적빈도는 다음과 같다.

구입한 품목 수	빈도	누적빈도	
1	13	13	
2	15	28	13+15=28
3	9	37	13+15+9=37
4	0	37	13+15+9+0=37
5	6	43	13+15+9+0+6=43
6	7	50	13+15+9+0+6+7=50
총합	50		

빈도표는 이제 추가 정보를 제공한다. 예를 들어, 누적빈도 열은 28명의 고객이 커피숍에서 2개 이하의 품목을 구입한 것을 보여 준다.

누적 상대빈도

누적 상대빈도(cumulative relative frequency)는 누적빈도를 누적백분율로 표현할 수 있게 한다. 누적 상대빈도는 다음과 같다.

$$누적 \; 상대빈도 = \frac{별개의 \; 값의 \; 누적빈도}{빈도의 \; 총합}$$

상대빈도처럼 종종 백분율을 구하기 위해 누적 상대빈도에 '100'을 곱한다(백분율이 이해하기가 더 쉽다).

예제-누적 상대빈도

고객의 수뿐만 아니라, 커피숍에서 2개 이하의 품목을 구입한 고객의 비율도 알 수 있다. 56%는 2개 이하의 품목을 구입한 누적 상대빈도이다.

구입한 품목 수	상대빈도	누적 상대빈도	누적 상대빈도(%)
1	13	13/50 = 0.26	0.26 × 100 = 26%
2	28	0.56	56%
3	37	0.74	74%
4	37	0.74	74%
5	43	0.86	86%
6	50	1.00	100%

그룹화된 빈도표

이전 절들에서는 두 가지 서로 다른 데이터의 유형을 제시하기 위해 빈도표를 사용했다. 첫째로 질적자료, 그리고 둘째로 데이터 집합이 상대적으로 적은 별개의 값을 포함한 양적자료다. 공항 커피숍에서 구입한 품목의 수에 대한 예를 다시 살펴보면, 빈도표에는 6개의 별개의 값이 있다.

양적자료 집합이 별개의 값의 수가 너무 많은 이산형 데이터로 이루어져 있을 때는 각각의 별개의 값(첫 번째 열을 위한)을 나타내는 목록이 너무 길기 때문에 빈도표는 적합하지 않다. 가장 작은 값과 가장 큰 값 사이에 있는 모든 별개의 값의 수만큼 행들이 있다. 빈도표에서 별개의 값이 데이터 집합에 나타나지 않을 경우에는 행들이 집계 표시가 없고, 빈도가 1이면 별개의 값이

한 번 발생했다는 것을 나타낸다.

이런 경우, 연속형 데이터에 있어서 빈도표는 데이터 집합의 유용한 요약을 제공하지 못한다. 따라서 그룹화된 빈도표를 선호한다. **그룹화된 빈도표**(grouped frequency distribution)는 그룹의 시리즈를 형성한 뒤 각 그룹에 포함되어있는 데이터 값을 세어 정리하는 것이다. 일반적으로 '그룹'을 표현할 때 **계급**(class)이라고 한다. 빈도표의 유형과 유사하게 계급과 일치하는 집계 표시와 빈도는 표로 나타낸다. 다시 한 번 요약하면, 집계 표시는 생략될 수 있고, 열 또는 행 형태로 나타낼 수 있다.

앞서 논의된 바와 같이, 그룹화된 빈도표의 개념은 상대빈도, 누적빈도와 누적 상대빈도를 포함할 수 있도록 확장시킬 수 있다. 그룹화된 빈도표를 다룰 때 각각 별개의 값의 빈도 대신 계급 빈도를 사용한다. 따라서 다음의 정의가 적용된다.

- 상대빈도는 각 그룹 또는 계급에 속해 있는 집합의 데이터 값의 비율을 나타낸다.
- 누적빈도는 그 계급 또는 표에 제공된 이전 계급들에 속해 있는 데이터 값들의 개수를 나타낸다. 즉, 계급빈도의 이동 합계이다.
- 누적 상대빈도는 누적빈도를 데이터 값들의 총 빈도의 누적 백분율로 표현할 수 있도록 한다.

그룹화된 빈도표는 데이터 집합을 요약하는 데 유용한 방법이지만, 하나의 단점을 가지고 있다. 그룹 내 각각의 개별 값들을 더 이상 표만 보고 알 수가 없다. 그룹화된 빈도표는 각 계급에 속하는 데이터 값의 개수만을 나타낸다. 여전히 데이터 집합의 특성을 찾아내고 중요한 특성과 기본 패턴을 표현할 수 있지만, 수집된 데이터의 개별 값들에 대해서는 언급할 수 없다.

예제 – 이산형 자료

75개의 국제 공항에서 승객을 위한 탑승 게이트의 개수를 기록한다고 가정해 보자. 원자료는 다음과 같이 제공될 수 있다.

114	46	43	61	38	21	75	40	94	51
96	10	92	19	17	39	70	27	46	114
35	68	81	114	74	95	38	17	14	74
20	108	76	28	108	45	56	38	36	17
46	17	103	109	41	88	125	14	121	44
106	55	44	38	17	16	40	85	34	103
101	66	64	50	86	61	60	42	99	59
19	33	50	38	110					

가장 작은 값은 10이고 가장 큰 값은 125이기 때문에 빈도표는 다음 표와 같다. 다음 빈도표가 정보를 요약하는 데 적합한 방법이 아니라고 쉽게 판단할 수 있다.

승객 탑승 게이트 수	집계	빈도
10	I	1
11		
12		
13		
14	II	2
15		
...		
...		
...		
...		
120		
121	I	1
122		
123		
124		
125	I	1
합계		75

적절한 계급을 선택한 후 만들어진 그룹화된 빈도표는 다음과 같다. 이것은 데이터에 대한 좀 더 적절한 분포이다.

승객 탑승 게이트 수	집계	빈도
10~29	|||| |||| ||||	15
30~49	|||| |||| |||| |||| I	21
50~69	|||| |||| II	12
70~89	|||| IIII	9
90~109	|||| |||| II	12
110~129	|||| I	6
총합		75

전체 빈도는 데이터 집합의 개별 값들의 개수와 동일하다.

그룹화된 빈도표를 살펴보면 9개의 공항에 있는 탑승 게이트의 수는 70개 이상 89개 이하인 것을 쉽게 볼 수 있다. 자세한 원자료가 없으면 계급 내 데이터의 개별 값들을 확인하는 것이 불가능하다. 예를 들어 몇 개의 공항이 73개의 탑승 게이트가 있는지 알 수 없다.

소수와 백분율 형태의 상대빈도를 포함하면 다음과 같은 그룹화된 빈도표가 완성된다.

승객 탑승 게이트 수	빈도	상대빈도	상대빈도(%)
10~29	15	15/75 = 0.20	0.20 × 100 = 20%
30~49	21	0.28	28%
50~69	12	0.16	16%
70~89	9	0.12	12%
90~109	12	0.16	16%
110~129	6	0.08	8%
총합	75	1.00	100%

상대빈도는 가장 높은 비율인 28%의 공항들이 30~49개의 탑승 게이트를 가지고 있는 반면, 8%의 공항들은 110~129개의 탑승 게이트가 있다는 것을 보여 준다.

예제−연속형 데이터

영국에 기반을 둔 항공사의 관리팀은 체크인 하는 수화물 허용 정책을 변경하는 것을 고려했다. 정보 수집의 활동으로서 같은 주 동안 항공편에 체크인 된 75개의 수화물들의 표본의 무게(kg)를 기록하기로 결정했다.

수집된 데이터는 다음과 같다.

20.5	23.5	28.2	16	18.1	28	23.8	22.7	23.7	20.1
25.1	31.2	20.5	21.5	21.4	20.1	30.9	22.1	27.4	20.8
23.3	21.3	21	22.4	26.1	22.3	22.9	25.3	21.2	17.5
22.1	22.8	15.8	25.9	20.7	28.4	18.3	21.9	21.4	27.2
17.4	22.5	21.8	23.6	31	27.7	21.6	15.6	21.8	22.4
16.9	22.3	23.6	26.7	28.9	21.7	27.1	23.6	18.4	18.7
20.9	23.4	22.6	22.2	20.9	23.9	21.3	26.9	21.9	28.6
22.4	18.6	23.9	15.7	21.8					

그룹화된 빈도표를 작성하면 다음과 같다.

체크인 수화물 무게(kg)	빈도
15.0~17.4	6
17.5~19.9	6
20.0~22.4	30
22.5~24.9	15
25.0~27.4	9
27.5~29.9	6
30.0~32.4	3
총합	75

그룹화된 빈도표에서 가장 많이 체크인 한 수화물들의 무게는(75개 중 30개) 20.0kg 이상~ 22.4kg 이하였다. 가장 적게 체크인 한 수화물들의 무게는 최대 무게 계급인 30.0~32.4kg에 속해 있었다.

집계 표시를 생략하고 행 형태를 사용해 그룹화된 빈도표를 제공하면 다음과 같다.

체크인 수화물 무게(kg)	15.0~ 17.4	17.5~ 19.9	20.0~ 22.4	22.5~ 24.9	25.0~ 27.4	27.5~ 29.9	30.0~ 32.4	총합
빈도	6	6	30	15	9	6	3	75

누적과 누적 상대빈도를 사용하여, 분포표를 확장하면 다음과 같다.

체크인 수화물 무게(kg)	누적빈도	누적 상대빈도	누적 상대빈도(%)
15.0~17.4	6	6/75 = 0.08	0.08 × 100 = 8%
17.5~19.9	12	0.16	16%
20.0~22.4	42	0.56	56%
22.5~24.9	57	0.76	76%
25.0~27.4	66	0.88	88%
27.5~29.9	72	0.96	96%
30.0~32.4	75	1.00	100%

표에서 세 번째 계급의 수치는 42개의 수화물, 즉 조사된 수화물의 56%의 무게는 15.0~ 22.4kg 사이라는 사실을 알려준다.

계급 특성

어느 특정 계급에 대해 그 계급의 한계, 경계, 폭과 중간값을 찾을 수 있다. 이런 수치적 특성의 정의는 다음과 같다. 처음 3개의 계급들은 이전에 그룹화된 빈도표의 예들에 사용된 계급과 같다.

계급 한계

계급 하한(lower class limit)과 **계급 상한**(upper class limit)은 그룹화된 빈도표의 경우 단순히 계급 구간의 끝 점을 말한다.

승객 탑승 게이트 수	계급 하한	계급 상한
10~29	10	29
30~49	30	49
50~69	50	69

수화물 무게(kg)	계급 하한	계급 상한
15.0~17.4	15.0	17.4
17.5~19.9	17.5	19.9
20.0~22.4	20.0	22.4

계급 경계

낮은 계급 경계(lower class boundary)는 이전 계급의 계급 상한값과 현재 계급의 계급 하한값의 중간값이다. 동일하게, **높은 계급 경계**(upper class boundary)는 현재 계급의 계급 상한값과 다음 계급의 계급 하한값의 중간값이다. 적절한 두 계급 한계들을 더한 뒤 2로 나누면 계급 경계값을 찾을 수 있다.

승객 탑승 게이트 수	낮은 계급 경계	높은 계급 경계
10~29	9.5	(29 + 30)/2 = 29.5
30~49	(29 + 30)/2 = 29.5	(49 + 50)/2 = 49.5
50~69	(49 + 50)/2 = 49.5	69.5

위의 표는 하나의 계급의 높은 계급 경계는 다음 계급의 낮은 계급 경계와 같다는 것을 보여 준다. 그래서 10~29의 높은 계급 경계는 30~49의 낮은 계급 경계와 동일하다.

수화물 무게(kg)	낮은 계급 경계	높은 계급 경계
15.0~17.4	14.95	(17.4 + 17.5)/2 = 17.45
17.5~19.9	(17.4 + 17.5)/2 = 17.45	(19.9 + 20.0)/2 = 19.95
20.0~22.4	(19.9 + 20.0)/2 = 19.95	22.45

계급 폭

높은 계급 경계에서 낮은 계급 경계를 빼면 계급 폭(class width)을 계산할 수 있다.

승객 탑승 게이트 수	낮은 계급 경계	높은 계급 경계	계급 폭
10~29	9.5	29.5	29.5 − 9.5 = 20
30~49	29.5	49.5	49.5 − 29.5 = 20
50~69	49.5	69.5	20

수화물 무게(kg)	낮은 계급 경계	높은 계급 경계	계급 폭
15.0~17.4	14.95	17.45	17.45 − 14.95 = 2.5
17.5~19.9	17.45	19.95	19.95 − 17.45 = 2.5
20.0~22.4	19.95	22.45	2.5

계급 중간값

계급 중간값(class mid-point)은 계급 한계의 합을 2로 나눈 값이다. 또한 계급 경계의 합을 2로 나눠도 똑같은 결과가 나온다.

승객 탑승 게이트 수	계급 하한	계급 상한	계급 폭
10~29	10	29	(10 + 29)/2 = 19.5
30~49	30	49	(30 + 49)/2 = 39.5
50~69	50	69	59.5

수화물 무게(kg)	낮은 계급 경계	높은 계급 경계	계급 폭
15.0~17.4	14.95	17.45	(14.95 + 17.45)/2 = 16.2
17.5~19.9	17.45	19.95	(17.45 + 19.95)/2 = 18.7
20.0~22.4	19.95	22.45	21.2

계급 결정

그룹화된 빈도표의 계급에 대한 선택은 데이터의 관측값의 범위를 우선 고려한다. 계급을 만들 때 최적의 방법은 없지만 적합하지 않는 방법들은 지적할 수 있다.

우리의 목표는 데이터 집합에 있는 기본 패턴과 흥미로운 특성을 데이터 값의 적절한 그룹핑에 의해 밝혀내도록 적절하게 결정을 하는 것이다. 우리가 선택한 방법이 효과적으로 데이터를 요약할 수 없을 경우 계급의 다른 수 또는 대체 가능한 다른 계급 폭을 이용해 프로세스를 다시 시작할 수 있다. 다음 지침들은 계급 결정에 도움을 줄 수 있다.

1. 시작점

그룹화된 빈도표의 시작점을 결정할 때는 데이터를 분석하여 가장 작은 값을 찾아 낸다. 첫 번째 계급의 계급 하한은 가장 작은 값보다 약간 작은 수 또는 동일한 값으로 정한다.

2. 계급의 수

일반적으로 빈도표에 있어서 데이터 집합의 크기(범위)에 따라 5~15개의 계급을 사용한다. 너무 적은 계급 개수를 사용하면 하나의 계급의 데이터 값의 비율이 너무 커서 패턴들이 숨겨져 있을 수도 있다. 한편, 너무 많은 계급들을 분포에 사용하면 빈 계급들이 많이 발생할 것이다. 큰 데이터 집합은 좀 더 많은 계급들이 필요할 수 있다.

3. 중복되지 않는 구간

빈도표를 생성할 때 첫 번째 열에 별개의 값을 한 번 기록한다. 그룹화된 빈도표에 동일한 방식을 적용하면 계급 목록의 중복되는 구간은 없다. 그룹화된 빈도표에서는 데이터 집합에 있는 각 값이 오로지 하나의 계급에만 속하여야 한다.

4. 계급 폭

필수적이지는 않지만 각 계급마다 동일한 폭을 사용하는 것을 선호한다. 모든 계급에 동일한 폭을 사용할 때 다음 식을 사용해 사용하기 편리한 값으로 반올림해서 계산할 수 있다.

$$계급의\ 폭 = \frac{가장\ 큰\ 값 - 가장\ 작은\ 값}{계급의\ 개수}$$

그러나 이 공식은 모든 경우에 효율적으로 적용되지는 않기 때문에 지침으로만 사용해야 된다. 분포의 자연스러운 모양을 위하여 예를 들면, 계급의 폭을 동일하게 5 또는 10으로 결정할 수 있다.

다른 방법으로는 연속형 데이터의 계급을 만들 때 계급 구간의 설명에서 '이하'를 사용하는 것을 선택할 수 있다. 항공편에 체크인 된 수화물 항목의 무게에 대한 예제에서 우리는 계급을 다음과 같이 정할 수 있다.

　15kg 이상 17.5kg 미만,

　17.5kg 이상 20kg미만,

　20kg 이상 22.5kg 미만 등등

수화물의 무게가 15kg 이상 17.5kg 미만인 수화물들은 첫 번째 계급에 놓인다.

빈도표 선택

만약 데이터 집합의 값만 가지고 결정을 내린다고 가정한다면 그림 3.1은 빈도표 또는 그룹화된 빈도표를 사용하는 적합한 경우를 순서도로 요약하는 것을 보여 준다.

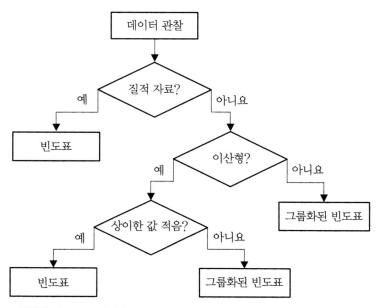

그림 3.1   빈도표 또는 그룹화된 빈도표 중 결정하는 순서도

힌트와 팁

상대빈도의 합

이 장에서 설명된 예제에서 계산한 상대빈도의 합은 소수 또는 백분율의 사용 여부에 따라 항상 1.00 또는 100%이었다.

사용된 정확도의 수준에 따라 상대빈도 값을 반올림했을 경우 열의 합이 1.00 또는 100%에서 약간 작거나 클 수 있다.

다음의 표에서는 소수점 셋째 자리까지를 사용할 때 상대빈도의 합은 1.001이고 각 상대빈도 값을 백분율로 바꾸면 100.1%이다.

x 값	빈도	상대빈도	상대빈도(%)
15	8	0.077	$0.077 \times 100 = 7.7\%$
16	16	0.154	15.4%

17	22	0.212	21.2%
18	35	0.337	33.7%
19	19	0.183	18.3%
20	4	0.038	3.8%
총합	104	1.001	100.1%

관측값 지우기

빈도 또는 그룹화된 빈도표를 만들 때 각 데이터 값을 분포표에 표시할 때마다 그 값을 지우는 것이 편리하다. 이 기법은 데이터 값들 중 단 하나의 데이터 값도 분포표에서 누락되지 않게 하며, 데이터 값은 한 번보다 그 이상 분포표에 중복 표시되지 않도록 한다. 데이터 집합이 크거나 똑같은 값이 많을 경우 특히 도움이 되는 기법이다.

연습문제

1 다음 계급들의 계급 한계와 중간값을 찾으시오.
(a) 25~34
(b) 4.1~5.5

2 온라인 가격 비교 웹사이트의 제작자는 다양한 미디어를 사용한 광고의 효과를 평가하고 싶어 한다. 자동차 보험을 구입한 고객들에게 웹사이트를 어떻게 알게 됐는지 질문한 결과 그들의 답은 다음과 같았다.

응답	빈도
검색엔진	247
TV 광고	534
친구 추천	109
매거진/뉴스 기사	75
라디오 광고	139
기타	261

(a) 몇 명의 고객이 응답했는가?
(b) 각각의 응답에 대한 상대빈도를 계산하시오.
(c) 고객의 몇 퍼센트가 텔레비전 광고를 통해 웹사이트에 대해 알게 됐다고 대답했는가?
(d) '친구 추천'이라고 답한 응답자의 비율은 얼마인가?

3 다음의 각 시나리오에서 데이터를 수집할 경우 빈도표와 그룹화된 빈도표 중, 어느 분포가 더 적합한지 결정하시오. 각 답변에 대한 합리적 이유를 설명하시오.

(a) 100명의 직원들에게 그날 점심 시간에 무엇을 했는지 설문조사를 통하여 물어본다. 질문에 대한 가능한 대답들은 다음과 같다. (1) 친구를 만났다. (2) 책을 읽었다. (3) 인터넷으로 검색했다. (4) 일을 계속 했다. (5) 쇼핑했다. (6) 점심을 먹었다. 또는 (7) 다른 활동을 했다.

(b) 자동차 제조 공장에서 2,500개 표본 부품에서 특정 엔진 부품을 제조하는 데 걸리는 시간을 기록했다. 시간은 소수 셋째 자리까지 정확하게 초 단위로 측정되었다.

(c) 바쁜 슈퍼마켓 입구에서 시장 조사원은 85명의 고객들에게 지난 7일 동안에 슈퍼마켓을 방문한 횟수에 관해 질문했다. 구매자 중 지정된 기간 동안 슈퍼마켓을 4번 이상 방문한 고객은 아무도 없었다.

(d) 멀티 스크린 영화관의 매니저는 4월의 어느 토요일에 상영한 모든 영화의 빈 좌석의 수를 기록했다. 총 67개의 영화 중 가장 작은 수의 빈 좌석은 6개였고 가장 큰 수의 빈 좌석은 42개였다.

4 동일한 계급폭을 가진 10개의 계급과 첫 번째 계급이 501~600인 그룹화된 빈도표에 있어 다음 문장이 참인지 거짓인지 결정하시오. 모든 거짓 문장에 대해 이유를 설명하시오.

(a) 두 번째 계급의 낮은 계급 경계는 600.5이다.

(b) 첫 번째 계급의 중간값은 550.5이다.

(c) 계급폭은 101이다.

(d) 네 번째 계급의 계급 상한은 801이다.

5 한 해 동안 45개국에서 생산된 자동차의 수(천)의 기록은 다음과 같다.

507	965	1360	110	90	1123	474	1016	541
185	1128	220	411	265	634	326	368	660
148	626	540	10	161	46	78	107	278
450	3	475	975	291	138	104	266	97
221	41	57	264	865	751	145	685	412

(a) 데이터에 대한 그룹화된 빈도표를 1~200, 201~400, 401~600, 601~800, 801~1000 과 1001~1200 계급을 사용하여 만드시오.

(b) 각 계급의 상대빈도를 계산하시오. 소수점 첫째 자리를 사용해 답을 비율로 적으시오.

6 다음 빈도표는 봉사위원회가 주민들로부터 접수된 학교, 레저 시설 및 환경 보건에 관한 불

만을 처리하는 데 걸리는 일수를 나타낸다.

일수	빈도
7	35
8	44
9	12
10	32
11	47
12	33
13	29
14	68

(a) 얼마나 많은 불만이 지역 주민들로부터 접수되는가?

(b) 이 분포의 상대빈도를 계산하시오.

(c) 봉사위원회가 불만 접수를 처리하는 데 정확히 9일 걸린 비율(%)은?

7 친구 두 명이 1년 동안 매주 서로 주고 받는 문자 메시지의 수를 적기로 결정했다. 1~20, 21~40, 41~60, 61~80, 81~100 계급을 사용한 그룹화된 빈도표로 요약할 수 있다. 그룹화된 빈도표를 사용해 다음과 같은 경우가 일어나는 주간의 수를 알 수 있는지 결정하시오.

(a) 정확히 27개

(b) 81개 미만

(c) 40개 미만

(d) 1개 이상 20개 이하

(e) 21개 이상

(f) 21개 이상 61개 이하

8 다음 빈도표는 쇼핑 센터 주차장에 도착한 각 차량에 탄 사람들의 수를 나타낸다.

차량에 탄 고객 수	빈도
1	52
2	231
3	74
4	39

이런 데이터의 경우 다음의 문장이 참인지 거짓인지 결정하시오. 거짓 진술의 경우, 정확한 수치를 제공하시오.

(a) 총 396명의 사람들이 자동차로 쇼핑 센터에 방문한다.

(b) 주차장에 도착한 자동차의 18.69%는 정확히 4명을 태웠다.

(c) 차량 283대에는 3명 미만이 탔다.

(d) 쇼핑 센터에 도착한 자동차의 90%가 3명 이하의 사람들을 태웠다.

9 커피숍에서 보낸 시간을 그룹에 3명이 있었던 고객들 위주로 기록했다. 가장 짧은 시간은 12분이었고, 가장 긴 시간은 148분이었다. 첫 번째 계급의 계급 하한이 10이고 계급폭이 25인 동일한 폭의 계급으로 데이터를 요약해 본다. 각 계급의 한계와 중간값을 기록하시오.

10 빈도표를 사용해 원자료를 단순화시키고 프로세스하는 이유 세 가지를 설명하시오.

11 부동산 매매 웹사이트를 사용하여 같은 지역에 매물로 나온 주택 3,733채의 침실 개수에 대한 데이터를 수집했다.

침실 개수	빈도
1	454
2	943
3	985
4	830
5	362
6	108
7	25
8	10
9	8
10	5
11	3

분포의 누적 상대빈도의 의미를 설명하고 계산하시오.

12 그룹화된 빈도표에서 빈도, 상대빈도와 누적빈도의 차이점을 설명하시오.

13 제조 공장에서는 품질 관리 프로세스로 문구용품 상자에 있는 제조품의 개수를 세는 것과 관련되어 있다. 종이 클립 상자에 100개의 클립이 들어 있어야 한다. 다음 표는 500개의 표본 상자의 실제 내용물 개수를 보여 준다.

상자 내 종이 클립 개수	빈도
97	10
98	23
99	74

100	286
101	69
102	30
103	8

(a) 수집된 데이터는 이산형인가? 혹은 연속형인가?

(b) 분포에 대한 상대빈도, 누적빈도와 누적 상대빈도를 구하시오.

(c) 정확한 종이 클립의 수가 들어 있었던 상자들은 표본 상자의 절반 이상이었는가? 아니면 절반 이하이었는가?

(d) 표본 상자 중 얼마나 많은 상자에 99개 또는 그보다 더 적은 수의 종이 클립이 들어 있었는가?

(e) 정확한 종이 클립의 수가 담기지 않은 표본 상자는 몇 퍼센트인가?

14 지난 2개월 동안 도시 중심에 있는 카페에서는 고객에게 제공한 전통 아침 식사 요리의 수를 기록하기로 했다.

134	110	116	135	129	130	111	116
118	113	133	128	113	110	132	131
140	125	127	125	118	138	111	132
143	126	144	124	139	144	129	141
111	123	127	119	142	147	121	148

첫 번째 계급의 계급 하한이 110이고, 동일한 계급의 폭이 5인 데이터의 그룹화된 빈도분포를 만드시오. 누적빈도 열을 포함하시오.

15 다음 그룹화된 빈도표의 경우

한 문장 내의 단어 수	빈도
1~4	8
5~9	15
10~14	68
15~19	27
20~24	18
25~29	4

(a) 계급의 개수와 세 번째 계급 한계를 찾으시오.

(b) 세 번째 계급의 높은 계급 경계와 다섯 번째 계급의 중간값을 찾으시오.

(c) 계급폭을 계산하시오.

16 영국의 해안 마을에서 여름 기간 동안 관광객들에게 제공하는 관광 명소의 평가에서 각 항구 투어 항해의 판매 티켓의 수를 기록한다. 투어 보트는 최대 230명의 승객을 태울 수 있다. 리포트에 있는 데이터를 요약하기 위해 빈도표 대신 그룹화된 빈도표를 쓰는 이유를 설명하시오.

17 양적자료를 동일한 폭을 가진 6개의 계급과 첫 번째 계급이 15~29인 그룹화된 빈도표로 요약한다. 다음 수치 계급 특성을 구하시오.

(a) 세 번째 계급의 계급 상한

(b) 6개 계급 모두의 계급폭

(c) 두 번째 계급의 낮은 계급 경계

18 프로 토너먼트에서 치뤄진 55개의 스누커 경기에서 획득한 총 점수를 기록한다. 가장 낮은 득점은 69였고, 가장 높은 득점은 141이었다. 동일한 폭을 가진 8개의 계급과 세 번째 계급이 85~94인 그룹화된 빈도표의 각 계급 한계를 적으시오. 각 계급의 중간값을 찾으시오.

19 온라인 설문조사에서 초등학교 학생들에게 잘 알려진 감자칩 브랜드의 가장 좋아하는 맛에 대해 질문해 보았다. 학생들의 반응은 다음과 같다.

치즈 & 어니언	소금 & 식초맛	짭짤한 맛	소금 & 식초맛	짭짤한 맛
스테이크 & 어니언	소금 & 식초맛	짭짤한 맛	짭짤한 맛	기타
기타	통닭구이맛	구운 베이컨 맛	치즈 & 어니언	새우 칵테일맛
치즈 & 어니언	소금 & 식초맛	기타	스테이크 & 어니언	스테이크 & 어니언
짭짤한 맛	구운 베이컨 맛	구운 베이컨 맛	치즈 & 어니언	새우 칵테일맛
스테이크 & 어니언	소금 & 식초맛	스테이크 & 어니언	스테이크 & 어니언	짭짤한 맛
소금 & 식초맛	짭짤한 맛	새우 칵테일맛	치즈 & 어니언	소금 & 식초맛
치즈 & 어니언	짭짤한 맛	치즈 & 어니언	기타	치즈 & 어니언
통닭구이맛	통닭구이맛	짭짤한 맛	짭짤한 맛	통닭구이맛
기타	기타	짭짤한 맛	통닭구이맛	스테이크 & 어니언
새우 칵테일맛	새우 칵테일맛	짭짤한 맛	소금 & 식초맛	기타
통닭구이맛	소금 & 식초맛	스테이크 & 어니언	소금 & 식초맛	기타

(a) 응답에 대한 빈도표를 만드시오.

(b) 어린이들이 가장 좋아하는 감자칩 맛은 무엇인가? 몇 명의 어린이들이 이 맛을 선호했는가?

20 각각 수집된 데이터 유형에 대해 그룹화된 빈도표를 만드는 것이 적절하지 않은 이유를 설명하시오.

(a) 질적자료

(b) 서로 다른 별개의 값이 적은 이산형 데이터

21 빈도표에서 상대빈도의 합은 무엇과 같아야 하는가?

(a) 소수 또는 퍼센트의 사용 여부에 따라 약 1.00 또는 100%

(b) 소수 또는 퍼센트의 사용 여부에 따라 정확히 1.00 또는 100%

(c) 데이터 집합에 있는 데이터 값의 개수

22 '원자료'는 무엇을 의미하는지 설명하시오.

23 프리랜서 연구원은 토요일 오후에 런던역에 도착한 승객들을 대상으로 기차 티켓 가격을 알아보기 위해 설문 조사를 실행했다. 조사의 결과는 다음에 나타낸다.

티켓 가격(£)	빈도
10~29	11
30~49	64
50~69	0
70~89	31
90~109	12
110~129	25
130~149	19
150~169	0
170~189	6

그룹화된 빈도표를 바탕으로 다음과 같은 문장이 참인지 거짓인지 결정하시오. 거짓 문장의 경우, 정확한 수치를 제공하시오.

(a) 연구원은 168개의 티켓 가격을 알아냈다.

(b) 세 번째 계급의 계급 상한은 69.5이다.

(c) 두 번째 계급의 중간값은 39.5이다.

(d) 모든 계급의 폭은 20이다.

(e) 다섯 번째 계급의 낮은 계급 경계는 89이다.

24 과일과 야채는 균형 잡힌 식단의 일부이고 건강에 도움된다. 건강관리공단은 매일 과일과 야채의 5대 영양소를 섭취하기를 권장한다. 다음은 40명의 남성과 40명의 여성들이 특정일에 먹은 과일과 야채의 개수를 표시한 표이다.

남성

3	5	3	0	5	2	1	1	3	5
3	4	4	5	4	1	4	1	3	4
0	5	2	0	2	5	1	4	0	5
1	4	3	0	2	3	3	1	1	4

여성

1	2	1	0	1	0	0	3	1	2
3	4	3	3	1	4	2	2	3	4
5	3	4	1	1	4	5	1	5	3
0	3	0	2	3	2	1	2	0	3

(a) 누적빈도를 포함한 각 성별에 대한 빈도표를 만드시오.

(b) 남성과 여성 중 어느 쪽이 더 많이 과일과 야채의 5대 영양소를 섭취했는가?

25 주요 의류 소매업체의 고객 서비스 부서는 고객들이 온라인으로 주문했던 제품들을 반품하는 이유를 기록했다. 다음 빈도표는 수집된 데이터를 정리한 것이다.

반품 이유	빈도
제품 결함	11
색상 불만	24
너무 큼	6
너무 작음	17
제품 질 낮음	46
배송 지연	9
주문과 다른 제품	16

(a) 각 응답에 대한 상대빈도를 계산하시오.

(b) 너무 크거나 너무 작아서 반품된 경우는 제품의 몇 퍼센트인가?

(c) 제품의 결함으로 인해 반품된 경우는 몇 건인가?

(d) 좀 더 나은 제품을 만들 수 있게 제품의 어떤 면을 개선하는 게 좋을지 관리팀에게 조언을 하면 좋겠는가? 이유를 설명하시오.

26 이산형 데이터를 동일한 폭을 가진 8개의 계급을 포함한 그룹화된 빈도표로 요약하였다. 첫 번째 계급의 계급 하한은 100이고 계급폭은 25다. 어떤 계급이 데이터 값 175를 포함하는가?

(a) 데이터 값 175를 포함한 계급을 알 수 없다.

(b) 계급 175~179

(c) 그룹화된 빈도표에서 세 번째 계급

27 다음의 표는 42대의 컨버터블 자동차의 표본이 시간당 0~60마일까지 가속하는 시간(초)을 보여 준다.

11.2	8.1	13.0	11.1	12.4	8.4	10.0
6.6	6.2	6.5	12.6	10.6	7.4	8.3
9.8	10.9	10.3	4.5	9.8	12.8	7.8
13.0	11.9	7.6	5.9	13.2	11.2	10.1
9.3	8.6	8.7	10.1	9.6	10.6	10.6
10.5	7.7	9.1	12.3	12.0	7.3	5.8

첫 번째 계급의 계급 하한이 4.5이고 동일한 폭 1.0을 가진 9개의 계급을 가진 그룹화된 빈도표를 만드시오. 각 계급의 누적 상대빈도를 소수로 나타내시오.

28 기대 수명은 사람들이 인구의 현재의 연령별 사망률을 겪는다고 가정할 때 그들이 미래에 얼마나 오래 살 것인지를 예상하는 수년간의 평균이다. 다음의 표는 50개국에서 수집된 데이터로 구성된 그룹화된 빈도표이다.

기대 수명(년)	빈도
40~49	1
50~59	9
60~69	11
70~79	13
80~89	16

(a) 각 계급의 낮은 계급 경계와 높은 계급 경계를 찾으시오.

(b) 모든 계급이 동일한 폭을 가졌는가?

(c) 얼마나 많은 나라들이 70년보다 적은 기대 수명을 가지고 있는가?

29 다음 계급들의 계급 경계와 계급폭을 계산하시오.

(a) 140~149

(b) 16.9~27.8

30 이탈리안 레스토랑의 매니저는 각 가정에서 몇 명의 어린이들이 가격이 6.99파운드인 공 모양의 구운 반죽, 피자 또는 파스타와 아이스크림선디를 포함한 세트 메뉴를 주문했는지 기록한다. 매니저의 데이터는 다음과 같다.

3	0	1	2	0	0	1	3	0	2
2	2	4	2	1	3	0	1	2	2
3	5	2	1	1	2	1	2	0	0
4	4	1	1	3	3	1	2	2	0
0	5	3	2	0	2	5	2	1	3
2	1	3	0	0	2	5	0	1	1

(a) 데이터에 대한 빈도표를 만드시오.

(b) 총 몇 명의 어린이들이 6.99파운드 세트 메뉴를 주문했는가?

31 연속형 데이터가 동일한 폭의 8개의 계급과 첫 번째 계급이 2.1~3.5인 그룹화된 빈도표로 요약되었다고 가정할 때 다음의 계급 수치 특성을 찾으시오.

(a) 첫 번째 계급의 높은 경계

(b) 네 번째 계급의 중간값

(c) 마지막 계급의 계급 하한과 계급 상한

32 다음 빈도표는 영국에 있는 80개의 병원에서 의사 추천 후 치료를 시작하기 위해 기다리는 환자들의 수를 나타낸다.

환자 수	빈도
0~9999	18
10,000~19,999	36
20,000~29,999	15
30,000~39,999	6
40,000~49,999	3
50,000~59,999	1
60,000~69,999	0
70,000~79,999	1

(a) 각 계급의 상대빈도를 구하시오.

(b) 치료를 위해 기다리고 있는 환자들이 20,000~29,999명 사이인 병원은 전체 병원의 몇 퍼센트인가?

(c) 대기자 명단에 45,000~47,000명 사이의 환자가 있는 병원은 얼마나 되는가? 답을 구하고 그 이유를 설명하시오.

33 빈도표에 대한 다음 문장의 빈 공간을 채우시오. 다음 단어들을 사용하시오.

| 집계 | 합 | 서로 다른 | 첫 번째 | 마지막 | (관측)값 | 가장 큰 | 빈도 |

(a) 빈도표의 구성은 데이터 집합에서 가장 작은 값(이상)과 _____값(이하) 사이에 수집될 수 있는 모든 _____ 데이터 일부를 리스트로 만드는 것이다.

(b) 빈도표에서 _____ 열은 각각 별개의 데이터 값을 식별하기 위해 사용된다.

(c) _____ 표시의 합은 각각의 별개의 값이 발생하는 _____이다.

(d) 종종 표에서 _____ 행에 빈도의 _____을/를 기록한다. 이 총합은 집합에 포함되는 데이터 _____의 총수와 동일하다.

34 다음 각 문장에서 잘못된 곳을 찾고 그 이유를 설명하시오.

(a) 질적자료에 있어 계급의 폭을 계산하려면 높은 계급 경계에서 낮은 계급 경계를 뺀다.

(b) 계급의 중간값을 찾으려면 단순히 계급 한계의 합에 2를 곱한다.

35 다음 빈도표는 피트니스 센터의 고객들이 운동 클래스에 참석하는 것에 대해 선호하는 날짜와 시간을 요약한 것이다.

선호하는 날짜와 시간대	빈도
주중 오전	16
주중 오후	9
주중 저녁	37
주말 오전	44
주말 오후	12
주말 저녁	25

(a) 수집된 데이터는 질적자료인가? 아니면 양적자료인가?

(b) 빈도표에 대한 상대빈도를 계산하시오.

(c) 만약 당신이 피트니스 센터에서 운동 클래스를 편성하는 데 책임이 있다면 잠재적인 참가자의 수를 극대화하기 위해 다양한 클래스들의 스케줄을 언제로 편성하겠는가? 어느 세션 동안에 수업을 하는 대신 매주 직원교육 프로그램을 실시하도록 결정할 수 있는가? 의사 결정에 도달한 방법을 설명하시오.

36 35명의 프로 농구 선수의 키는 cm로 측정된다. 그 데이터는 다음과 같다.

177	202	178	180	186	216	225
217	214	200	190	212	214	218
205	207	219	224	187	217	177

〈계속〉

217	181	184	225	187	201	219
179	185	195	192	195	181	199

(a) 동일한 계급의 폭이 10이고 첫 번째 계급의 계급 하한이 175인 것을 사용하여 이 데이터에 대한 그룹화된 빈도표를 작성하시오.

(b) 파트 (a)의 그룹화된 빈도표에 누적빈도에 대한 열을 포함하시오.

(c) 그룹화된 빈도표를 사용하여 정확히 182cm의 키를 가진 농구 선수가 몇 명이라고 말할 수 있는가? 당신의 답에 대한 이유를 설명하시오.

37 그룹화된 빈도표에서 다음의 문장이 참인지 거짓인지의 여부를 결정하시오. 거짓이라면 그 이유를 설명하시오.

(a) 데이터 값을 분류하는 데 사용되는 그룹들은 계급으로 알려졌다.

(b) 그룹에 대한 상대빈도는 그룹에 속한 집합의 데이터 값의 비율을 나타낸다.

(c) 그룹화된 빈도표가 만들어지면, 원데이터 집합에 속해 있는 각 데이터 값을 식별하는 것이 가능하다.

38 의료 설문조사에서 응답자들에게 취침 시간에 빨리 잠이 들기 위한 가장 효과적인 방법에 대해 질문한다. 다음과 같은 제안들이 있다.

양 수 세기	음악 듣기	목욕하기	음악 듣기
음악 듣기	책 읽기	책 읽기	책 읽기
따뜻한 음료 마시기	목욕하기	책 읽기	음악 듣기
따뜻한 음료 마시기	양 수 세기	이완운동	목욕하기
따뜻한 음료 마시기	책 읽기	이완운동	목욕하기
책 읽기	음악 듣기	목욕하기	기타
기타	책 읽기	음악 듣기	양 수 세기
목욕하기	음악 듣기	양 수 세기	기타

상대빈도를 포함한 빈도표를 작성하시오.

39 소매업계에 맞춤형 물류 솔루션을 제공하는 회사에서 40,000파운드 이상의 연봉을 받는 각 직원에게 이전 날 참석한 회의의 수에 대해 질문했다. 수집된 데이터는 다음 표에 나타난다.

참석한 회의 수	빈도
1	87
2	62
3	21

4	15
5	9
6	1

(a) 회사에서 연봉이 40,000파운드 이상인 직원은 얼마나 되는가?

(b) 누적빈도를 계산하시오.

(c) 그 전날 3개 미만의 회의에 참석한 직원은 몇 명이나 되는가?

40 다음의 표는 80개의 표본으로, 축구 경기에서 첫 골을 넣기까지 걸린 시간(분)을 나타낸다.

12	89	65	78	29	34	66	15	21	87
8	84	63	76	31	24	72	73	5	46
18	68	78	32	10	80	80	38	15	36
25	35	57	1	59	46	22	30	25	23
1	83	21	55	21	43	20	71	50	78
23	81	46	11	67	17	78	80	88	69
54	56	45	31	29	11	6	39	15	90
29	27	57	50	69	43	23	2	90	73

(a) 첫 번째 계급이 0~9인 데이터를 사용해 그룹화된 빈도표를 만드시오.

(b) 누적빈도를 계산하시오.

연습문제 해답

1 (a) 계급 하한은 25

계급 상한은 34

계급의 중간값은 $(25 + 34)/2 = 29.5$

(b) 계급 하한은 4.1

계급 상한은 5.5

계급의 중간값은 $(4.1 + 5.5)/2 = 4.8$

2 (a) 1,365명의 고객들이 응답했다. 이 값은 빈도의 총합이다.

(b)

응답 결과	빈도	상대빈도	상대빈도(%)
검색 엔진	247	0.181	18.1%
TV 광고	534	0.391	39.1%
친구 추천	109	0.080	8.0%
매거진/신문 기사	75	0.055	5.5%
라디오 광고	139	0.102	10.2%
기타	261	0.191	19.1%

(c) 고객의 39.1%가 텔레비전 광고를 통해 웹사이트에 대해 알았다고 답했다.

(d) '친구 추천'이라고 답한 응답자는 모든 응답자의 0.080의 비율을 차지한다.

3 (a) 양적자료이기 때문에 빈도표

(b) 연속형 데이터이기 때문에 그룹화된 빈도표

(c) 적은 별개의 값을 가진 이산형 데이터이기 때문에 빈도표

(d) 많은 별개의 값을 가진 이산형 데이터이기 때문에 그룹화된 빈도표

4 (a) 참

(b) 참

(c) 거짓. 계급의 폭은 100이다. 계급폭은 다음과 같이 계산한다. $600.5 - 500.5$.

(d) 거짓. 네 번째 계급, 801~900의 계급 하한은 801, 계급 상한은 900이다.

5 (a)

생산된 자동차 수(천)	집계	빈도
1~200	卌 卌 卌 l	16
201~400	卌 llll	9
401~600	卌 lll	8
601~800	卌	5
801~1000	lll	3
1001~1200	lll	3
1201~1400	l	1
총합		45

(b)

생산된 자동차 수(천)	집계	상대빈도(%)
1~200	16	$16/45 \times 100 = 35.6\%$
201~400	9	20.0%
401~600	8	17.8%
601~800	5	11.1%
801~1000	3	6.7%
1001~1200	3	6.7%
1201~1400	1	2.2%
총합	45	

6 (a) 지역 주민들에게로부터 300개의 불만이 접수되었다. 이 값은 빈도들의 총합이다.

(b)

처리 일수	빈도	상대빈도	상대빈도(%)
7	35	0.117	11.7%
8	44	0.147	14.7%
9	12	0.040	4.0%
10	32	0.107	10.7%
11	47	0.157	15.7%
12	33	0.110	11.0%
13	29	0.097	9.7%
14	68	0.227	22.7%

(c) 봉사위원회는 불만접수의 4%를 정확히 9일만에 처리했다.

7 (a) 불가능

(b) 가능

(c) 불가능

(d) 가능

(e) 가능

(f) 불가능

8 (a) 참

(b) 거짓. 주차장에 도착한 차들의 9.85%가 정확히 4명을 태우고 있었다. 이 값은 39/396 × 100 = 9.85%로 계산한다.

(c) 참

(d) 참

9 그룹화된 빈도표는 다음과 같다.

계급 하한	계급 상한	계급 중간값
10	34	(10 + 34)/2 = 22
35	59	47
60	84	72
85	109	97
110	134	122
135	159	147

10 빈도표를 사용해 원자료를 처리하고 간소화하는 세 가지 이유는 다음과 같다.

- 가장 자주 발생하는 데이터 값, 같은 데이터 집합의 특성들을 예측할 수 있다.
- 원자료의 양에 의해 숨겨진 중요한 특징 또는 기본 패턴을 강조할 수 있다.
- 2개의 데이터 집합을 서로 더 쉽게 비교할 수 있다.

11

침실 개수	빈도	상대빈도	누적 상대빈도(%)
1	454	454	12.2%
2	943	1397	37.4%
3	985	2382	63.8%
4	830	3212	86.0%
5	362	3574	95.7%

6	108	3682	98.6%
7	25	3707	99.3%
8	10	3717	99.6%
9	8	3725	99.8%
10	5	3730	99.9%
11	3	3733	100.0%

데이터 값에 대한 누적 상대빈도는 그 수량 또는 그 이하의 침실을 가지고 있는 매물의 비율을 나타낸다. 예를 들어, 웹사이트의 매물의 86.0%는 4개 이하의 침실을 갖고 있다.

12 계급의 빈도는 해당되는 계급에 속해 있는 데이터 값의 개수이다. 상대빈도는 각 계급에 속해 있는 집합의 데이터 값의 비율을 나타낸다. 누적빈도는 그 계급 또는 표에서 그 계급 이전의 계급들에 속해 있는 수집된 데이터 값을 나타낸다.

13 (a) 이산형 데이터이다.

(b)

상자 안 종이 클립 수	빈도	상대빈도	누적빈도	누적 상대빈도(%)
97	10	2.0%	10	2.0%
98	23	4.6%	33	6.6%
99	74	14.8%	107	21.4%
100	286	57.2%	393	78.6%
101	69	13.8%	462	92.4%
102	30	6.0%	492	98.4%
103	8	1.6%	500	100%

(c) 57.2%, 그러므로 절반 이상의 표본 박스들이 정확한 종이 클립의 수를 담고 있다.

(d) 표본에 속해 있는 107개의 박스들이 99개 이하의 종이 클립을 담고 있다.

(e) 표본 박스의 42.8%는 정확한 종이 클립 수를 담고 있지 않다.

14

제공된 아침 식사 수	집계	빈도	누적빈도
110~114	𝍸 ll	7	7
115~119	𝍸	5	12
120~124	lll	3	15
125~139	𝍸 𝍸 𝍸 ll	17	32
140~144	𝍸 l	6	38

145~149	II	2	40
총합		40	

15 (a) 6개의 계급

세 번째 계급은 10~14이고 그 계급의 한계는 10과 14이다.

(b) 세 번째 계급 10~14의 높은 계급 경계는 $(14 + 15)/2 = 14.5$.

다섯 번째 계급 20~24의 중간값은 $(24 + 20)/2 = 22$.

(c) 계급의 폭은 $9.5 - 4.5 = 5$.

16 빈도표 대신 그룹화된 빈도표를 만들기로 한 이유는 이산형 데이터라 할지라도 많은 별개의 값이 발생할 수 있기 때문이다. 각 별개의 값의 목록이 너무 길고 별개의 값이 데이터에 나타나지 않을 때 많은 행들이 집계 표시가 없거나 값이 한 번 발생해서 빈도가 1이였을 경우에는 빈도표가 적합하지 않다.

17 (a) 세 번째 계급은 45~59니까 계급 상한은 59이다.

(b) 첫 번째 계급 15~29의 폭은 다음과 같이 계산된다. $29.5 - 14.5 = 15$.

(c) 두 번째 계급은 30~44이니까 낮은 계급 경계는 $(29 + 30)/2 = 29.5$.

18 그룹화된 빈도표의 8개의 계급은 다음과 같다.

65~74, 75~84, 85~94, 95~104, 105~114, 115~124, 125~134, 135~144.

계급들의 중간값들은 다음과 같다.

69.5, 79.5, 89.5, 99.5, 109.5, 119.5, 129.5, 139.5.

19 (a)

감자칩 맛	집계	빈도
치즈 & 어니언	卌 III	8
새우 칵테일맛	卌	5
짭짤한 맛	卌 卌 II	12
통닭구이맛	卌 I	6
소금 & 식초맛	卌 卌	10
구운 베이컨 맛	III	3
스테이크 & 어니언	卌 III	8
기타	卌 III	8
총합		60

(b) 짭짤한 맛이 어린이들이 가장 좋아하는 맛이었다. 60명 중 12명이 이 맛을 선호
했다.

20 (a) 계급의 기반이 될 수 있는 어떠한 수치값도 없기 때문에 그룹화된 빈도표는 질적자
료에는 사용될 수 없다.

(b) 적은 별개의 값을 가진 이산형 데이터는 5~15개의 계급을 만들기 위한 값의 범위가
충분히 크지 않기 때문에 그룹화된 빈도표가 적당하지 않다.

21 옵션 (a). 약 1.00 또는 100%, 상대빈도 값을 반올림했기 때문에 열의 합이 1.00 또는
100%보다 크거나 작을 수 있다.

22 질적자료나 양적자료 관측값을 수집 순서대로 적은 것을 원자료라 한다. 원자료로는 행
혹은 열에 의해 순서대로 정리할 수 있다.

23 (a) 참

(b) 거짓. 세 번째 계급 50~69의 계급 상한은 69이다.

(c) 참

(d) 참

(e) 거짓. 다섯 번째 계급 90~109의 낮은 계급 경계는 (89 + 90)/2 = 89.5이다.

24 (a) 남성

과일과 채소 개수	빈도	누적빈도
0	5	5
1	8	13
2	4	17
3	8	25
4	8	33
5	7	40
총합	40	

여성

과일과 채소 개수	빈도	누적빈도
0	6	6
1	9	15
2	7	22

〈계속〉

3	10	32
4	5	37
5	3	40
총합	40	

(b) 여성보다 더 많은 남성의 수가 과일과 야채의 5대 영양소를 섭취했다.

25 (a)

응답 내용	빈도	상대빈도	상대빈도(%)
제품 결함	11	0.085	8.5%
색상 불만	24	0.186	18.6%
너무 큼	6	0.047	4.7%
너무 작음	17	0.132	13.2%
제품 질 낮음	46	0.357	35.7%
배송 지연	9	0.070	7.0%
주문과 다른 제품	16	0.124	12.4%

(b) 제품의 17.9%가 너무 크거나 작아서 반품됐다.

(c) 11개의 결함 제품이 반품됐다.

(d) 고객들이 제품을 반품한 가장 큰 이유는 '소재/섬유의 품질'이기 때문에(35.7%), 관리팀에게 의류 소재의 품질 개선에 중점을 두라고 조언할 것이다.

26 옵션 (b). 네 번째 계급, 175~179, 이 데이터 값 175를 포함한다.

27

60마일 속력까지 걸리는 시간(초)	빈도	누적빈도	누적 상대빈도(%)
4.5~5.4	1	1	0.02%
5.5~6.4	3	4	0.10%
6.5~7.4	4	8	0.19%
7.5~8.4	6	14	0.33%
8.5~9.4	4	18	0.43%
9.5~10.4	7	25	0.60%
10.5~11.4	8	33	0.79%
11.5~12.4	4	37	0.88%
12.5~13.4	5	42	1.00%

28 (a)

수명(년)	빈도	낮은 계급 경계	높은 계급 경계
40~49	1	(39 + 40)/2 = 39.5	(49 + 50)/2 = 49.5
50~59	9	49.5	59.5
60~69	11	59.5	69.5
70~79	13	69.5	79.5
80~89	16	79.5	89.5

(b) 그렇다. 계급의 폭은 모두 같다. 폭의 값은 49.5 − 39.5 = 10이다.

(c) 그렇다. 21개국이 70년 미만의 수명을 갖는다.

수명(년)	빈도	상대빈도
40~49	1	1
50~59	9	10
60~69	11	21
70~79	13	34
80~89	16	50

29 (a) 낮은 계급 경계는 (139 + 140)/2 = 139.5이다.

　　　높은 계급 경계는 (149 + 150)/2 = 149.5이다.

　　　계급의 폭은 149.5 − 139.5 = 10이다.

(b) 낮은 계급 경계는 (16.8 + 16.9)/2 = 16.85이다.

　　　높은 계급 경계는 (27.8 + 27.9)/2 = 27.85이다.

　　　계급의 폭은 27.85 − 16.85 = 11이다.

30 (a)

세트 메뉴를 주문한 가족의 아이들 수	집계	빈도
0	〢〢 〢〢 |||	13
1	〢〢 〢〢 ||||	14
2	〢〢 〢〢 〢〢 ||	17
3	〢〢 ||||	9
4					3
5						4
총합		60

(b) 세트 메뉴를 주문한 어린이의 총수는 다음과 같다.

$(1 \times 14) + (2 \times 17) + (3 \times 9) + (4 \times 3) + (5 \times 4) = 107$.

31 (a) 첫 번째 계급은 2.1~3.5이기 때문에 높은 계급 경계는 $(3.5 + 3.6)/2 = 3.55$이다.

(b) 네 번째 계급은 6.6~8.0이기 때문에 중간값은 $(6.6 + 8.0)/2 = 7.3$이다.

(c) 마지막 계급은 12.6~14.0이고 마지막 계급의 한계들은 12.6과 14.0이다.

32

환자 수	빈도	상대빈도	상대빈도(%)
0~9,999	18	0.225	22.5%
10,000~19,999	36	0.450	45.0%
20,000~29,999	15	0.188	18.8%
30,000~39,999	6	0.075	7.5%
40,000~49,999	3	0.038	3.8%
50,000~59,999	1	0.013	1.3%
60,000~69,999	0	0.000	0.0%
70,000~79,999	1	0.013	1.3%

(b) 전체 병원의 18.8%에서 치료를 기다리는 환자의 수가 20,000명 이상 29,999명 이하이다.

(c) 아니다. 이 정확한 값들을 나타내는 계급이 그룹화된 빈도표에 속하지 않기 때문에 대기자 명단에 45,000과 47,000명 사이의 환자가 있는지 알 수가 없다.

33 (a) 개별, 가장 큰

(b) 첫 번째

(c) 집계, 빈도

(d) 마지막, 합, (관측)값들

34 (a) 질적자료는 계급으로 나타낼 수 없으므로 계급의 폭을 계산할 수 없다. 알맞은 문장은 다음과 같다. **양적 데이터**에 있어 계급의 폭을 계산하려면 높은 계급 경계에서 낮은 계급 경계를 뺀다.

(b) 문장에서 계급의 중간값이 틀렸다. 문장은 다음과 같아야 한다. 계급의 중간값을 찾으려면 단순히 계급의 **한계**의 합을 2로 **나눠야** 한다.

35 (a) 수집된 데이터는 질적자료이다.

선호되는 날과 시각	빈도	상대빈도	상대빈도(%)
주중 아침	16	0.112	11.2%
주중 오후	9	0.063	6.3%
주중 저녁	37	0.259	25.9%
주말 아침	44	0.308	30.8%
주말 오후	12	0.084	8.4%
주말 저녁	25	0.175	17.5%

(c) 고객들의 가장 높은 비율(30.8%)이 주말 아침에 운동 클래스에 참석하는 것을 선호한다고 했기 때문에 다양한 클래스들을 주말 아침에 편성해야 한다. 고객들에게 가장 인기 없는 시간과 날은 주중 낮이기 때문에 그 시간에 직원교육 프로그램을 편성하기로 결정한다.

36 (a) 그룹화된 빈도표의 계급들은 다음과 같다.

175~184, 185~194, 195~204, 205~214, 215~224, 225~234.

(b)

키(cm)	집계	빈도	누적빈도
175~184	ⅧⅠⅠⅠ	8	8
185~194	ⅧⅠ	6	14
195~204	ⅧⅠ	6	20
205~214	Ⅷ	5	25
215~224	ⅧⅠⅠⅠ	8	33
225~234	ⅠⅠ	2	35
총합		35	

(c) 아니다. 각 데이터 값을 식별할 수 없기 때문에 어느 농구 선수의 키가 정확히 182cm라고 말할 수 없다.

37 (a) 참

(b) 참

(c) 거짓. 그룹화된 빈도표는 데이터 집합을 요약하는 유용한 방법이지만, 하나의 단점을 가지고 있다. 표를 분석하는 것만으로 데이터 집합에 있는 각 별개의 값들을 더 이상 식별할 수 없다. 그룹화된 빈도표는 각 계급에 속해 있는 데이터 값의 개수만 나타낸다.

38

제안	빈도	상대빈도	상대빈도(%)
양 세기	4	0.125	12.5%
음악 듣기	7	0.219	21.9%
따뜻한 음료 마시기	3	0.094	9.4%
책 읽기	7	0.219	21.9%
목욕하기	6	0.188	18.8%
이완운동	2	0.063	6.3%
기타	3	0.094	9.4%

39 (a) 195명의 직원들의 연봉이 40,000파운드 이상이었다.

(b)

회의 수	빈도	누적빈도
1	87	87
2	62	149
3	21	170
4	15	185
5	9	194
6	1	195

(c) 149명의 직원들이 그 전날 3개 미만의 회의에 참석했다.

40 (a)

첫 골 전 소요 시간(분)	집계	빈도
0~9	卌 I	6
10~19	卌 卌 I	11
20~29	卌 IIII	9
30~39	卌 IIII	9
40~49	卌 III	8
50~59	III	3
60~69	卌 卌 卌 II	17
70~79	卌 IIII	9
80~89	卌 II	7
90~99	I	1
총합		80

(b)

첫 골 전 소요 시간(분)	집계	빈도
0~9	6	6
10~19	11	17
20~29	9	26
30~39	9	35
40~49	8	43
50~59	3	46
60~69	17	63
70~79	9	72
80~89	7	79
90~99	1	80
총합	80	

그래프로 나타내는 방법

핵심용어

막대(바)차트(bar chart) **시계열그림**(time series plot) **파이차트**(pie chart)

산점도(scatter diagram) **줄기-잎 그림**(stem and leaf diagram) **히스토그램**(histogram)

서론

그래프와 도표는 데이터가 가지고 있는 특성을 시각적으로 보여 주는 데 적절한 방법을 제공한다. 소량의 데이터를 사용할 경우, 간단한 표만으로도 데이터와 결과를 나타내기에 충분하다. 하지만 설문조사 또는 면접을 통해 대용량 데이터를 수집했을 경우, 도표를 사용해서 결과를 간결하게 요약하고, 중요한 사실과 데이터의 패턴들을 강조하고 다른 데이터 집합들을 비교할 수 있다. 정보가 시각적인 형태로 제시될 때, 사람들은 수집된 데이터에서 얻은 결과를 보다 쉽게 이해하고 기억할 수 있다.

리포트 작성 시 결과를 설명할 필요가 있거나 웹사이트에 정보를 제시할 경우 또는 구두 발표를 할 경우에 그래프와 도표의 사용은 항상 간단하지만은 않다. 수집된 데이터, 리포트를 읽을 독자와 결과 유형에 적절한 도표를 선택하는 것이 주요 목표이다. 그리고 데이터를 나타내는 방법 때문에 독자가 의미를 잘못 해석하지 않도록 도표들을 세심하고 정확하게 그리는 것이 중요하다.

막대차트

질적자료는 종종 막대(바)차트(bar chart)를 사용해서 표시한다. 이 도표는 직사각형의 막대를 사용하고 각 막대는 데이터 집합의 다른 범주를 나타낸다. 하나의 축에는 범주라고 표시되어 있고 다른 축에는 빈도라고 표시되어 있다. 도표의 막대는 동일한 너비를 가지고 있어야 하고 서로 동일한 간격으로 떨어져 있어야 한다. 막대는 수평 또는 수직으로 그릴 수 있으며, 범주의 빈도는 대응하는 막대의 길이 또는 높이로 나타낸다. 수평막대차트는 범주 이름이 긴 경우에 특히 유용하다.

다음 막대차트는 패스트푸드 레스토랑에서 한 시간 동안에 판매된 소형, 중형, 대형 칩의 수를 표시한다. 각 도표는 동일한 데이터를 나타낸다. 하나의 도표는 수직 막대를 사용했고 다른 도표는 수평 막대를 사용했다.

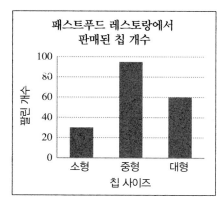
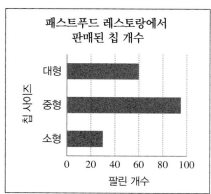

이 막대차트에서, 우리가 볼 수 있는 것은

- 가장 인기 있는 1회분 칩의 크기는 중형이었다.
- 대형 칩의 절반과 같은 수의 소형 칩이 판매되었다.
- 60개의 대형 칩이 판매되었다.

데이터의 특성을 정확하게 나타내기 위해서 막대차트는 '0'을 시작점으로 하는 도표로 그려야 한다. 다음의 예제는 눈금의 변화가 데이터 집합의 특성을 얼마나 왜곡시키는지를 보여 준다.

　새로운 밀크셰이크의 시음회에서, 300명의 고객에게 각 맛의 샘플을 마시게 한 뒤 가장 좋아하는 맛을 기록하라고 요청했다. 왼쪽 도표에서 막대의 상대 높이만 보면 두 배의 사람들이 팝콘 맛 샘플을 메이플 시럽 맛보다 선호한다는 것을 알 수 있다. 이 도표의 수직축은 '0'에서부터 시작하지 않기 때문에 각 막대의 높이의 차이는 왜곡되었다. 오른쪽의 막대차트는 수집된 데이터를 좀 더 정확한 시각적인 표현으로 나타낸다.

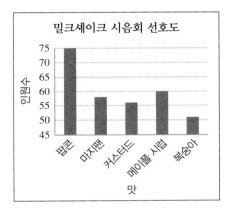 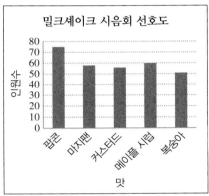

같은 도표에서 서로 다른 데이터 집합을 비교하려면 막대차트가 특히 효과적이다. 그룹화된 막대차트 또는 누적 막대차트 중 하나를 사용하면 된다.

　채소 쇼핑 선호도에 대한 온라인 설문조사에서 응답자들에게 냉동 음식, 통조림 또는 신선한 채소를 구입할 때 선호하는 것의 여부를 질문했다. 그룹화된 막대차트에서 분리 막대는 데이터의 각 하위범주를 나타내고 독자들이 구별할 수 있도록 이렇게 서로 다르게 음영된다. 하위 범주 막대는 다음 각 범주에 대해 그룹화된다.

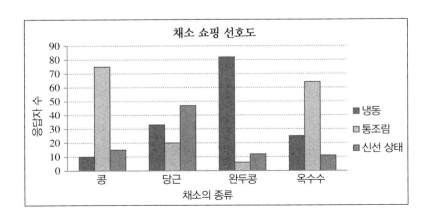

누적 막대차트에서는 하위 범주들을 차곡 차곡 쌓아서 각 범주에 대한 하나의 막대를 만든다. 다시 한 번 데이터를 해석하는 것에 도움을 주기 위해 명암법을 사용한다.

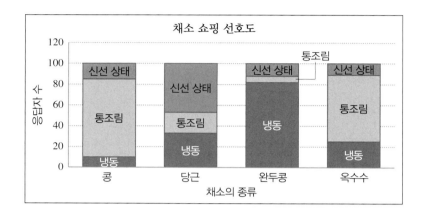

파이차트

파이차트(pie chart)는 질적자료를 나타낼 수 있는 원(파이) 도표이다. 파이는 각 부분들로 나누어지는데, 각 부분은 전체 데이터 집합의 비율로서 하나의 범주를 나타낸다. 각 부분의 영역은 해당되는 범주의 빈도에 비례한다.

전체 데이터 집합을 나타내는 원이 360°이기 때문에 파이차트의 각 부분의 각도는 다음과 같이 계산된다.

$$상대빈도 \times 360$$

여기서

$$상대빈도 = \frac{범주\ 빈도}{총\ 빈도}$$

다음 파이차트는 식습관에 대한 면접에서 '식당에서 얼마나 자주 먹는가?'라는 질문에 대한 60명의 응답을 보여 준다.

다음 파이차트에서, 우리가 볼 수 있는 것은

- 정확히 절반의 응답자는 '때때로 식당에서 식사를 한다.'고 답했다.
- '자주'라고 답한 사람들보다 두 배 이상의 사람들이 '드물게'라고 답했다.
- 응답자들의 7%는 '식당에서 식사를 한 번도 하지 않았다.'고 답했다.

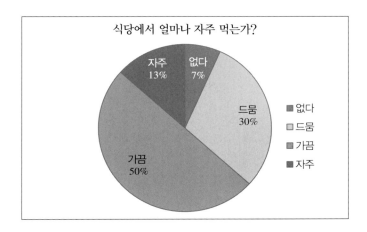

부분의 각도들은 다음과 같이 계산되었다.

응답	빈도	상대빈도	분할각도
없다	4	$4/60 = 7\%$	$4/60 \times 360 = 24°$
드묾	18	$18/60 = 30\%$	$18/60 \times 360 = 108°$
가끔	30	$30/60 = 50\%$	$30/60 \times 360 = 180°$
자주	8	$8/60 = 13\%$	$8/60 \times 360 = 48°$

파이차트의 주요 장점은 이해하기 쉽고 작성하는 것이 간단하다는 것이다. 시각적으로 매력적이며 독자의 관심을 끈다. 그러나 데이터를 나타내고 분석하는 데에는 몇 가지 문제점들이 있다.

파이차트를 사용해 같은 범주의 다른 데이터 집합들의 비율을 비교하기는 어렵다. 2009년과 2010년에 주말농장에서 재배한 과일과 채소의 퍼센트를 보여 주는 다음의 파이차트를 살펴보자. 시각적 비교에 의존하기 때문에 매년 재배한 감자의 비율과 같은 해당 부분들의 크기를 비교하는 것이 힘들다.

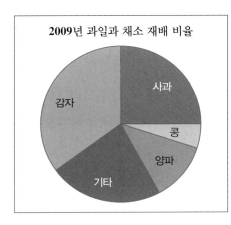

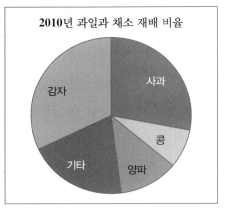

퍼센트 값이 제시되지 않을 경우 파이차트에 속해 있는 부분의 상대적인 크기를 시각적으로 비교하는 것도 어렵다. 다음 도표는 260명의 구매자들에게 빵을 구매할 때 가장 영향을 미치는 요인에 대해 질문한 결과를 설명해 준다. 친숙함과 브랜드명, 이 두 가지 요소에 대한 부분의 크기가 매우 유사하기 때문에 구매자가 빵 한 덩어리를 구매할 때 친숙함이 더 영향을 준다고 하기에는 문제점이 있다.

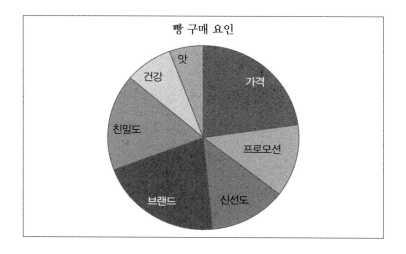

이러한 유형의 도표는 아주 작은 많은 부분으로 나누어짐으로 인해 원이 복잡해 보이기 때문에 서로 다른 범주가 많은 데이터 집합을 나타낼 때는 효율적이지 않다. 다음 파이차트는 전 세계적인 바나나의 생산량을 국가별로 보여 준다. 많은 국가를 나타내야 하기 때문에 도표는 복잡하고 해석하기 어려워진다.

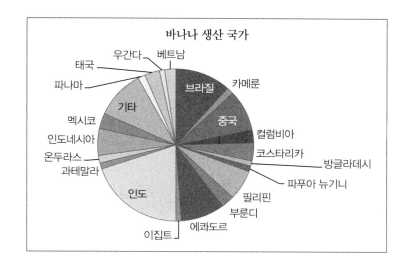

줄기-잎 그림

양적자료를 정리하는 기법은 **줄기-잎 그림**(stem and leaf diagram)을 그리는 것이다. 데이터 집합의 패턴을 관찰하고 흥미로운 특성을 강조할 때 이러한 유형의 도표를 사용할 수 있다. 줄기-잎 그림를 그릴 경우 각각의 데이터 값을 나타낼 수 있지만 대용량 데이터의 경우 시간을 많이 소모할 수 있다.

도표를 그리려면 각 데이터 값의 숫자를 줄기와 잎으로 분리해야 한다. 줄기는 맨 오른쪽 자리의 수만 뺀 모든 수를 포함하고 잎은 가장 오른쪽 자리의 수를 나타낸다. 한 자릿수는 줄기를 '0'으로 사용한다.

자료 값	줄기	잎
36	3	6
417	41	7
9	0	9

각 잎은 줄기 숫자 바로
오른쪽 숫자 하나만 사용

데이터 집합에 대한 도표를 그리는 과정에는 세 가지 단계가 있다.

1. 열의 오른쪽에 수직선을 그린 후 줄기의 숫자들을 오름차순으로 수직열에 적는다.
2. 각 줄기에 동일한 수평 라인을 따라 데이터 집합에 대응하는 모든 잎의 숫자들을 적는다.
3. 오름차순으로 잎의 각 행을 재배열한다.

데이터 값의 범위 내에서 모든 줄기는 대응하는 잎을 가지고 있지 않아도 반드시 도표에 표시되어야 한다. 모든 줄기-잎 그림은 데이터를 해석하는 방법에 대한 정보를 제공하는 키가 꼭 필요하다.

다음 예제에서의 데이터 집합은 최고의 음식과 음료 제조 회사에서 대학원 마케팅 자리에 대한 지원자들의 적성 검사 테스트 점수로 구성되어 있다.

22	36	8	56	14	54	25	49	19	16
45	31	11	55	72	72	49	56	46	22
85	47	42	85	41	39	13	33	78	93
92	75	24	83	38	91	84	85	28	7

위의 데이터에 대하여 작성된 줄기-잎 그림은 다음과 같다.

0			0	8	7					0	7	8				
1			1	4	9	6	1	3		1	1	3	4	6	9	
2			2	2	5	2	4	8		2	2	2	4	5	8	
3			3	6	1	9	3	8		3	1	3	6	8	9	
4			4	9	5	9	6	7	2	1	4	1	2	5	6	7	9	9
5			5	6	4	5	6				5	4	5	6	6	
6			6								6					
7			7	2	2	8	5				7	2	2	5	8	
8			8	5	5	3	4	5			8	3	4	5	5	5
9			9	3	2	1					9	1	2	3		

단계 1   단계 2   단계 3

제목과 정보 키워드(9|3 = 93%)를 적으면 최종 줄기–잎 그림이 완성된다.

적성검사 점수

9 | 3 = 93%

0	7	8				
1	1	3	4	6	9	
2	2	2	4	5	8	
3	1	3	6	8	9	
4	1	2	5	6	7	9	9
5	4	5	6	6		
6						
7	2	2	5	8		
8	3	4	5	5	5	
9	1	2	3			

백투백 줄기–잎 그림으로 2개의 데이터 집합을 동시에 나타내고 비교할 수 있다. 여기서, 하나의 데이터 집합은 줄기의 왼쪽에 표시하고 다른 집합은 우측에 표시한다. 작은 값부터 줄기에 가깝게 잎들을 각 측면에 오름차순으로 기록한다.

다음과 같은 백투백 줄기–잎 그림은 온라인 피자 주문 서비스를 사용한 남성과 여성 고객의 나이를 보여 준다.

성별 고객 나이

8 | 1 = 18세   2 | 3 = 23세

				남성						여성							
			9	9	9	9	8	8	1								
6	6	5	5	2	1	1	0	0	2	3	4	4	4	8	8	9	9	9
					4	0	2	3	0	0	1	4	5	5	8		
							5	4	2	5	6						
					5	4	5										
					6	3	6										

앞 그림에서 줄기 '2'의 각각의 측면에 너무 많은 잎이 있다는 것을 알 수 있다. 이런 경우, 하나 대신 2개의 줄로 줄기를 나누어서 0~4 잎들을 한 줄에 쓰고 5~9 잎들을 두 번째 줄에 쓸 수 있다. 동일 2를 구별하기 위하여 2*(0~4)와 2.(5~9) 나타난다. Star(*)는 시작(start), Period(.)는 종료(end)를 나타낸다.

성별 고객 나이

8 | 1 = 18세　　　　　　　　　　　　　　2 | 3 = 23세

	남성							여성						
9	9	9	9	8	8	1							
	2	1	1	0	0	2	3	4	4	4			
		6	6	5	5	2	8	8	9	9	9		
			4	2	3	0	0	1	4	5	5	8	
				5	4	2	5	6					
				5	4	5							
				6	3	6							

줄기-잎 그림은 또한 각각의 값이 정수가 아닌 경우 데이터를 표시하는 데 사용할 수 있다. 다만 도표를 작성하기 전에 값을 반올림해야 할 수도 있다. 또한 데이터가 해석될 수 있게 정보키를 변경해야 한다.

다음 데이터는 30가지 치즈 종류의 가격을 보여 준다.

5.92	9.35	8.70	6.00	8.78	7.32	9.13	8.27	7.50	7.08
7.69	9.35	6.67	5.71	6.17	8.56	6.67	9.09	5.66	5.66
8.78	8.33	5.71	7.12	7.38	5.54	8.49	6.67	9.12	8.20

도표에서 잎들이 한 자리수이어야 하므로 다음과 같이 데이터를 반올림해야 한다.

5.9	9.4	8.7	6.0	8.8	7.3	9.1	8.3	7.5	7.1
7.7	9.4	6.7	5.7	6.2	8.6	6.7	9.1	5.7	5.7
8.8	8.3	5.7	7.1	7.4	5.5	8.5	6.7	9.1	8.2

따라서 줄기-잎 그림은 다음과 같이 작성된다.

치즈 가격(파운드/kg)

5 | 5 = 1kg당 5.5파운드

5	5	5	7	7	7	9	
6	0	2	7	7	7		
7	1	1	3	4	5	7	
8	2	3	3	5	6	7	8	8
9	1	1	1	4	4		

히스토그램

히스토그램(histogram)은 그룹이나 계급으로 체계화된 양적자료를 나타낼 때 사용된다. 막대차트와 그려진 모양은 매우 비슷하지만 막대들 사이에 틈이 없고 막대의 너비는 특정한 의미를 가지고 있다.

히스토그램을 그릴 때 수직 축은 계급의 빈도를 나타낼 때 사용한다. 수평축은 계급의 간격을 기록하는 데 사용되며 각각의 계급 한계를 나타낸다. 데이터 집합에 속한 계급들의 너비가 동일할 경우 모든 막대는 같은 넓이를 가지고 있고 높이는 해당 계급의 빈도를 나타낸다.

다음 데이터 집합은 60개의 표본 봉지과자의 무게(g)를 나타낸다.

200	125	125	200	500	150	125	150	150	200
125	120	150	150	300	125	200	192	200	185
150	80	125	300	250	140	130	150	300	200
140	150	200	125	125	100	175	175	125	150
240	150	250	123	200	150	150	150	150	150
300	200	190	200	150	125	200	150	150	80

데이터를 낮은 계급 한계를 포함한 동일한 크기의 계급으로 작성하면 다음과 같다.

계급	0~100	100~200	200~300	300~400	400~500
빈도	2	39	14	4	1

이러한 데이터에 대한 히스토그램을 그리면 다음과 같다.

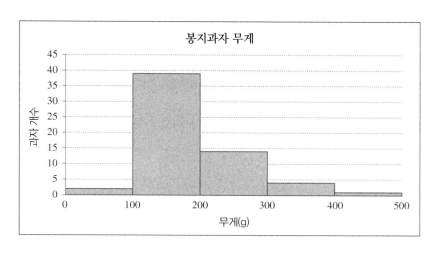

데이터 집합에 대한 크기가 같지 않은 계급을 사용할 때 주의해야 한다. 이러한 경우, 각 계급의
빈도는 막대의 높이 대신 대응하는 막대의 면적으로 나타낸다.

이번 예제에서는 설탕 제조 회사의 40명의 직원의 키를 측정하였다.

172	179	166	181	173	164	175	172	178	163
184	176	169	175	173	179	163	174	165	177
177	168	179	174	176	182	177	170	180	176
173	184	172	169	184	180	171	170	177	172

데이터를 다음과 같은 계급으로 작성할 수 있다.

계급	160~170	170~175	175~180	180~185
빈도	8	12	13	7

첫 번째 계급의 너비가 다른 계급의 너비의 두 배이기 때문에 히스토그램에서 첫 번째 계급에 해
당되는 막대는 빈도 값을 절반으로 감소시켜야 한다.

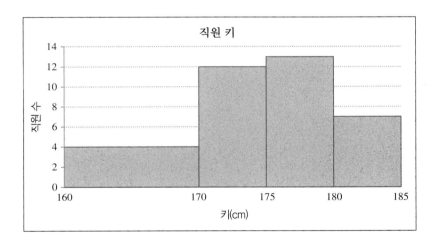

시계열그림

시간이 지남에 따라 데이터 값이 변하는 경우, 이러한 정보는 **시계열그림**(time series plot)을 사용
해서 나타낼 수 있다. 그것은 각각의 관측치를 시간 주기에 의해 표시할 수 있는 그래프다. 시간
주기는 데이터 집합에 따라 분, 시간, 일, 주, 월, 년을 포함할 수 있다. 시간은 항상 수평 축에 표
시되고 그래프의 각 점은 직선으로 연결된다.

다음 시계열그림에서는 우유 한 파인트의 평균 가격이 2000~2009년까지 매년 얼마나 변했는지 볼 수 있다.

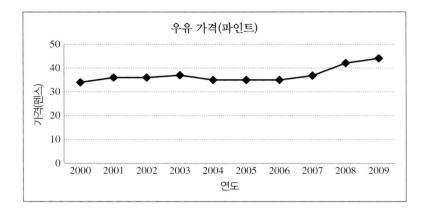

이 시계열그림에서 나타내는 것은 다음과 같다.

- 10년간 인상된 가격은 약 10펜스였다.
- 가격은 2004~2006년 동안에는 변하지 않았다.
- 2003년과 2004년 사이에는 우유의 평균 가격이 감소했다.

시계열그림은 시간에 대한 데이터 집합의 패턴이나 트렌드를 나타내는 데 매우 효과적인 방법이다. 하지만 부적절한 측정 눈금을 사용해 시간에 대한 트렌드가 왜곡되어 데이터를 잘못 해석할 수 있기 때문에 도표의 수직 축 눈금을 선택할 때 신중해야 한다.

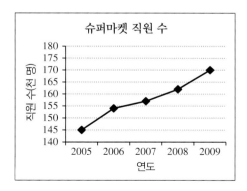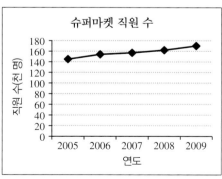

5년의 기간 동안 가장 유명한 마트의 직원 수를 표시하는 위의 예제를 살펴보자. 왼쪽 시계열그림은 y축의 눈금을 140,000~180,000까지로 사용하기 때문에 종업원의 수가 5년간 매우 급격하게 상승한 것처럼 보인다. '0'에서 시작하는 수직 축 눈금을 사용한 우측 도표는 좌측 도표와 마찬가

지로 마트의 직원 수의 증가를 보여 주지만 데이터 집합을 보다 더 적절하게 나타낸다.

하나의 시계열그림을 사용해서 동일한 시간 주기에 해당되는 2개 이상의 데이터 집합을 비교하는 것이 쉽다. 이런 경우에는 어떤 점들이 어떤 데이터 집합에 해당되는지 알기 쉽게 정보 키 또는 범례를 포함하는 것이 중요하다.

다음 예제는 3개 유명 마트들의 시장 점유율이 1990년대에 어떻게 변해 왔는지를 보여 준다. 이 도표는 마트들 사이의 관계에 대한 정보를 제공하고 각 마트의 시장 점유율을 퍼센트로 비교할 수 있도록 도와준다.

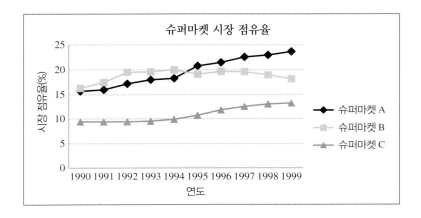

산점도

산점도(scatter diagram)는 2개의 양적변수의 값들을 나타내 그 변수들 사이의 잠재적인 관계를 관찰하고 싶을 때 사용할 수 있다. 산점도의 각 점은 사람, 제품 또는 회사 같은 개별 개체에 대한 데이터 값의 순서쌍을 나타낸다. 각 점들은 직선으로 연결하지 않는다.

산점도는 하나의 변수의 증가와 다른 변수의 증가 또는 감소의 연관성을 나타내고 데이터 값들의 함수(패턴)에 대한 시각적인 정보를 제공한다. 산점도는 변수들 간에 분명한 관계가 없다는 사실도 때때로 나타낸다.

다음의 산점도는 오후 12시에 기록된 온도(섭씨)와 1년 동안 매월의 첫째 날에 해변 카페에서 판매된 아이스크림의 개수를 보여 준다.

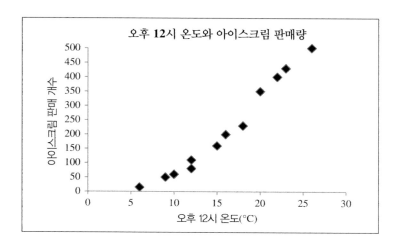

이 산점도를 통해 볼 수 있는 것은 다음과 같다.

- 기록된 최고 온도는 30℃ 이하였다.
- 기록된 온도가 20℃였을 때 해변 카페에서는 350개의 아이스크림이 판매되었다.
- 온도가 증가하면 판매되는 아이스크림의 개수도 증가한다.

산점도는 데이터 집합들의 극단값을 보여 주는 데 특히 유용하다. 다음의 예제에서 10가지 종류의 아침 시리얼에 들어 있는 설탕과 소금의 양을 측정하였다.

  그래프는 하나의 시리얼이 설탕량은 소량이지만 소금 함량은 높다는 것을 명확하게 보여 주기 때문에 다른 여러 가지 성분과 동일한 데이터 패턴을 따르지 않는다.

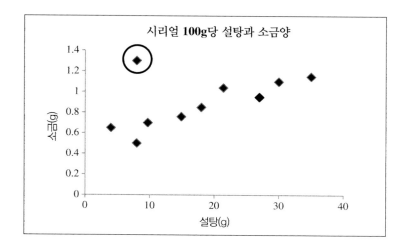

때로는 이런 도표들은 매우 복잡하고 해석하기가 어려울 수도 있지만 다중 산점도를 사용해서

2개의 다른 데이터 집합을 같은 그래프에서 비교할 수 있다.

같은 회사에서 일하는 30명의 남성과 30명의 여성의 1년 연봉과 회사 식당에서 쓰는 주당 평균 식비를 보여 주는 다음의 예제를 살펴보자.

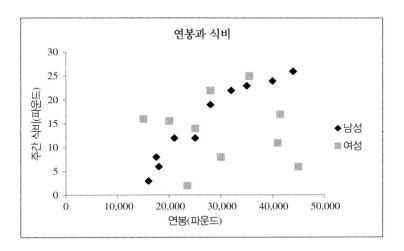

힌트와 팁

워터마크 사용

이 장에서 논의된 그래프 방식 중 하나를 사용해서 결과를 제시할 경우 좀 더 사람들의 관심을 끌기 위해 불필요한 배경그림(워터마크)을 보고서에 사용하지 말라. 다음 예제와 같이, 배경그림은 독자가 그래프 또는 도표에 나타나 있는 데이터가 나타내는 특성을 제대로 이해하지 못하게 방해하는 경향이 있다.

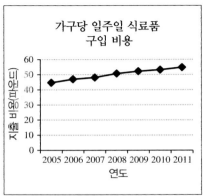

가이드라인

그래프와 도표를 항상 잘 제시할 수 있는지 확인하기 위해 다음과 같은 지침들을 따르시오.

1. 수집된 데이터의 종류와 전달하고자 하는 정보에 따라 결과를 표현하는 데 가장 적합한 그래프 방식을 선택하시오.
2. 3D 효과, 배경그림과 불필요한 격자선을 피하고 간단하고 잘 정리된 도표를 유지하시오.
3. 필요할 경우 측정 단위를 포함해 일치 눈금과 알맞은 제목을 이용해서 두 축을 명확하게 표시했는지 확인하시오.
4. 도표에 표시되는 데이터를 설명해 줄 수 있는 짧지만 의미 있는 제목을 사용하시오.
5. 도표나 그래프를 작성한 후, 독자가 데이터 및 결과의 의미를 잘못 해석할 수 없도록 그렸는지 확인하시오.

시각효과

많은 사람들은 독자의 관심을 끌고 그림을 더 매력적으로 보이게 하기 위해 파이차트 또는 막대차트에 3D 효과를 사용한다. 불행히도 이 기법은 그림의 데이터 값을 정확하게 이해하는 것을 어렵게 만들 수 있다. 또한 도표의 다른 부분들에 비해 일부의 부분들은 실제보다 더 크게 보일 수 있기 때문에 막대와 원형 부분의 상대적인 크기를 비교하는 것은 문제점이 있다.

다음의 도표들은 160명에게 점심 시간에 먹을 과일 중 선호하는 과일이 무엇이냐고 질문해서 수집한 결과를 보여 준다. 2개의 도표 모두 동일한 데이터를 사용한다.

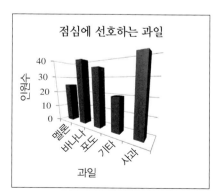

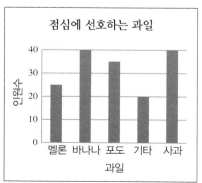

좌측 막대차트의 막대들이 수직축과 수평적으로 일직선상에 놓여 있지 않기 때문에 각각

의 과일과 연관된 사람의 수를 알아보는 것이 힘들다. 좌측 도표는 점심 시간에 사과를 선호하는 사람의 수는 40명이 넘는 것처럼 보이지만 오른쪽 그림은 정확한 데이터 값이 40이라고 나타낸다.

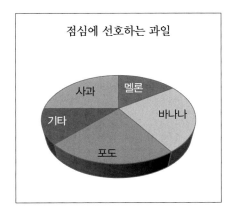
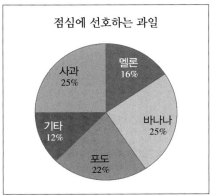

회전된 3D 시각에서 작성된 왼쪽의 막대차트와 파이차트는 각 부분의 상대적인 크기를 비교하는 방법을 왜곡한다. 막대차트에서는 더 많은 사람들이 바나나보다 사과를 먹는 것을 선호하는 것처럼 보이지만 오른쪽 도표는 분명히 같은 사람의 수가 이 두 과일을 동일하게 선호한다는 것을 보여 준다. 마찬가지로, 왼쪽에 있는 파이차트는 포도가 점심 시간에 가장 인기 있는 과일인 것처럼 보여 주지만 오른쪽 도표에서는 이 해석이 잘못된 해석임을 보여 준다.

엑셀 활용하기

차트와 그래프 그리기

엑셀은 시각적 형태로 데이터를 표시하는 도표나 그래프를 만들 때 사용할 수 있다. 데이터는 스프레드 시트 칸에 행과 열 형태로 열의 제목은 데이터 위에 행의 제목들은 데이터의 좌측으로 입력한다.

질적자료의 경우 엑셀은 막대차트와 파이차트를 제공한다. 산점도와 시계열그림은 양적자료일 때 사용된다.

모든 도표와 그래프는 **삽입** 메뉴를 사용해 작업할 수 있다. 도표를 작성하려면 데이터가 들어간 칸들을 선택한 뒤 도표 유형을 선택한다.

도표 유형을 선택할 경우 해당되는 도표에 사용할 수 있는 여러 가지 스타일들을 볼 수 있다. 항상 특정 상황에서 통계 자료로 보여 주기 위해 노력하고 있는 것을 고려하여, 데이터 집합에 적절한 스타일을 선택한다.

예를 들어, 다음의 스크린 샷들은 시계열그림의 스타일 옵션들을 보여 준다.

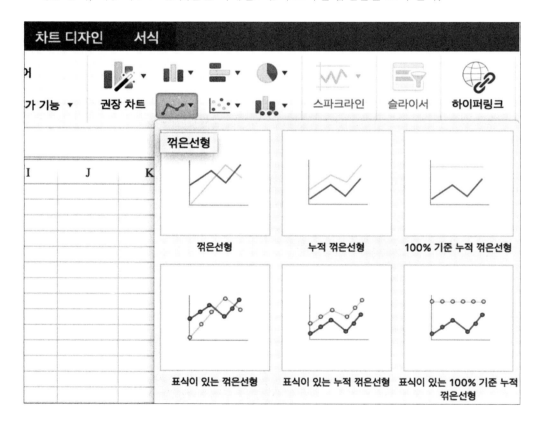

선택된 스타일에 따라 엑셀은 표시된 데이터에 대한 도표를 만든다. 도표는 사용자가 마우스를 사용하여 위치를 변경할 수 있는 흰색 사각형 안에 표시된다.

엑셀은 자동적으로 데이터를 가장 적절하게 표현할 수 있는 도표를 선택하지만 그 내용이나 외관을 변경할 수 있다. 도표가 생성된 후 리본에 있는 **차트 도구** 탭을 사용할 수 있다. **디자인, 서식**

2개의 아이콘 메뉴가 있다. 이 탭들은 각 도표 유형에 따라 적당한 옵션들을 보여 주고 스프레드시트에서 도표를 선택해야 할 경우 옵션들이 보인다.

파이차트의 **디자인** 옵션은 다음과 같다.

디자인 탭을 사용하여 대안이 되는 미리 정의된 도표 구성을 선택할 수 있다. 예를 들어, 도표 제목, 범례와 데이터 라벨을 포함할 수 있다. 또한 도표의 배경과 전경 색상을 변경할 수 있다.

다음 스크린 샷들은 파이차트에 사용할 수 있는 몇 가지 예제 구성을 보여 준다.

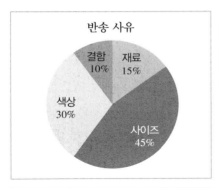
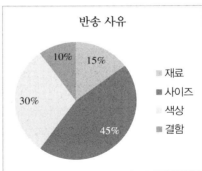

차트 구성은 **디자인** 메뉴의 서브 아이콘 메뉴인 **차트 요소 추가**에서 가능하다. 도표 제목, 축 제목, 범례, 데이터 레이블, 축 눈금과 눈금선의 위치와 스타일에 여러 변화를 줄 수 있는 옵션들을 제공한다. 막대차트의 구성 옵션들은 다음과 같다.

다음 스크린 샷은 막대차트에 대한 옵션들 중 일부를 어떻게 사용할 수 있는지 보여 준다.

서식 탭을 사용해서 도표에 있는 모든 문서와 테두리를 수정할 수 있다. 여기서 도표를 시각적으로 관심을 끌 수 있게 만들 수 있는 다양한 색깔, 글씨, 모양 효과를 적용할 수 있다.

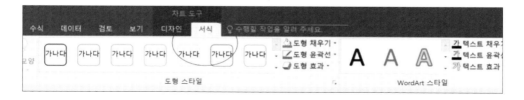

또한 차트를 선택한 후 오른쪽 마우스 버튼을 눌러 팝업 메뉴를 활용하여 차트를 수정할 수 있다.

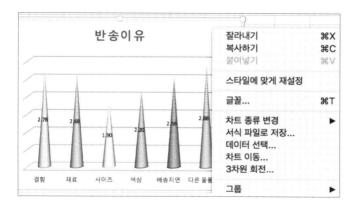

연습문제

1 그래프와 도표가 데이터와 결과를 나타내는 데 효과적인 세 가지 방법을 설명하시오.

2 다음의 시계열 그림은 보건소의 의사를 일주일에 한 번씩 방문하는 남성 환자와 여성 환자의 수를 보여 준다.

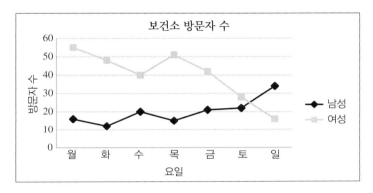

이 그래프를 사용해 다음 문장들이 참인지 거짓인지 말하시오.

(a) 수요일에는 여자 환자에 비해 남자 환자들이 두 배가 된다.

(b) 매일 보건소를 방문하는 환자들은 대부분 여성이다.

(c) 남자 환자들이 의사를 가장 많이 방문한 날은 일요일이었다.

3 640명의 슈퍼 구매자들은 식료품에 있어 결제 수단이 30파운드 이하로 기록되었다. 결과는 다음과 같다. 이 데이터를 사용한 파이차트에서 각 결제 수단에 대한 파이의 각도를 계산하시오.

결제 수단	체크카드	현금	신용카드
빈도	352	192	96

4 다음의 히스토그램은 6월, 7월, 8월의 매일 밤 투숙된 호텔 객실의 수를 보여 준다.

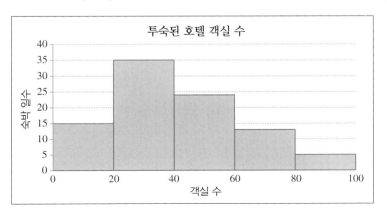

(a) 어떤 계급이 가장 낮은 빈도를 가지고 있는가?

(b) 3월 동안 사용된 객실의 수가 20~40개이었던 것은 며칠 동안이었는가?

5 3D 효과를 사용하면 막대차트나 파이차트가 나타내는 데이터를 어떤 식으로 잘못 해석할 수 있는지 설명하시오.

6 줄기-잎 그림을 사용해 원자료를 나타내시오. 영국 북쪽에 있는 25개의 강들의 기록된 가장 높은 강수위(미터).

하천 수위						
					1 | 3 = 1.3m	
1	3	7				
2	0	0	0	2	2	4	4
2	5	5	6	6	6	
3	1	3	3	5	8	9
4	0	3	7			
5	0	0				

7 1990년과 1999년 사이에 남성과 여성을 위한 스포츠 대회의 우승 상금(파운드)은 다음 표에 제시되어 있다.

연도	남성	여성
1990	45,100	27,000
1991	47,900	28,400
1992	48,200	29,300
1993	49,800	31,800
1994	51,300	32,100
1995	56,200	34,900
1996	56,200	44,400
1997	56,200	45,400
1998	60,400	46,900
1999	61,100	46,900

시계열 그림을 그려서 남성과 여성의 우승 상금을 같은 도표에 표시하시오.

8 다음 데이터 집합들을 나타내기 위해 가장 적절한 그래프 또는 차트의 종류는 무엇인지 설명하시오. 선택에 대한 이유도 말하시오.

(a) 1960년과 1980년 사이에 영국에서 매년 기록된 금리

(b) 쇼핑몰에서 서로 다른 3개의 매장에서 상품을 구매한 남성과 여성 고객의 수

(c) 2007년에 10명의 가장 높은 개런티를 받은 배우들의 추정된 연간 수입과 키

9 환경 컨설팅 회사에서 실시한 설문조사에서 주택 소유자들에게 다음과 같은 질문을 했다. '총 견적 비용이 3,000파운드 이하라면 주택에 태양 전지 패널을 설치하시겠습니까?', 450명의 응답자 중 60%가 '예.'라고 대답하고 25%는 '아니요.'라고 답하고, 나머지 응답자는 '모른다.'고 대답했다.

시각적으로 주택 소유자들의 응답을 보여 줄 수 있도록 파이차트를 작성하시오.

10 유럽 최고 항공사 중 하나는 항공편의 승객 한 명당 수하물의 허용 한도를 20kg이라고 정했다. 수하물이 20kg을 초과하면 kg당 7파운드의 요금을 청구하도록 한다. 개트윅 공항에서는 비행기에 실린 각 가방의 무게를 기록했다. 다음에 있는 데이터를 나타내는 표와 히스토그램을 비교해서 도표가 잘못 그려진 이유에 대해 설명하시오.

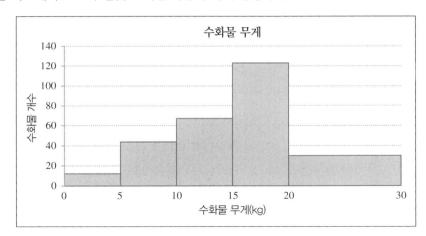

계급	0~5	5~10	10~15	15~20	20~30
빈도	12	44	67	123	30

11 다음 표는 같은 우편 번호 지역에 구입할 수 있는 30개의 주택에 대한 현재의 에너지 효율 등급과 매매 가격을 보여 준다.

에너지 효율 등급	73	45	56	32	62	63	70	47	50	54
매매 가격(천 파운드)	155	185	295	180	725	225	135	390	300	190

에너지 효율 등급	58	55	36	72	77	73	58	70	54	50
매매 가격(천 파운드)	490	480	175	475	565	175	390	575	180	340

에너지 효율 등급	65	65	53	61	65	49	59	71	68	55
매매 가격(천 파운드)	285	220	420	350	150	280	750	350	250	160

이러한 데이터에 대한 산점도를 그리시오.

12 시계열그림의 목적을 설명하고 마케팅 회사가 이러한 유형의 도표를 적절하게 사용할 수 있는 두 가지 데이터의 예를 말하시오.

13 2013년 오스카 시상식에서 조연과 주연 후보가 된 남성과 여성의 나이를 비교할 수 있도록 다음과 같은 백투백 줄기-잎 그림이 만들어졌다.

```
               2013년 오스카 상 후보 나이
 8 | 3 = 38살                              0 | 9 = 9살
              남성            여성

                      0 │ 9
                      1 │
                      2 │ 2
              8  8    3 │ 0   6   8
              5  4    4 │ 4
        8  6  6    5 │ 0
              9  6    6 │ 6   6
                 9    7 │
                      8 │ 6
```

(a) 가장 젊은 후보의 나이는 몇 살인가? 그들은 남성과 여성 중 어느 쪽이었는가?

(b) 50대 후보 중에는 남성과 여성 후보 중 어느 쪽이 더 많은가?

14 대학 캠퍼스에 있는 4개의 주차장에서 연구원은 각 주차장에 월요일 아침에 주차된 해치백, 세단형 자동차와 스테이션웨건의 수를 기록했다. 결과는 다음과 같다.

	해치백	세단	스테이션웨건
주차장 1	25	14	8
주차장 2	12	24	16
주차장 3	9	11	24
주차장 4	27	29	25

수평축에 각 주차장을 표시하고 이 데이터들을 나타내기 위해 누적 막대차트를 사용하시오.

15 파이차트를 작성하는 것은 쉽고 시각적으로 매력적이지만 질적자료를 나타낼 때 사용하면 단점들이 생긴다. 두 가지 단점을 설명하시오.

16 다음 시계열그림은 가을에 매주 과학 박물관을 방문한 사람들의 수를 나타낸다.

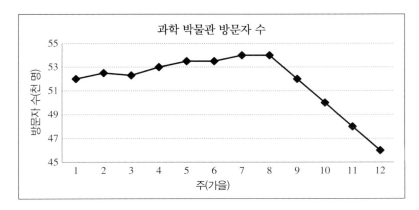

이 도표가 잘못된 이유를 설명하시오. 데이터를 더 적절하게 나타내기 위해 도표를 다시 그리려면 무엇을 바꾸어야 하는가?

17 다음 표는 한달 동안 한 가정에서 사용한 전화 통화 시간(분)을 나타낸다. 이 정보를 나타내기에 적절한 그래프 방법을 사용하시오.

계급	0~10	10~20	20~30	30~60
빈도	37	22	8	12

18 대형 스포츠 소매업체의 웹사이트에 나타낸 남성 트레이복 60벌의 가격을 보여 줄 줄기-잎 그림을 그리시오. 모든 줄기가 10개 이상의 잎을 가질 수 있도록 구성하시오.

20	20	20	80	25	25	15	65	50	15	20	21
31	15	55	22	22	22	27	27	42	25	65	23
68	80	57	68	55	14	76	30	102	45	89	49
47	38	57	41	29	27	39	76	65	62	19	66
36	38	17	54	59	78	86	36	49	27	44	36

19 카리브 크루즈 여행에서 돌아온 900명의 고객들이 운영 회사가 제공한 선상 엔터테인먼트 프로그램에 대한 설문조사에 참여했다. 다음 그림은 고객들의 응답을 보여 준다.

(a) 몇 명의 고객들이 선상 엔터테인먼트가 아주 좋았다고 기록했는가?

(b) 엔터테인먼트 쇼에 만족하거나 부족했다고 답한 고객이 절반 이상인가? 아니면 이하인가?

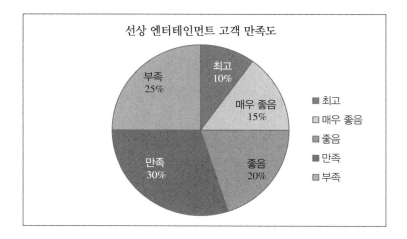

20 다음 데이터는 2012년 올림픽에서 영국, 중국과 미국이 획득한 금, 은, 동메달의 수이다. 메달의 종류인 금, 은, 동을 x축에 나타내서 데이터를 표시할 수 있는 적절한 도표를 그리시오.

	금	은	동
영국	29	17	19
중국	38	27	23
미국	46	29	29

21 다음 표는 2년 동안 측정한 한 가정에 대한 분기별 전기 요금을 나타낸다. 이 정보를 나타내기 위한 적절한 그래프 방법을 사용하시오.

	1년차				2년차			
분기	1	2	3	4	1	2	3	4
전기요금(파운드)	127	163	92	167	187	208	131	176

22 그래프와 도표를 잘 나타낼 수 있도록 만들어 주는 지침을 다음 빈칸에 알맞는 단어를 보기에서 골라 채우시오.

이미지	의미 있는	단위	정리된	짧지만	축	효과

(a) 3D _____, 배경 _____ 그리고 불필요한 격자선을 피해 간단하고 _____ 도표를 유지하시오.

(b) 필요할 경우 측정 _____ 을/를 포함해 일치 눈금과 알맞은 제목을 이용하여 두 _____ 을/를 명확하게 표시했는지 확인하시오.

(c) 도표에 표시되는 데이터를 설명하는 _____ 그러나 _____ 제목을 사용하시오.

23 유통 회사의 회계 부서에서 근무하는 25명의 직원에 대하여, 다음의 산점도는 각 직원이 회사에서 근무한 기간과 1~10까지의 등급으로 나눈 직업 만족도를 보여 준다.

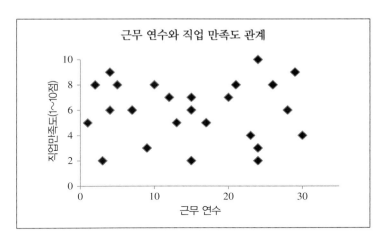

데이터 값의 패턴은 무엇을 보여 주는가?

(a) 하나의 변수의 증가는 다른 변수의 증가와 연관되어 있다.

(b) 직장에 근무한 기간이 증가할수록 직업 만족도가 감소한다.

(c) 근무 기간과 직업 만족도 사이에 명백한 관계는 없다.

24 줄기-잎 그림으로 데이터를 표현할 때 장단점을 하나씩 적으시오.

25 다음 표에서는 2008~2012년까지 히드로 공항을 이용한 국내 탑승객들의 수를 보여 준다.

연도	2008	2009	2010	2011	2012
국내 탑승객 수(백만 명)	4.7	4.7	4.8	5.3	5.6

다음 데이터를 사용해 시계열그림을 그리시오.

26 지역에 있는 초등학교 학생 중 60명의 남학생과 60명의 여학생들에게 미래에 가지고 싶은 직업이 무엇인지 질문했다. 다음 그림은 그들의 응답을 보여 준다.

막대차트를 사용해 다음 문장이 참인지 거짓인지 설명하시오.

(a) 여학생들에 비해 두 배 많은 남학생들이 체육인이 되고 싶다고 대답했다.

(b) 남, 여학생 모두에게 가장 인기 없는 직업은 교사였다.

(c) 여학생들의 50%는 팝스타 또는 체육인이 되고 싶다고 대답했다.

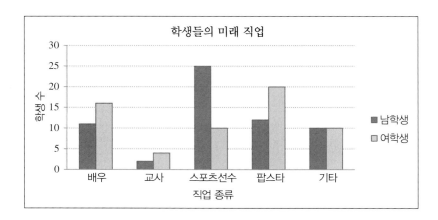

27 우편 주문 회사는 지방에 있는 비즈니스 공원에 새 물류 센터를 건축할 계획이다. 관리팀은 기존 직원들에게 매일 출퇴근하는 거리(마일)에 대해 질문하기로 결정했다. 수집된 데이터는 다음과 같다.

45	10	16	38	29	27	14	31	48	19	17	11	24
20	23	37	14	29	22	27	18	13	26	26	15	10

각 직원의 개별 통근 거리를 나타내는 적절한 도표를 그리시오.

28 북반구에서 10개의 도시와 남반구에서 10개의 도시의 7월의 평균 기온과 평균 풍속을 다음 표에 나타냈다.

북반구		남반구	
평균 기온(°C)	평균 풍속(km/h)	평균 기온(°C)	평균 풍속(km/h)
28	12	11	10
25	10	22	8
23	16	21	9
16	14	27	12
11	19	23	8
18	7	17	12
28	15	8	6
26	16	11	9
16	14	8	25
25	17	11	12

산점도를 사용하여 북반구와 남반구에 대해 수집한 정보를 그리시오.

29 이 막대차트는 여행사를 방문한 130명의 고객이 여름 휴가를 보내고 싶은 유럽의 여행지들을 응답한 결과를 보여 준다.

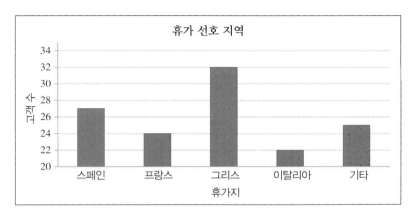

특정한 두 국가의 막대의 높이와 빈도 값을 비교해서 이 도표가 잘못 해석될 수 있는 이유를 설명하시오.

30 다음 표는 '캐러밴과 캠핑카쇼'에서 광고된 500대의 트레일러의 전체 길이(cm)를 보여 준다. 이러한 데이터에 대한 히스토그램을 그리시오.

계급	550~600	600~650	650~700	700~750	750~800
빈도	20	150	71	223	36

31 산점도를 그릴 때 고려해야 하는 내용이 무엇인지 결정하시오.

(a) 두 변수는 양적자료이어야 한다.

(b) 하나의 변수만 양적자료이어야 한다.

(c) 데이터의 유형은 중요하지 않다.

32 영국 최고의 패션 유통 업체의 관리팀은 도심에 위치한 2개의 매장에서 고객들이 매장을 둘러 보는 데 소비하는 시간을 비교하기로 결정했다. 같은 토요일 오후에 상품을 구매한 20명의 고객이 각 매장에서 소비한 시간(분)을 기록했다.

매장 A

67	38	42	51	57	43	41	28	36	68
41	36	34	29	64	59	52	53	44	41

매장 B

12	31	26	19	22	30	23	30	16	23
27	19	22	30	21	14	47	31	17	25

백투백 줄기-잎 그림을 그리시오.

33 그룹화된 막대차트는 누적 막대차트와 어떻게 다르게 그리는지 설명하시오.

34 해외 여행에 대한 면접 시리즈에서 45~55세인 100명의 여성들에게 지난 5년간 해외여행 목적지로 비행한 횟수를 질문했다. 응답자의 답은 다음의 표에 주어진다.

계급	0~5	5~10	10~20
빈도	63	27	10

히스토그램을 그려서 면접에서 수집된 정보를 나타내시오.

35 다음에 있는 파이차트는 스페인의 고급 빌라 단지에서 머물고 있었던 400명의 관광객들이 좋아하는 아이스크림의 맛을 보여 준다.

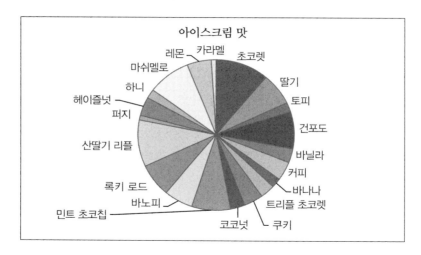

파이차트가 적절한 그래프가 아님을 설명하고 적합한 그래프를 제안하시오.

36 차를 위한 위성 내비게이션를 구입한 고객들에게 다음과 같은 질문이 있는 설문조사지를 제공했다.

어떤 내비게이션 음성의 타입을 선호하는가?

☐ 남성   ☐ 여성   ☐ 상관 없음

300명의 응답자 중 180명이 '남성', 40명이 '여성' 그리고 나머지 응답자들은 상관 없다고 답했다.

수집된 데이터를 막대차트로 나타내시오.

37 재정 문제에 대한 최근 면접 시리즈에서 자신의 수입을 위한 수단으로 아르바이트를 하는

학부 학생들에게 아르바이트 유형에 대해 질문했다. 그에 대한 답은 다음과 같다.

술집	22%
옷가게	34%
슈퍼마켓	18%
커피숍	16%
기타	10%

각 아르바이트의 유형이 전체 데이터 집합의 비율로서 시각적으로 잘 표현되도록 적절한 도표로 데이터를 나타내시오.

38 다음 표는 2012~2013년 사이에 가장 높은 개런티를 받는 배우들의 키와 예상 수익을 보여준다.

키(cm)	174	185	188	173	196	183	178	170	185	193
예상 수익(백만 파운드)	50	40	36.5	34.5	30	25.8	24.5	23.1	21.8	21.1

적절한 그래프 방법을 사용하여 이 정보를 나타내시오.

39 6년제 대학 재생들에게 만약 투표할 수 있는 연령이 16세로 낮아진다면 총선에서 투표할 의사가 있는지에 대해 질문했다.

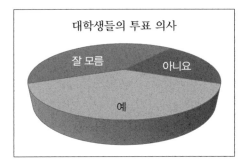

응답 결과	%
아니요	20
예	38
잘 모름	42

학생들의 응답을 정리한 빈도표와 파이차트를 비교할 때 도표의 정보가 잘못 해석될 수 있는 이유를 설명하시오.

40 다음 문장 중 히스토그램을 그릴 때 적용되는 문장은 무엇인가?

(a) 막대의 높이는 항상 해당 계급의 빈도를 나타낸다.

(b) 히스토그램은 양적자료와 질적자료를 둘 다 표시할 수 있다.

(c) 히스토그램의 막대 사이에는 공간이 없다.

연습문제 해답

1 그래프와 도표가 데이터와 결과를 표시하는 데 효과적일 수 있는 방법들은 다음과 같다.

- 간결한 방법으로 결과를 요약한다.
- 데이터 집합들의 중요한 사실과 패턴을 강조한다.
- 다른 데이터 집합들을 서로 비교한다.
- 결과를 쉽게 이해하고 기억할 수 있도록 한다.

2 (a) 거짓. 시계열그림은 수요일에 보건소를 내원한 여성 환자들의 수가 남성 환자들의 두 배라는 것을 보여 준다.

(b) 거짓. 월요일부터 토요일까지는 남성 환자들에 비해 여성 환자들이 더 많이 보건소를 방문했지만, 일요일에 내원하는 환자의 대다수는 남성 환자였다.

(c) 참. 그래프는 일요일에 의사를 방문한 남성 환자들이 30명을 넘은 반면, 일요일 이외의 다른 요일에 보건소에 내원한 남성 환자는 30명 미만이라는 것을 보여 준다.

3 파이차트의 각 파이의 각도는 다음과 같이 계산한다.

결제 수단	빈도	상대빈도	각도
체크카드	352	352/640 = 55%	352/640 × 360 = 198°
현금	192	192/640 = 30%	192/640 × 360 = 108°
신용카드	96	96/640 = 15%	96/640 × 360 = 54°

4 (a) 80~100개의 객실은 가장 낮은 빈도를 가진 계급이다.

(b) 3개월 동안 사용된 객실의 수가 20~40개였던 기간은 35일간이었다.

5 파이차트나 막대차트에 3D 효과를 사용하면 다른 부분들에 비해 일부의 부분들은 실제보다 더 크게 보일 수 있기 때문에 막대와 원형 부분의 상대적인 크기를 비교하는 데 문제가 있을 수 있다.

6 영국의 북쪽에 있는 25개의 강의 기록된 가장 높은 강 수위의 원데이터 집합은 다음과 같다.

1.3	1.7	2.0	2.0	2.0
2.2	2.2	2.4	2.4	2.5
2.5	2.6	2.6	2.6	3.1
3.3	3.3	3.5	3.8	3.9
4.0	4.3	4.7	5.0	5.0

7

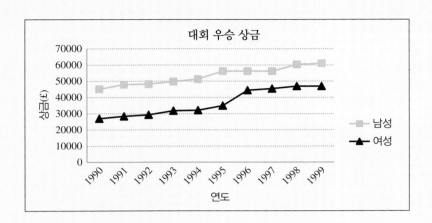

8 (a) 시계열그림은 1960년과 1980년 사이에 영국에서 매년 기록된 금리를 나타내는 데 가장 적절한 도표이다. 왜냐하면 데이터가 양적자료이고 데이터 값인 금리가 시간이 지남에 따라 어떻게 변하는지를 나타내는 게 중요하기 때문이다.

(b) 쇼핑몰에서 3개의 다른 매장에서 상품을 구매한 남성과 여성 고객의 수를 나타내는데 가장 적절한 도표는 막대차트이다. 데이터는 질적자료이며 동일한 도표에 각 성별과 매장을 비교하는 것이 중요하다.

(c) 2007년에 가장 높은 개런티를 받은 배우 10명의 추정된 연간 수입과 키는 양적자료이고 2개의 변수 사이의 내재된 관계를 보여 주는 게 중요하기 때문에 산점도를 사용하는 것이 가장 적절하다.

9

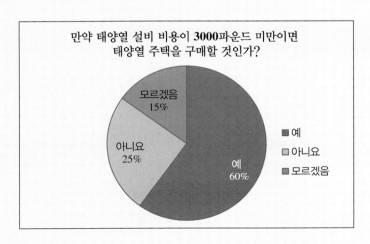

10 이 히스토그램은 계급 크기가 동일하지 않기 때문에 각각의 계급의 빈도는 높이 대신 대

응하는 막대의 면적으로 표현한다. 마지막 계급이 다른 모든 계급의 두 배이므로 히스토그램에 대응하는 막대의 높이는 빈도 값의 절반으로 감소되어야 한다.

11

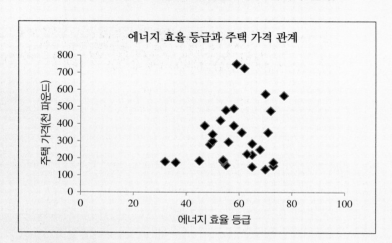

12 정해진 시간에 수집된 데이터의 패턴과 트렌드를 나타내기 위해 시계열그림을 사용한다. 마케팅 회사에서 시계열그림을 사용하여 나타낼 수 있는 데이터는 다음과 같다.

- 광고주가 매주 광고에 지출하는 금액
- 매달 텔레비전 광고의 상영 횟수

13 (a) 최연소 후보는 9살 소녀였다.

(b) 50대 이상의 후보자 중에는 여성보다 남성 후보가 더 많았다.

14

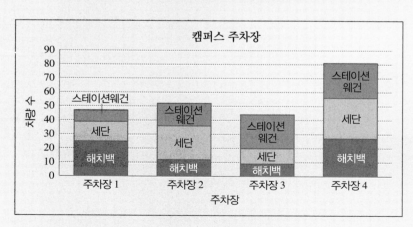

15 퍼센트 값을 표시하지 않을 경우에 부분의 크기를 시각적으로 비교하기는 어렵다. 이것은 다른 데이터 집합에서 같은 범주의 비율 비교와 파이차트의 부분의 상대적인 크기 비

교에도 똑같이 적용한다. 이런 도표의 유형은 데이터 집합이 너무 많은 범주들을 포함하는 경우에는 원이 복잡해지기 때문에 적절하지 않다.

16 시계열그림의 y축 측정 눈금이 45,000~55,000까지의 범위를 살펴보면 가을에 지난 4주간에 걸쳐 과학박물관의 방문객 수가 급격히 하락되었다는 잘못된 인상을 준다. '0' 에서 시작하는 y축 측정 눈금을 사용해서 도표를 다시 그리면 그 도표도 여전히 과학 박물관 방문객의 감소를 나타내지만 데이터 집합을 좀 더 정확하게 나타낼 수 있다.

17 한달 동안 한 가정이 사용한 전화 통화의 시간을 표시하는 데 히스토그램을 사용한다.

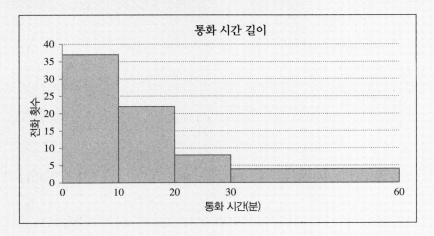

18

남성 트레이닝 가격(파운드)								
					1	5 = £15		
1	4	5	5	5	7	9		
2	0	0	0	0	1	2	2	2	3
2	5	5	5	7	7	7	7	9
3	0	1	6	6	6	8	8	9
4	1	2	4	5	7	9	9	
5	0	4	5	5	7	7	9	
6	2	5	5	5	6	8	8	
7	6	6	8					
8	0	0	6	9				
9								
10	2							

19 (a) 고객 900명의 15%인 135명이 선상 엔터테인먼트가 아주 좋다고 응답했다.

(b) 고객의 30%는 '만족스러웠다.'고 응답했고 25%는 '부족했다.'고 응답했으므로, 전체의 55%(절반 이상)의 고객이 엔터테인먼트 쇼가 만족 또는 부족했다고 응답했다.

20 메달의 개수를 쉽게 비교할 수 있도록 올림픽 메달 데이터는 그룹화 막대차트를 사용해서 나타낸다.

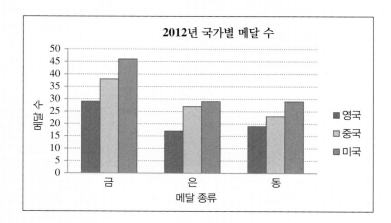

21 2년 동안 한 가정의 분기별 전기요금을 표시하는 데 시계열그림을 사용한다.

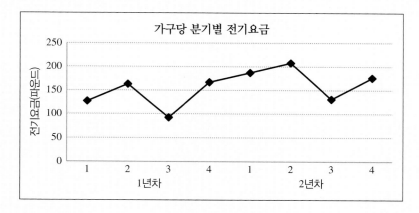

22 (a) 정리된, 효과, 이미지

(b) 축, 단위

(c) 짧지만, 의미 있는

23 옵션 (c). 근무 기간과 직업 만족도 사이에는 명백한 관계가 없다.

24 장점 : 데이터를 표시하는 데 줄기-잎 그림을 사용하면 각각의 데이터 값을 나타낼 수 있다.

단점 : 대용량 데이터 집합에 있어서는 도표을 작성하는 것이 시간 소모적인 과정이 될 수도 있다.

25

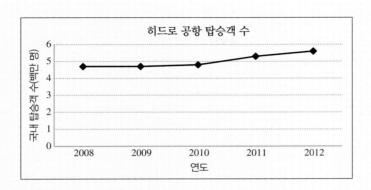

26 (a) 거짓. 막대차트는 운동 선수가 되고 싶어하는 남학생의 수는 25명이고 여학생의 수
는 10명인 것을 나타낸다.

(b) 참. 남학생, 여학생 모두 가장 짧은 막대는 교사이기 때문에 이것이 가장 인기 없는
선택이다.

(c) 참. 도표를 통해 20명의 여학생들은 팝스타가 되고 싶어하고 10명은 체육인이 되고
싶어하는 것을 알 수 있다. 총 60명의 여학생들에게 미래 직업에 대해 질문했기 때
문에 50%가 팝스타 또는 체육인이 되고 싶다고 한다.

27 줄기–잎 그림은 직원 개개인에 대한 개별 통근 거리를 나타낼 수 있다.

직원 통근 거리

1 | 0 = 10mile

1	0 0 1 3 4 4 5 6 7 8 9
2	0 2 3 4 6 6 7 7 9 9
3	1 7 8
4	5 8

28

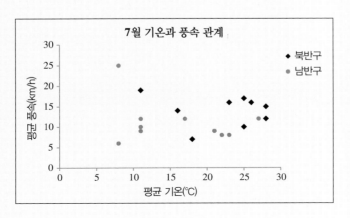

29 막대차트의 *y*축 측정 눈금을 20~34까지로 사용했다. 프랑스의 막대가 이탈리아 막대의 두 배이기 때문에 두 배나 더 많은 사람들이 여행 목적지로 프랑스에 비해 이탈리아를 선호한다는 잘못된 인상을 준다. 빈도 값을 사용해 이탈리아를 선택한 성인의 수는 22 명이고 프랑스는 24명이다. 데이터 집합을 시각적으로 더 정확하게 표현하려면 *y*축 측정 눈금을 '0'부터 시작해서 도표를 다시 그려야 한다.

30

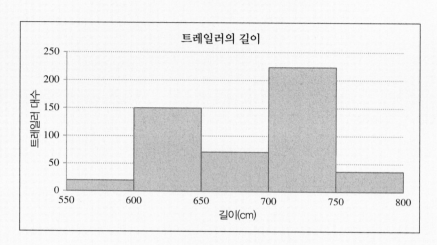

31 옵션 (a). 산점도를 그리려면 두 변수는 양적자료이어야 한다.

32

매장을 둘러보는 데 소요하는 시간

8 | 2 = 28분   1 | 2 = 12분

				상점 A				상점 B						
						1	2	4	6	7	9	9			
				9	8	2	1	2	2	3	3	5	6	7	
		8	6	6	4	3	0	0	0	1	1				
4	3	2	1	1	1	4	7								
	9	7	3	2	1	5									
			8	7	4	6									

33 그룹화된 막대차트에서 데이터의 각 하위 범주는 각 막대로 나타내고, 하위 범주 막대는 각 범주에 대해 그룹화된다. 누적 막대차트의 경우 각 범주에 대한 하나의 막대를 만들기 위해 하위 범주를 나타내는 막대들을 서로의 상단에 쌓는다.

34

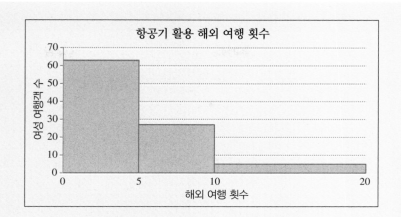

35 데이터 집합이 많은 범주들을 포함할 때 원이 많은 부분들로 인해 복잡해지기 때문에 파이차트는 적절하지 않다. 파이차트는 20가지의 맛을 보여 주기 때문에 상대적 비율을 해석하는 것이 어렵다.

36

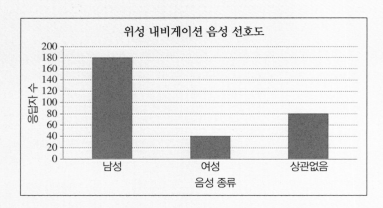

37 각각의 아르바이트 유형이 전체 데이터 집합의 한 부분으로서 시각적으로 표현되려면 학생 면접에 대한 응답들은 파이차트를 사용해서 나타내야 한다.

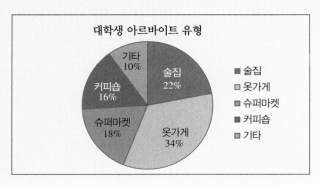

38 산점도를 사용해 2012~2013년 사이에 가장 높은 개런티를 받는 배우들의 예상 수입을 보여 줄 수 있다.

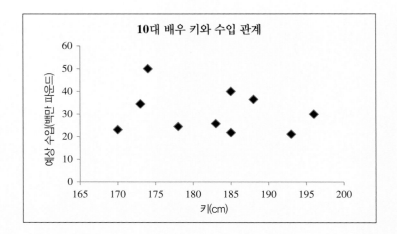

39 파이차트에서 회전하는 3D 원근법이 각 부분의 상대적인 크기를 비교하는 것을 왜곡시킬 수 있다. 도표에 퍼센트를 표시하지 않으면 파이차트는 학생들의 더 높은 퍼센트가 '확실하지 않다.'보다 '예.'라고 대답했다는 것을 나타낸다. 표는 실제 퍼센트의 정확한 표현이 아니라는 것을 보여 준다.

40 옵션 (c). 히스토그램의 막대들 사이에는 공간이 없다.

중앙 위치 척도

서론

3장에서 데이터를 시각적인 형태로 나타내는 여러 가지 기법들을 살펴보았다. 이러한 그래프 형식의 방법들로 데이터를 명확하게 나타내는 것도 중요하지만, 때로는 데이터를 수치로 요약하는 것도 도움이 된다.

중앙 위치 척도(measure of central tendency)는 데이터를 대표하는 '전형적인' 요약 값으로 데이터를 설명한다. 이 값은 데이터에서 가장 빈번하게 나타나는 값(최빈값), 데이터의 평균값(평균), 아니면 데이터를 순서대로 나열했을 때 중간값(중위수)이기 때문에 전형적이라고 표현할 수 있다. 각 측정값은 계산 방식이 다르고 그 값을 사용할 때 따르는 장단점도 다르다.

최빈값

데이터에서 가장 빈번하게 나타나는 값이 **최빈값**(mode)이다. 어느 한 데이터 값이 데이터에 있는 다른 값들보다 자주 나타나지 않을 경우 최빈값은 없다. 2개의 최빈값을 가지고 있는 데이터는 **양봉**(bimodal)**분포**라고 하고 2개 이상의 최빈값을 가지고 있는 데이터는 **다봉**(multimodal)**분포**라고 한다.

원자료 세트의 최빈값을 찾을 때 똑같은 값이 리스트에 함께 나타나도록 순서대로 데이터를 배열하는 것이 효과적이다. 빈도분포에서 가장 높은 빈도를 가지고 있는 데이터를 찾는다. 그룹화된 빈도분포에서는 각각의 데이터를 알 수 없기 때문에 특정 값 대신 최빈계급을 찾는다. 최빈계급은 가장 높은 빈도를 가진 계급이다.

최빈값은 계산하기 쉽고 양적자료일 경우에 중앙 위치 척도로 사용하기에 적절하다. 질적자료일 경우에도 최빈값이 사용될 수는 있지만 데이터가 '다봉분포'이거나 최빈값이 없을 경우 전혀 유용하지 않다.

예제 – 최빈값

최빈값 – 원자료

다음 표는 2010년 영국에서 무연 휘발유의 평균 가격을 리터당 펜스로 나타낸 것이다.

| 111.8 | 112.1 | 116.1 | 120.5 | 121.5 | 118.1 | 117.5 | 116.1 | 115.2 | 111.7 | 119.1 | 122.1 |

데이터를 순서대로 나열하면 다음과 같이 나타난다. 최빈값은 두 번 나타나는 값인 116.1이다.

| 111.7 | 111.8 | 112.1 | 115.2 | 116.1 | 116.1 | 117.5 | 118.1 | 119.1 | 120.5 | 121.5 | 122.1 |

최빈값 – 빈도분포

공장의 품질 관리 부서는 두 달 동안 매일 특정 기계에 의해 생산된 제품의 불량 개수를 기록했다. 수집된 데이터는 다음과 같다.

불량품 개수	빈도(f)
0	5
1	16
2	10
3	10
4	12
5	4
6	4

 가장 많이 발생한 불량품의 개수가 1개이기 때문에 최빈값은 '1'이다. 데이터를 수집한 두 달 동안 1개의 불량품이 나온 날은 16일이다.

최빈값 – 그룹화된 빈도분포

다음의 빈도표는 표본으로 선택된 사용자가 웹사이트를 한 번 방문할 동안에 브라우징하는 시간을 '분'으로 보여 준다.

브라우징 시간	빈도(f)
1~15	10
16~30	26
31~45	42
46~60	36
61~75	15
76~90	9

31~45계급이 가장 높은 빈도를 가지고 있기 때문에 최빈값 계급이다.

평균

평균(mean)보다는 **산술평균**(arithmetic mean)으로 알려져 있지만, 일반적으로 평균이라고 지칭된다. **평균**(average)은 데이터의 모든 값의 합을 데이터 총 개수로 나누어서 계산한다. 공식을 단순화하면 다음과 같다.

- $\bar{x}$는 표본평균의 기호

- $\sum$(그리스 기호 시그마)는 '총합'을 대신함
- n은 세트에 있는 데이터의 총 수
- f는 데이터의 빈도

원자료에서 평균 공식은

$$\bar{x} = \frac{\sum x}{n}$$

$\sum fx$를 각 x값에 대응하는 f값으로 곱한 다음 모두 더하는 식이고, 데이터가 빈도분포로 요약되어 있다면, 표본의 평균 공식은 다음과 같다.

$$\bar{x} = \frac{\sum fx}{\sum f}$$

그룹화된 빈도분포의 경우에도 동일한 공식을 쓸 수 있지만, 각각의 데이터가 제공되지 않기 때문에 각 계급의 중간값을 x값으로 사용한다.

그리스 기호 μ(발음 '뮤')는 모집단의 평균을 나타내는 데 사용된다. 표본의 평균과 똑같은 공식으로 이 값을 계산할 수 있다.

평균은 이산 또는 연속 질적자료에 적합하나, 수치가 없는 양적자료에는 적합하지 않다. 평균 계산 방법은 모든 데이터를 사용하기 때문에 전체 집합을 가장 잘 나타내고 가장 많이 쓰이는 중앙 위치 척도이다. 하지만 평균을 계산할 때 극단값들의 영향이 크기 때문에 그런 값들을 제외하고 평균을 구하면 결과가 아주 다른 값으로 변한다.

결합평균

두 데이터의 각각의 크기와 평균을 알고 있다면 다음의 식을 사용해 두 데이터의 결합평균(combined mean)을 계산할 수 있다.

$$\bar{x} = \frac{n_1\bar{x}_1 + n_2\bar{x}_2}{n_1 + n_2}$$

여기서

- $\bar{x}_1$은 첫 번째 데이터 평균, $\bar{x}_2$는 두 번째 데이터 평균이고
- n_1과 n_2는 데이터 1과 2의 각각의 데이터 개수를 나타낸다.

이 공식은 2개 이상의 데이터 세트에도 사용될 수 있다.

가중평균

산술평균을 계산할 때 데이터의 개별 값은 최종 결과에 동일하게 반영된다. 그러나 데이터에서 일부 데이터 값들이 다른 데이터들보다 더 높은 중요도 또는 가중치를 갖는 경우도 있다. 이런 경우, 데이터의 **가중평균**(weighted mean)을 다음의 공식을 사용해 계산하는 것이 더 유용하다.

$$\bar{x} = \frac{w_1x_1 + w_2x_2 + \ldots + w_nx_n}{w_1 + w_2 + \ldots + w_n}$$

여기서

- $w_1, w_2, \cdots, w_n$은 세트에서 개별 데이터의 중요도 또는 가중치를 나타낸다.
- $x_1, x_2, \cdots, x_n$은 개별 데이터 값을 나타낸다.

예제-평균

평균 – 원자료

다음 표는 2010년 영국에서 무연 휘발유의 평균 가격을 리터당 펜스로 나타낸 것이다.

111.8	112.1	116.1	120.5	121.5	118.1	117.5	116.1	115.2	111.7	119.1	122.1

평균은

$$\bar{x} = \frac{\sum x}{n} = \frac{111.8 + 112.1 + \cdots + 119.1 + 122.1}{12} = \frac{1401.8}{12} = 116.817$$

평균 – 빈도분포

공장의 품질 관리 부서는 두 달 동안 매일 특정 기계에 의해 생성된 불량품의 개수를 기록했다. 수집된 데이터는 다음과 같다.

불량품 개수(x)	빈도(f)	fx
0	5	0
1	16	16
2	10	20
3	10	30
4	12	48
5	4	20
6	4	24
	$\sum f = 61$	$\sum fx = 158$

평균은 다음과 같다.

$$\bar{x} = \frac{\sum fx}{\sum f} = \frac{158}{61} = 2.590$$

평균 – 그룹화된 빈도분포

다음의 빈도표는 표본으로 선택된 사용자가 웹사이트를 한 번 방문할 동안에 브라우징 시간(분)을 보여 준다.

브라우징 시간	중위수(x)	빈도(f)	fx
1~15	8	10	80
16~30	23	26	598
31~45	38	42	1596
46~60	53	36	1908
61~75	68	15	1020
76~90	83	9	747
		$\sum f = 138$	$\sum fx = 5949$

평균은 다음과 같다.

$$\bar{x} = \frac{\sum fx}{\sum f} = \frac{5949}{138} = 43.109$$

결합평균

광대역 사업자는 고객의 문의와 불만을 처리하는 영국에 기반을 둔 세 곳의 콜센터를 보유하고 있다. 각 콜센터 직원의 수와 평균 연령은 다음 표에 나타난다.

	맨체스터	글래스고	카디프
직원 수	1560	1240	985
직원 평균 연령	32	28	25

모든 콜센터들의 직원의 연령에 대한 결합평균은

$$\bar{x} = \frac{n_1\bar{x}_1 + n_2\bar{x}_2 + n_3\bar{x}_3}{n_1 + n_2 + n_3} = \frac{(1560 \times 32) + (1240 \times 28) + (985 \times 25)}{1560 + 1240 + 985} = \frac{109265}{3785} = 28.868$$

가중평균

요크셔대학교 경영학부에서는 학부 첫 학기에 전공필수 과목으로 비즈니스 통계를 가르친다. 다음 표는 강의 평가 방법이다.

평가 항목	가중값
주 단위 숙제	20%
시험	30%
프로젝트 리포트	50%

한 명의 학생이 매주 내는 숙제의 점수는 74%, 기간 시험은 88%, 프로젝트 보고서는 52%를 받았을 경우, 학생의 최종 평가 점수(가중평균)는

$$\bar{x} = \frac{w_1 x_1 + w_2 x_2 + w_3 x_3}{w_1 + w_2 + w_3} = \frac{(0.2 \times 0.74) + (0.3 \times 0.88) + (0.5 \times 0.52)}{0.2 + 0.3 + 0.5} = 67.2\%$$

중위수

순서대로 정리된 데이터를 반으로 나누는 중간값이 그 데이터의 **중위수**(median)이다. 데이터의 반은 중위수보다 작은 값들이고, 나머지 절반은 중위수보다 큰 모든 값을 나타낸다.

데이터 개수가 홀수일 경우, 중위수는 실제로 데이터의 값 중 하나이며 중간값이다. 하지만 데이터 개수가 짝수인 경우에는 정확한 중간값이 없기 때문에 중간에서 가장 가까운 2개 값의 평균으로 중위수를 계산한다.

슈퍼마켓 10번과 14번 계산대에서 고객들이 쓴 금액(파운드)을 나타내는 다음 데이터들을 살펴보자.

	고객 1	고객 2	고객 3	고객 4	고객 5
계산대 10	6.04	12.99	30.22	56.70	58.94

10번 계산대에 계산을 하기 위해 줄 서 있는 고객들의 수는 홀수이기 때문에 중간 위치에 서 있는 고객이 쓴 금액을 확실하게 알 수 있다—데이터에 속해 있는 값, 30.22파운드를 3번째 고객이 썼다.

	고객 1	고객 2	고객 3	고객 4	고객 5	고객 6
계산대 14	4.68	19.01	45.66	47.12	61.25	61.27

그러나 14번 계산대에 대한 데이터의 수는 짝수이기 때문에 데이터의 중간 위치가 없다. 이 경우에, 우리는 중간에서 가장 가까운 두 값의 평균을 계산한다. 이 두 값은 14번 계산대에서 고객 3

번째와 4번째 고객이 지불한 45.66파운드와 47.12파운드이다.

데이터의 크기가 작은 원자료의 경우 리스트를 순서대로 나열하여 중위수(또는 중간에서 가장 가까운 두 값)를 찾는 것이 매우 쉽다. 하지만 데이터가 많거나 데이터를 빈도분포로 나타냈을 경우 좀 더 일반적인 방법으로 중간의 데이터를 찾아야 한다. 데이터의 개수를 n이라고 나타낼 경우 다음과 같이 중위수를 찾을 수 있다.

- n이 홀수이고 단 하나의 중간값이 있을 경우 순서대로 정리된 데이터의 중위수의 **위치**는 다음 과 같은 공식으로 찾는다.

$$\frac{1}{2}(n + 1)$$

슈퍼마켓의 예제를 다시 들면 10번 계산대 앞에 서 있는 고객은 5명이기 때문에 중위수의 위 치는 $\frac{1}{2}(5+1)$로 계산되므로 세 번째 고객의 비용이 중위수이다.

- n이 짝수이면 중간에서 가장 가까운 두 값을 찾는다. 순서대로 정리된 데이터에서 이 두 값의 **위치**는

$$\frac{1}{2}n\text{과 } \frac{1}{2}n + 1\text{이다}$$

예를 들어, 14번 계산대에는 6명의 고객이 서 있기 때문에 중간에 가장 가까운 두 값의 위치는 $\frac{1}{2}(6)$, $\frac{1}{2}(6) + 1$, 즉 (3, 4)이므로 세 번째와 네 번째 고객의 비용을 나타낸다.

빈도분포의 중위수를 찾을 때 누적빈도를 사용한다. 다음 네 단계를 사용해 중위수를 찾으시오.

1. 빈도의 총합을 보고 분포의 데이터의 개수가 홀수인지 짝수인지 알아본다.
2. 중간 데이터(들)의 위치를 $\frac{1}{2}(n + 1)$, 또는 $\frac{1}{2}n$과 $\frac{1}{2}n + 1$을 사용한다.
3. 실제 중간 데이터(들)을 찾기 위해 누적빈도를 사용한다.
4. 데이터의 개수가 홀수일 경우, 중위수는 세 번째 단계에서 계산된다. 데이터의 개수가 짝수일 경우, 중위수는 중간에서 가장 가까운 두 값의 평균이다.

그룹화된 빈도분포에서는 데이터의 개별값을 알 수 없기 때문에 좀 더 복잡한 방법을 사용해서 중위수를 찾아야 한다. 이 경우 데이터의 중간값(들)을 포함한 계급에 다음과 같은 식을 적용해서 중위수를 추정할 수 있다.

$$b + \left(\frac{\frac{1}{2}n - f}{f_m}\right)w$$

여기서

- b는 중위수 계급의 낮은 계급 경계를 나타낸다.
- f은 중위수 계급 전의 모든 계급들의 총 빈도 합을 나타낸다.
- f_m은 중위수 계급의 빈도를 나타낸다.
- w는 중위수 계급의 너비이다.

그룹화된 빈도분포에 대한 중위수는 다음과 같은 네 가지 단계를 거쳐 찾을 수 있다.

1. 빈도의 총합을 보고 분포의 데이터의 개수가 홀수인지 짝수인지 알아본다.
2. 중간 데이터(들)의 위치는 $\frac{1}{2}(n + 1)$이거나 $\frac{1}{2}n$과 $\frac{1}{2}n + 1$이다.
3. 누적빈도를 사용해서 어느 계급에 중위수가 있는지 찾는다. 이 계급이 중위수 계급이다.
4. 앞의 중위수 계산 공식을 중위수 계급에 적용한다.

중위수는 이산 또는 연속 질적자료에 적합하지만, 수치가 없는 양적자료에는 적합하지 않다. 중위수는 데이터의 나머지 데이터에 비해 비정상적인 수치인 극단값의 영향을 받지 않기 때문에 저항성(resistant)이 있다고 표현할 수 있다.

예제-중위수

중위수 - 원자료

다음 표는 2010년 영국에서 무연 휘발유의 평균 가격을 리터당 펜스로 나타낸 것이다.

111.8	112.1	116.1	120.5	121.5	118.1	117.5	116.1	115.2	111.7	119.1	122.1

데이터를 순서대로 나열하면,

111.7	111.8	112.1	115.2	116.1	116.1	117.5	118.1	119.1	120.5	121.5	122.1

데이터 개수가 12로 짝수이므로, 중위수는 중간에 가장 가까운 두 값의 평균으로 계산된다. $\frac{1}{2}(12)$, $\frac{1}{2}(12) + 1$을 사용하여 6번째와 7번째 데이터를 찾을 수 있다. 6번째 값은 116.1이고 7번째 값은 117.5이므로 평균은 다음과 같이 계산되고, 이 값이 중위수이다.

$$\frac{116.1 + 117.5}{2} = 116.8$$

중앙값 - 빈도분포

공장의 품질 관리 부서는 두 달 동안 매일 특정 기계에 의해 생산된 제품 중 불량품의 개수를 기록했다. 수집된 데이터는 다음과 같다.

불량품 개수(x)	빈도(f)	누적빈도
0	5	5
1	16	21
2	10	31
3	10	41
4	12	53
5	4	57
6	4	61
	$\sum f = 61$	

데이터 개수(61)가 홀수이므로 중위수는 중간 데이터이다. $\frac{1}{2}(61 + 1)$을 사용해 31번째 데이터가 중간 값이라는 것을 알 수 있다. 누적 빈도열은 첫 번째 5개의 데이터는 '0'이고, 6번째부터 21번째 데이터는 '1'이고 22번째부터 31번째 데이터는 '2'라고 나타낸다. 그러므로 이 분포에서는 31번째 데이터, 즉 중위수는 '2'이다.

중앙값 – 그룹화된 빈도분포

다음의 빈도표는 표본으로 선택된 사용자가 웹사이트를 한 번 방문하여 쓰는 브라우징 시간(분)을 보여 준다.

브라우징 시간	빈도(f)	누적빈도
1~15	10	10
16~30	26	36
31~45	42	78
46~60	36	114
61~75	15	129
76~90	9	138
	$\sum f = 138$	

데이터의 개수는 짝수이기 때문에, 138, 중위수는 중간에 가장 가까운 두 값의 평균으로 계산된다. $\frac{1}{2}(138)$과 $\frac{1}{2}(138) + 1$을 사용하면 69번째와 70번째 데이터를 찾을 수 있다.

누적 빈도열은 첫 번째 10개의 데이터는 1~15계급에 포함되어 있고, 11번째부터 36번째 데이터는 16~30계급에 포함되어 있고, 37번째부터 78번째(69번째와 70번째)를 포함한) 데이터는 31~45계급에 속해 있다는 것을 나타낸다. 따라서 중위수 계급은 31~45이고 다음과 같은 공식을 사용해서 중위수의 추정치를 계산할 수 있다.

$$b + \left(\frac{\frac{1}{2}n - f}{f_m}\right)w = 30.5 + \left(\frac{\frac{1}{2} \times 138 - 36}{42}\right) \times 15 = 42.286$$

여기서

- b는 중위수 계급의 낮은 계급 경계를 나타낸다. = 30.5
- f는 중위수 계급 전의 모든 계급들의 총 빈도 합이다. = 10 + 26 = 36
- f_m은 중위수 계급의 빈도를 나타낸다. = 42
- w는 중위수 계급의 너비이다. = 45.5 − 30.5 = 15

장단점

세 가지 중앙 위치 척도의 장단점을 다음과 같이 요약할 수 있다.

	평균	최빈값	중위수
이해와 계산이 용이하다.	대부분	항상	때때로
데이터 관측값 모두 사용한다.	예	아니요	아니요
질적자료에 적용한다.	아니요	예	아니요
양적자료에 적용한다.	예	예	예
극단값에 영향을 받는다.	받는다	받지 않는다	거의 받지 않는다
데이터에 관측된 값이다.	드물게	항상	때때로
요약값이 하나이다.	예	때때로	예

비교

데이터 유형에 따라 중앙 위치 척도로서 최빈값, 평균 또는 중위수 중 어느 것을 사용할지 결정한다.

　질적자료의 경우 사용할 수 있는 수치가 없기 때문에 평균 또는 중위수 대신 최빈값을 사용해야 한다. 양적자료에서도 최빈값이 사용될 수는 있지만 데이터가 다봉분포 또는 최빈값이 없을 경우 효과적이지 않다. 데이터에 수치가 포함된 경우, 일반적으로 평균과 중위수를 척도로 사용하는 것을 더 선호한다.

　데이터가 나머지 데이터와 다른 극단값들이 포함하고 있다면, 이러한 값들에 의해 영향을 받는 평균보다는 중위수를 사용하는 것이 중요하다. 극단값들을 포함하지 않는 수치 데이터의 경우 계산할 때 데이터들을 모두 사용할 수 있기 때문에 실질적으로 대표적 척도 중 평균을 사용하는 것이 좋다.

공장에서 직원들에게 지급되는 연봉(파운드)을 나타내는 다음과 같은 데이터를 살펴보자.

16,000	14,000	18,000	65,000	16,000	60,000	17,000	15,000

직원들에게 지급되는 연봉의 평균은 27,625파운드인데 8명중 6명이 9,000파운드 이하의 연봉을 받기 때문에 평균은 데이터를 정확하게 대표하지 않는다. 이런 데이터의 경우 평균이 2개의 높은 연봉에 큰 영향을 받기 때문에 적절한 척도가 될 수 없다.

연봉을 크기 순서대로 나열하면 데이터는 다음과 같다.

14,000	15,000	16,000	16,000	17,000	18,000	60,000	65,000

데이터를 가장 적합하게 대표하는 척도는 16,500파운드인 중위수이다. 중위수는 2개의 높은 연봉에 대해 큰 영향을 받지 않는다.

때때로 데이터를 대표할 하나의 값을 찾기 위해, 최빈값, 평균과 중위수를 모두 계산할 수도 있다. 이런 경우에는 달성하려는 목적을 가장 잘 나타낼 수 있는 중앙 위치 척도를 선택해야 한다.

이전 예제, 공장에서 매일 특정 기계를 사용해서 생산되는 제품 중 불량품의 개수를 나타내는 빈도분포에 대한 예제를 다시 한 번 살펴보자. 다음과 같은 결과가 계산되었다.

최빈값	평균	중위수
1	2.590	2

최빈값이 가장 낮은 불량품 개수를 나타내기 때문에 공장에서 영업 관리자가 예상 고객에게 판매

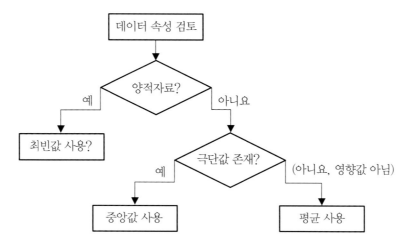

그림 5.1 평균, 중위수, 최빈값 중 중앙 위치 척도 결정 순서도

상담을 할 경우에는 최빈값을 중앙 위치 척도로 사용할 것이다. 하지만 공장 관리자가 경영진에게 새 기계를 구입해야 한다고 설득하고 싶은 경우에는 가장 높은 불량률을 나타내는 평균을 기계의 성능에 대한 보고서에 사용할 것이다.

그림 5.1은 데이터 값의 속성에 따라 어느 척도를 사용하는 것이 적합한지를 결정하는 순서도이다. 적절한 척도를 선택하기 위해서는 데이터의 속성과 특정 상황에 대하여 통계 자료가 나타내는 것이 무엇인지 이해하는 것이 중요하다.

힌트와 팁

최빈값 – 빈도분포

빈도분포의 최빈값을 찾을 때 해당 빈도를 사용하지 않고 실제 데이터 값을 기록했는지를 확인한다. 다음의 분포에서, 최빈값은 '47'이 아니라 '4'이다.

x	빈도(f)
1	5
2	14
3	36
4	47
5	22

평균 – 빈도분포

빈도분포에서 평균을 구하는 공식의 분모는 분포의 행의 개수가 아니라 빈도의 합인 것을 기억한다.

다음 표에서 평균을 계산할 때 분모는 '6'이 아니라 '79'이다.

x	빈도(f)	fx
52	8	416
53	10	530
54	16	864
55	17	935
56	16	896
57	12	684
	$\sum f = 79$	$\sum fx = 4325$

6행

중앙값 – 원자료

중위수를 찾기 전에 원자료를 오름차순으로 나타내야 한다.

| 42 | 37 | 96 | 12 | 71 | 43 | 22 |

원자료 데이터를 오름차순으로 나열했을 때 중위수는 '12'가 아니고 '42'이다.

| 12 | 22 | 37 | 42 | 43 | 71 | 96 |

중앙값 – 그룹화된 분포함수

그룹화된 빈도분포의 경우 올바른 결과를 얻을 수 있도록 개별 구성 요소를 적절한 순서로 계산하는 것이 필수적이다.

1. $\frac{1}{2}n$을 찾는다.
2. f를 결과에서 뺀다.
3. 결과를 f_m으로 나눈다.
4. 결과를 w로 곱한다.
5. b를 결과에 더한다.

다음 예를 이용해 올바른 순서를 연습해 보시오.

$$b + \left(\frac{\frac{1}{2}n - f}{f_m} \right) w = 24.5 + \left(\frac{\frac{1}{2} \times 42 - 12}{17} \right) \times 10 = 29.794$$

엑셀 활용하기

엑셀에 있는 내장 통계함수를 원자료의 최빈값, 평균과 중위수를 계산하는 데 사용할 수 있다. 하나의 행 또는 열에 각 데이터를 입력한 뒤 **수식** 탭을 사용해서 적절한 함수를 선택한다.

다음 스크린 샷들은 이전 2010년 영국에서 무연 휘발유의 평균 가격을 리터당 펜스로 나타낸 예제의 원자료를 사용해 각 중앙 위치 척도를 찾는 절차를 보여 준다.

| 111.8 | 112.1 | 116.1 | 120.5 | 121.5 | 118.1 | 117.5 | 116.1 | 115.2 | 111.7 | 119.1 | 122.1 |

최빈값

함수	설명	구문
MODE.SNGL	데이터에서 빈도가 가장 높은 관측값	MODE.SNGL(숫자1, 숫자2, …)

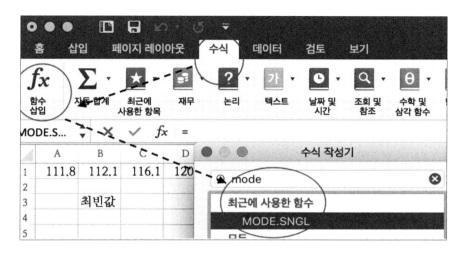

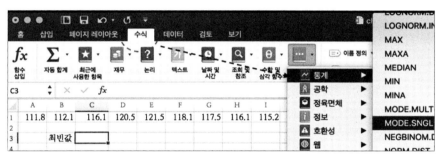

기능상 데이터에서 다른 관측값보다 빈도 높은 값이 없을 경우 **MODE.SNGL** 함수는 '값을 얻을 수 없다.'라는 오류가 발생한다. 이 경우에는 셀에 **#N/A**라는 오류가 나타난다. 데이터가 하나 이상의 최빈값을 가지고 있을 때 함수는 최빈값들 중 최소 수치를 최빈값으로 나타낼 것이다.

평균

함수	설명	구문
AVERAGE	데이터의 평균을 계산	AVERAGE(숫자1, 숫자2, …)

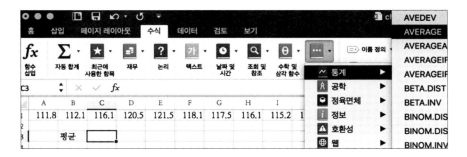

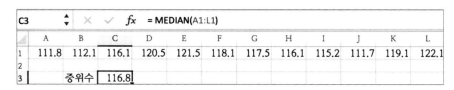

중위수

함수	설명	구문
MEDIAN	데이터의 중위수를 계산	MEDIAN(숫자1, 숫자2, …)

빈도와 그룹화된 빈도분포

데이터가 빈도분포 또는 그룹화된 빈도분포에 의해 표현되는 경우, 최빈값, 평균과 중위수를 엑셀을 사용하여 찾을 때 여러 가지 공식과 내장함수의 조합을 사용해야 한다.
내장 함수 **SUMPRODUCT**는 이러한 상황에서 특히 유용하다.

함수	설명	구문
SUMPRODUCT	각 배열에서 대응하는 성분의 곱들의 합을 계산	SUMPRODUCT (배열1, 배열2, …)

공장에서의 품질 관리 부서가 두 달 동안 매일 특정 기계가 생산한 제품들의 불량품의 개수를 기록한 예제에서, 엑셀을 사용해 다음과 같이 빈도분포의 평균을 계산할 수 있다.

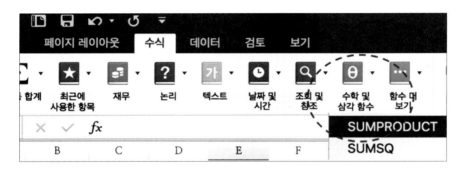

C11 f_x =SUMPRODUCT(B3:B9,C3:C9)/SUM(C3:C9)

	A	B	C	D	E	F
1		불량품 수	빈도			
2		x	f			
3		0	5			
4		1	16			
5		2	10			
6		3	10			
7		4	12			
8		5	4			
9		6	4			
10						
11		평균	2.59			

결합평균과 가중평균

결합평균과 가중평균을 계산하기 위해 엑셀에서 매우 간단한 공식을 사용할 수 있다.

결합평균

광대역 사업자는 고객의 문의와 불만을 처리하는 영국에 기반을 둔 세 곳의 콜센터를 보유하고 있다. 각 콜센터 직원의 수와 평균 연령은 다음 표에 나타난다.

B5	f_x =SUMPRODUCT(B2:D2,B3:D3)/SUM(B2:D2)				
	A	B	C	D	E	F
1		Manchester	Glasgow	Cardiff		
2	직원 수	1,560	1,240	985		
3	나이 평균	32	28	25		
4						
5	결합평균	28.868				

가중평균

요크셔대학교의 경영학부에서는 학부 첫 학기에 전공필수 과목으로 비즈니스 통계를 가르친다. 다음 표는 성적평가 방법이다. 한 명의 학생이 매주 내는 숙제의 점수는 74%, 기간 시험은 88%와 프로젝트 보고서는 52%를 받았을 경우, 학생의 최종 점수, 즉 가중평균은 다음과 같이 계산된다.

C11	f_x =SUMPRODUCT(C7:C9,D7:D9)			
	A	B	C	D	E
6		평가항목	가중값	학생	
7		주단위 숙제	20%	0.74	
8		시험	30%	0.88	
9		프로젝트	50%	0.52	
10					
11		성적	67.2%		

연습문제

1 다음은 지난 6년 동안 주요 슈퍼마켓의 세전 수익(십억 파운드)을 기록했다.

48.35	40.28	39.11	44.76	42.87	38.65

(a) 중위수를 찾으시오.

(b) 평균을 계산하시오.

(c) 슈퍼마켓은 이 기간 동안의 평균 수익을 보도 자료로 발표하고 싶어 한다. 보도자료에 슈퍼마켓은 평균과 중위수 중 어느 값을 사용해야 하는가? 답변에 대한 이유를 설명하시오.

2 토요일에 거리 상점에서 보조판매원으로 일하는 대학생들의 시급에 대해 질문했다. 남학생들은 여학생이 더 높은 시급을 받는다고 주장했지만, 여학생들은 동의하지 않았다. 각자의 시급(파운드)은 다음 빈도표에 나타난다.

시급	남학생 빈도	여학생 빈도
5.25	5	6
5.75	8	3
6.25	8	3
6.75	3	15
7.25	6	3

(a) 남학생과 여학생의 평균 시급을 계산하시오.

(b) 여학생과 남학생 중 시급이 더 높은 그룹을 결정하시오.

3 지난 5년 동안 중등 학교 수준의 수학 교사 교육 과정에 등록한 학생들의 수를 기록했다. 등록된 학생들의 평균은 981로 계산되었다. 텔레비전 모집 캠페인의 결과로 이번 해에 1,002명의 학생들이 등록했다.

(a) 이것이 등록하는 평균 학생 수에 미칠 영향을 설명하시오.

(b) 6년의 기간 동안 수집된 데이터에 대한 평균을 계산하시오.

4 다음 빈도표는 도시 중앙에 위치한 호텔에서 12주 동안 매일 투숙된 객실의 개수를 보여준다.

투숙한 객실 수	빈도(f)
50~59	6
60~69	17
70~79	32
80~89	21
90~99	5
100~109	3

(a) 최빈계급을 기록하시오.

(b) 사용된 객실의 평균과 중위수를 계산하시오.

(c) 호텔 매니저는 매일 밤 적어도 70개의 객실이 사용되어야 수익이 발생한다는 것을 알고 있다. (b)에서 계산된 답을 사용하여 호텔 매니저가 수익성을 걱정해야 하는지 아닌지를 적으시오. 당신의 판단에 대해 그 이유를 설명하시오.

5 모집단 조사에서 한 지역에서 각 가정에 살고 있는 사람들의 수를 조사하였다. 수집된 데이터는 다음과 같다.

5	2	2	1	3	4	2	5	6	3
2	4	4	4	1	3	1	3	5	4
6	2	3	3	1	2	5	4	5	4
2	1	2	4	3	5	3	4	4	6

(a) 빈도분포를 만드시오.

(b) 각 가정당 살고 있는 사람들의 평균 수를 계산하시오.

(c) 평균 수보다 더 많은 거주자가 있는 가정의 수를 기록하시오.

(d) 데이터의 평균이 최빈값보다 더 큰가?

(e) 이 데이터들의 중위수를 계산하시오.

6 어느 중앙 위치 척도가 데이터 극단값에 의해 영향을 받지 않는가?

(a) 중위수와 최빈값

(b) 평균과 최빈값

(c) 중위수와 평균

7 2개의 인접 거리에 있는 가정들이 사용하는 일일 물 사용량을 기록하고 비교하기로 결정하였다. 수집된 데이터를 나타낸 빈도표는 다음과 같다.

일일 물 사용량(리터)	거리 A 빈도	거리 B 빈도
135~139	6	4
140~144	14	12
145~149	16	11
150~154	24	28
155~159	27	26
160~164	15	18
165~169	15	14

(a) 각 거리의 최빈 계급은 무엇인가?

(b) 각 거리의 추정 평균을 비교하여 어느 쪽이 평균 일일 물 사용량이 더 많은지를 말하시오.

8 다국적 조직을 위해 일하고 있는 8명의 비즈니스 분석가 팀의 총 연봉은 639,480파운드이다. 이 조직에 의해 고용된 비즈니스 분석가들의 평균 연봉은 얼마인가?

9 회계 법인은 많은 국제 고객을 보유하고 있다. 법인이 의뢰인이 거주하는 지역으로 전화 통화한 분당 비용을 분석한 뒤 수집된 데이터를 다음 표에 나타냈다.

분당 전화비	통화 회수
5~14	10
15~24	7
25~34	3
35~44	18
45~54	4
55~64	1

(a) 국제 전화의 분당 추정 평균 비용을 계산하시오.

(b) 빈도분포의 최빈계급을 기록하시오.

(c) 이 데이터의 중위수 추정치를 계산하시오.

10 매출이 많은 신문 판매소에서 구매자들이 구입한 복권 수에 대해 질문한 뒤 조사 결과를 다음 표에 나타낸다.

복권 수	0	1	2	3	4	5	6	7	8	9	10
빈도(f)	15	8	12	26	24	32	9	8	8	2	1

(a) 몇 명의 구매자가 구입한 복권의 수에 대한 정보를 제공했는가?

(b) 구입한 티켓의 최빈값을 계산하시오.

(c) 평균과 중위수를 계산하시오.

(d) 같은 상점에서 다른 한 명의 구매자에게 구매 복권 수에 대해 질문한다면 몇 장의 복권을 구입했을 거라고 추정할 수 있는가?

11 유명 부동산 에이전트는 영국 남동부 쪽에 11개의 지부가 있다. 작년에 각 지부 직원들의 병가 일수의 평균은 다음과 같다.

지부	A	B	C	D	E	F	G	H	I	J	K
병가 평균 일수	4.3	6.1	3.2	55.9	8.2	3.9	2.6	1.7	3.7	6.4	1.6

(a) 이 데이터의 평균과 중위수를 계산하시오.

(b) 평균이 이 데이터에 대한 평균값으로 적절한 척도가 아닌 이유를 설명하시오.

인적자원부서에서는 D지점에서 근무하는 직원이 실제로 지난 한 해 동안 조퇴 일수로 5.9일을 사용했는데 표에 55.9로 잘못 기록된 것을 발견하였다.

(c) D지점에 대한 정확한 값을 이용하여 평균과 중위수를 계산하시오.

(d) 이 수정은 평균과 중위수에 어떤 영향을 미치는가?

12 데이터에 대해 어떤 중앙 위치 척도가 단 하나의 값을 가지는가?

(a) 중위수와 최빈값

(b) 평균과 최빈값

(c) 중위수와 평균

13 회사는 스포츠 애호가와 음악 애호가를 위한 무료 모바일 앱을 3개월 동안 선보이고 각 앱의 일일 다운로드 수를 비교하기로 결정한다. 다음과 같은 데이터가 기록되었다.

일일 다운로드 수(천)	과학 앱	음악 앱
1~5	2	78
6~10	10	6
11~15	28	3
16~20	45	2
21~25	6	2
26~30	1	1

(a) 각 앱의 최빈계급은 무엇인가?

(b) 각 앱의 추정 평균 다운로드 수를 비교한 뒤 어느 앱이 더 높은 일일 평균 다운로드 비율을 가지고 있는지 설명하시오.

14 자동차 판매 대리점의 신차 판매 월 매출(천 파운드)을 조사한 결과이다.

92	137	84	70	95	102	110	146	84	68	97	86

(a) 최빈값을 기록하시오.

(b) 이 데이터의 중위수를 계산하시오.

(c) 평균 월 매출을 계산하시오.

15 대형 슈퍼에서 판매되는 각기 서로 다른 종류의 빵 800g 가격에 대한 빈도분포는 다음 표에 나타난다.

가격(십 단위 근사 값)	빈도(f)	누적빈도
90	4	4
100	8	12

110	11	23
120	23	46
130	19	65
140	5	70

(a) 800g 빵 덩어리의 몇 가지 종류가 슈퍼마켓에서 판매되는가?

(b) 최빈가격을 기록하시오.

(c) 이 데이터의 중위수를 계산하시오.

(d) 빵 한 덩어리의 평균 가격을 계산하시오.

16 8년의 기간 동안 영국 공항에서 평균 비행 지연 시간을 '분'으로 기록해서 전세기의 시간 엄수에 대해 분석했다.

22.9	19.6	23.4	27.7	26.9	26.8	30.5	19.1

(a) 이 데이터의 평균을 찾으시오.

(b) 이 데이터의 중위수를 계산하시오.

다음 해에는 평균 비행 지연 시간은 28.5분이었다.

(c) 이 사실이 평균과 중위수에 어떤 영향을 미치는지 기록하시오.

17 두 달 동안 두 자매의 전화 통화 시간을 '분'에 가장 가깝게 기록하였다.

126	90	83	68	85	114	88	80	103	90	93	92	72	79	117

(a) 최빈값을 기록하시오.

(b) 평균 통화 시간을 계산하시오.

(c) 통화 시간의 중위수를 계산하시오.

18 90명의 대학생들이 상급 거시경제학 여름 계절 강좌 수업에서 얻은 학점은 다음과 같다.

B	D	D	C	C	A	D	C	F	C	C	D	B	D	C	B	C	A	B	B
E	D	A	E	A	C	A	A	E	C	E	D	E	A	D	B	F	C	C	C
C	D	B	A	D	A	D	C	C	C	B	E	E	D	B	D	A	D	C	C
A	C	C	C	B	B	F	E	E	B	B	B	B	F	C	D	C	C	C	C
A	C	C	E	B	D	D	C	B	D

(a) 빈도분포표를 만드시오.

(b) 이 데이터의 최빈값을 구하시오.

19 다음의 표는 숫자 능력에 초점을 맞춘 객관식 심리 테스트에서 취업 지원자들이 성취한 점수를 보여 준다.

점수(10점 만점)	빈도(f)
0	2
1	3
2	0
3	2
4	12
5	26
6	23
7	19
8	16
9	8
10	5

(a) 시험에서 7점 이상을 얻은 지원자의 수를 기록하시오.

(b) 이 데이터의 중위수와 평균을 계산하시오.

(c) 최빈 시험점수는 얼마인가?

20 런던 시에서 일하는 700명의 변호사에게 그들의 연봉(천 파운드)을 알려달라고 요청했다. 수집된 데이터는 다음과 같다.

연봉	빈도(f)
20~39	16
40~59	53
60~79	85
80~99	104
100~119	214
120~139	162
140~159	36
160~179	21
180~250	9

(a) 최빈계급을 기록하시오.

(b) 연봉의 평균과 중위수의 추정치를 계산하시오.

(c) 채용 캠페인의 일환으로 어느 한 법률법인은 런던 시에서 근무하는 변호사의 평균 연봉을 사용하기로 결정한다. 캠페인에 평균값과 중위수 중 어느 값을 사용해야 할지를 그 이유와 함께 기록하시오.

21 다음 막대도표는 대도시에서 직장을 다니는 남성과 여성의 직업 종류에 대한 분류를 보여 준다.

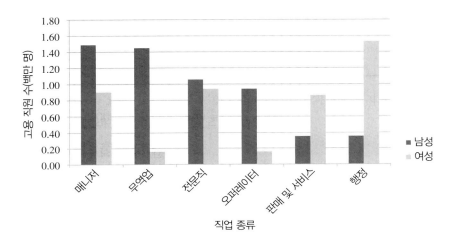

(a) 남성 고용의 최빈유형은 무엇인가?

(b) 여성 고용의 최빈유형은 무엇인가?

22 쇼핑객이 크리스마스 전 토요일에 시내 중심가 주차장에서 주차를 하기 위해 소비한 시간에 대한 빈도분포를 다음 표에 나타냈다.

시간	빈도(f)	누적빈도
1	32	32
2	44	76
3	83	159
4	30	189
5	24	213

(a) 그날 시내 중심가 주차장을 사용한 쇼핑객은 몇 명이었는가?

(b) 주차장에서 소비한 시간의 최빈값을 기록하시오.

(c) 이 데이터의 중위수를 계산하시오.

(d) 쇼핑객이 주차장에서 소비한 시간의 평균을 계산하시오.

23 다음의 표는 하루에 90명의 10대들이 보낸 문자 메시지의 수를 보여 준다.

문자 메세지 수	빈도(f)
20~39	5
40~69	14
70~99	20
100~129	35
130~159	12
160~200	4

이 데이터를 사용하여

(a) 최빈계급을 기록하시오.

(b) 평균을 추정하시오.

(c) 중위수를 추정하시오.

24 다음 표는 7월과 8월 동안 대륙의 인기 있는 휴양지에서 사용된 일주일간의 취사 비용(1인당 파운드)을 정리한 것이다.

7월				8월			
1주	2주	3주	4주	1주	2주	3주	4주
505	545	575	575	355	585	560	565

(a) 평균을 찾으시오.

(b) 이 데이터의 중위수를 계산하시오.

(c) 1인당 소비한 최빈가격은 얼마인가?

여행사는 휴가 안내 책자에 8월 첫째 주 1인당 가격이 잘못 적혀 있는걸 발견하였다. 인쇄된 355파운드의 실제 가격은 555파운드였다.

(d) 이 수정은 평균, 중위수, 최빈값에 어떤 영향을 미치는가?

25 남동부에 있는 3개의 IT 기업들이 각 사무실에서 다양한 업무를 담당하게 될 새로운 졸업생들을 채용했다. 다음 표에서 채용된 졸업생들의 수와 평균 초봉(파운드)을 보여 준다. 세 회사에 채용된 새로운 졸업생의 평균 연봉을 계산하시오.

	기업 1	기업 2	기업 3
채용된 졸업생 수	5	16	2
평균 초봉	21,712	23,160	18,933

26 다음 표는 비즈니스 공원에 위치한 사무실을 가진 기업들의 직원 수를 보여 준다.

종업원 수	1~10	11~50	51~150	151~250
기업 수	4	17	21	18

(a) 기업들의 몇 퍼센트가 150명 이상의 직원을 고용했는가?

(b) 최빈계급을 구하시오.

(c) 이 데이터의 추정 평균과 추정 중위수의 차이를 계산하시오.

27 다음 표는 마을 중심가에 있는 방 2개 아파트의 월세(파운드)를 보여 준다.

2,000	1,750	1,500	1,250	1,750	2,000	1,500
2,250	2,250	1,250	2,500	2,000	1,750	1,500
1,750	2,000	1,250	1,250	1,250	2,250	1,250
1,750	2,500	2,500	1,750	1,500	2,500	1,250

(a) 이 데이터의 빈도분포를 만드시오.

(b) 평균 월세를 계산하시오.

(c) 평균 월세보다 더 높은 월세를 내는 아파트의 수를 기록하시오.

(d) 월세의 평균이 최빈월세보다 큰가?

(e) 이 데이터의 중위수를 계산하시오.

28 광대역 사업자는 고객의 문의와 불만을 처리하는 영국 기반의 세 곳의 콜센터를 보유하고 있다. 각 콜센터 직원의 수와 평균 연령은 다음 표에 나타난다.

	맨체스터	글래스고	카디프
직원 수	1,560	1,240	985
직원 평균 나이	32	28	25

콜센터 직원의 평균 연령을 계산하시오.

29 세계 여러 나라에 지사를 가지고 있는 보험 회사는 직원들의 국적을 알아보기 위한 조사를 실시하고자 한다. 수집된 데이터를 가장 잘 요약하는 중앙 위치 척도는 어느 것인가?

(a) 최빈값

(b) 중위수

(c) 평균

30 5년 동안 인기 있는 유명 도시 박물관을 방문한 관광객의 수는 20,700,000이다. 연간 평균 방문자 수를 계산하시오.

31 에든버러에 있는 렌터카 회사는 표본 고객들의 연령을 기록하기로 결정하였다. 수집된 데이터는 다음 표에서 나타냈다.

연령	고객 수
20~29	15
30~39	22
40~49	57
50~59	33
60~69	21

(a) 고객의 추정 평균 연령을 계산하시오.

(b) 이 빈도분포의 최빈계급을 기록하시오.

(c) 이 데이터의 중위수의 추정치를 계산하시오.

32 제조 회사의 관리자는 직원들이 회사에 지각한 날의 횟수에 관심이 있다. 특히 그는 남자 직원이 여자 직원보다 회사에 정시에 출근하는지를 알아보고자 한다. 55명의 남자와 55명의 여자 직원을 포함한 표본에 대한 결과를 기록한 것은 다음과 같다.

주간 지각 횟수	남자 빈도	여자 빈도
0	9	23
1	10	14
2	8	9
3	12	6
4	9	2
5	7	1

남자 직원의 평균과 여자 직원의 평균을 계산한 뒤 남자 직원과 여자 직원들 중 일주일에 지각하는 날의 평균이 더 적은 그룹을 찾으시오.

33 어느 한 가정이 겨울철 동안 사용한 가스와 전기의 양을 측정하였다. 데이터는 다음의 표에 나타냈다.

월	9월	10월	11월	12월	1월	2월
가스	39	47	49	56	64	66
전기	430	418	436	439	441	425

(a) 월 평균 가스 사용량을 계산하시오.

(b) 월 평균 전기 사용량을 계산하시오.

(c) 각 데이터에 대한 중위수를 계산하시오.

(d) 주택 소유주는 자신의 집을 좋은 가격에 매매하기 위해 예상 구매자에게 월 평균 가스와 전기 사용량을 제공할 필요가 있다고 생각했다. 예상 구매자에게 각 가스와 전기 사용료의 평균과 중위수 중 어느 것을 사용할 것인지를 그 이유와 함께 기록하시오.

34 남쪽 동부 마을에서 매매되는 부동산 가격은 다음 표와 같다.

평균 매매가격(천 파운드)	주택 수
101~200	87
201~300	161
301~400	115
401~500	60
501~600	33
601~700	14
701~800	9
801~900	9

이 데이터를 사용해서

(a) 최빈계급을 기록하시오.

(b) 평균 추정치를 찾으시오.

(c) 중위수를 추정하시오.

35 관찰치가 짝수일 때 중위수는

(a) 데이터의 두 중간값의 평균이다.

(b) 계산이 불가능하다.

(c) 오름차순으로 나열된 데이터의 두 중간값의 평균이다.

36 교통 관찰 시스템은 30mph 속도 제한이 있는 도시 중심가를 지나다니는 차량의 속도를 기록하였다.

속도(mph)	28	29	30	31	32	33	34	35	36	37	38
차량 대수	2	5	12	20	26	23	19	16	9	4	1

(a) 최빈속도를 기록하시오.

(b) 이 데이터의 평균과 중위수를 계산하시오.

(c) (a)와 (b)의 답에 근거하면 이 길을 따라 이동할 때의 차의 기대 속도는 얼마인가?

37 잘 알려진 자동차 보험 회사가 새로운 고객들을 모집하기 위해 고가의 TV 광고 캠페인을 시작하기로 하였다. 회사의 관리자는 20개의 온라인 인용률을 임의로 선택한 뒤 비율을 가장 가까운 파운드로 다음 그림과 같이 나타냈다.

371	256	239	472	412	365	227	416	509	367
262	198	343	375	299	659	701	325	361	218

(a) 이 데이터의 중위수를 찾으시오.

(b) 이 데이터의 평균을 계산하시오.

(c) 보험 회사는 광고 캠페인에 어느 중앙 위치 척도를 사용해야 하는가? 답변에 대한 이유를 설명하시오.

38 카메라와 비디오 장비 전문 매장은 고객이 구매를 결정하기 전에 경험이 많은 판매 사원과 상품에 관한 상담을 한 시간이 얼마나 되는지 알고자 한다. 다음과 같은 데이터가 기록되었다.

상담 시간(분)	고객 수
0~4	11
5~9	16
10~14	23
15~19	39
20~24	15
25~29	14

(a) 고객의 몇 퍼센트가 판매 사원과의 상담 시간이 15분 미만이었는가?

(b) 최빈계급을 적으시오.

(c) 추정 평균과 추정 중위수의 차이를 계산하시오.

39 선거 당일, 2개의 가장 인기 있는 정당의 시간당 득표수를 기록하였다. 데이터는 다음의 표에 나타내었다.

정당 A	정당 B
56	35
64	98
66	133
79	142
116	168
134	151

〈계속〉

106	103
124	98
112	64
79	32
62	29
50	14

(a) 각 정당에 대한 시간당 득표 수의 평균을 계산하시오.

(b) 각각의 경우에 최빈 득표수를 기록하시오.

(c) 각 데이터에 대한 중위수를 찾으시오.

(d) 정당 B의 높은 지지율을 보여 주기 위해 중위수와 평균 중 어느 값을 사용해야 하는지를 그 이유와 함께 적으시오.

40 다음의 표는 토요일 밤 카디프 극장에서 로미오와 줄리엣 공연을 보기 위해 한 번의 거래로 예매된 티켓의 개수를 나타낸다.

예매 티켓 수	빈도(f)
2	75
3	41
4	62
5	27
6	12
7	11
8	7

(a) 4개 이상의 좌석이 예매된 거래의 수를 기록하시오.

(b) 이 데이터의 중위수와 평균을 계산하시오.

(c) 최빈 예매 티켓 수는 얼마인가?

연습문제 해답

1 (a) n = 6이기 때문에 중위수는 3번째와 4번째 관찰값의 합의 반이다. 3번째 관찰값은 40.28이고 4번째 관찰값은 42.87이기 때문에 중위수는 41.575이다.

(b) $\sum x$ = 254.02, n = 6, 평균은 42.337이다.

(c) 두 값 중 더 큰 값은 평균이고 슈퍼마켓의 수익을 더 많게 나타내기 때문에 슈퍼마켓은 보도 자료를 낼 때 평균을 사용한다.

2 (a) 남학생 : $\sum x$ = 186, n = 30, 평균은 6.20파운드이다.

여학생 : $\sum x$ = 190.50, n = 30, 평균은 6.35파운드이다.

(b) 평균적으로, 여학생들이 더 높은 수당을 받는다.

3 (a) 1002 > 981이기 때문에 이런 수정은 평균을 증가시킨다.

(b) 6년 동안 등록한 학생들의 총 수는 (981 × 5) + 1002 = 5907이고, 새로운 평균은 984.5이다.

4 (a) 최빈계급은 최대 빈도 32를 가진 70~79계급이다.

(b) $\sum fx$ = 6368, $\sum x$ = 84, 평균은 75.810이다.

n = 84이기 때문에 중위수는 42번째와 43번째 관찰값의 합의 반이다. 42번째와 43번째 관찰값은 70~79계급에 포함되어 있기 때문에 70~79계급이 중위수 계급이다.

b는 낮은 계급 경계 = 69.5

f는 중위수 계급 전의 모든 계급들의 총 빈도 합 = 23

f_m은 중위수 계급의 빈도 = 32

w는 중위수 계급의 너비 = 10

중위수는 75.438이다.

(c) 추정 평균과 중위수 모두 70보다 크기 때문에 호텔 매니저는 수익성 걱정을 하지 않아도 된다.

5 (a) 빈도분포는 다음과 같다.

가구당 가구원 수(x)	빈도(f)	누적빈도	fx
1	5	5	5
2	8	13	16
3	8	21	24

4	10	31	24
5	6	37	30
6	3	40	18
	$\sum f = 40$		$\sum fx = 133$

(b) $\sum fx = 133$, $\sum x = 40$, 평균은 3.325이다.

(c) 19개의 가정에 평균보다 더 많은 사람이 거주하고 있었다.

(d) 최대 빈도 10을 가진 최빈값이 4이기 때문에 평균은 최빈값보다 크지 않다.

(e) $n = 40$이기 때문에 중위수는 20번째와 21번째 관찰값의 합의 반이다.

　20번째 관찰값은 3이고 21번째 관찰값도 3이기 때문에 중위수는 3이다.

6 옵션 (a). 중위수와 최빈값은 데이터의 극단값에 의해 크게 영향을 받지 않는다.

7 (a) 거리 A : 최빈계급은 최대 빈도 27을 가진 155~159계급이다.

　거리 B : 최빈계급은 최대 빈도 28을 가진 150~154계급이다

(b) 거리 A : $\sum x = 17984$, $n = 117$, 평균은 153.709이다.

　거리 B : $\sum x = 17461$ $n = 113$, 평균은 154.522이다.

　평균적으로 거리 B가 거리 A보다 일일 물 사용량이 더 많았다 .

8 $\sum x = 639480$, $n = 8$, 평균은 79,935파운드이다.

9 (a) $\sum fx = 1288.5$ $\sum f = 43$, 평균은 29.965p/분이다.

(b) 최빈계급은 최대 빈도 18을 가진 35~44계급이다.

(c) $n = 43$이기 때문에 중위수는 35~44계급에 속해 있는 22번째 관찰값이다. 그러므로 35~44계급이 중위수 계급이다.

　b는 낮은 계급 경계 = 34.5

　f는 중위수 계급 전의 모든 계급들의 총 빈도 합 = 20

　f_m은 중위수 계급의 빈도 = 18

　w는 중위수 계급의 너비 = 10

　중위수는 35.333p/분이다

10 (a) 145명의 구매자가 구입한 복권의 수에 대한 정보를 주었다.

(b) 최빈값은 최대 빈도 32를 가진 5이다.

(c) $\sum fx = 568$, $\sum f = 145$, 평균은 3.917이다.

n = 145이기 때문에 중위수는 73번째 관찰값 4이다.

(d) 4개의 티켓이 중위수, 평균과 가장 가까운 값이기 때문에 다음 쇼핑객이 구입할 티켓의 개수는 4라고 예상할 수 있다.

11 (a) $\sum x$ = 97.6, n = 11, 평균은 8.873이다. n = 11이기 때문에 중위수는 6번째 관찰값 3.9이다.

(b) 평균은 극단값 55.9의 영향을 받기 때문에 좋은 척도가 아니다.

(c) 새로운 $\sum x$ = 47.6, n = 11, 새로운 평균은 4.327이다.

n = 11이기 때문에 중위수는 6번째 관찰값 3.9이다.

(d) 중위수는 수정에 의해 영향을 받지 않고 평균은 작아졌다.

12 옵션 (c). 중위수와 평균은 단 하나의 값을 갖는다.

13 (a) 과학 앱의 경우, 최빈계급은 최대 빈도 45를 가진 16~20계급이다. 음악 앱의 경우, 최빈계급은 최대 빈도 78을 가지는 1~5계급이다.

(b) 과학 앱 : $\sum fx$ = 1426, $\sum f$ = 92, 평균은 15.5이다.

음악 앱 : $\sum fx$ = 431, $\sum f$ = 92, 평균은 4.685이다.

과학 앱이 음악 앱보다 더 높은 평균 일일 다운로드율을 가지고 있다.

14 (a) 두 번 발생한 84가 최빈값이다.

(b) n = 12이기 때문에 중위수는 6번째와 7번째 관찰값의 합의 반이다. 6번째 관찰값은 92이고 7번째 관찰값은 95이기 때문에 중위수는 93.5이다.

(c) $\sum x$ = 1171, n = 12, 평균은 97.583이다.

15 (a) 슈퍼마켓에서 구입할 수 있는 800g 빵 덩어리의 종류는 70가지이다.

(b) 최빈값은 최대 빈도 23을 가진 120이다.

(c) n = 70이기 때문에 중위수는 35번째와 36번째 관찰값의 합의 반이다. 35번째 관찰값은 120이고 36번째 관찰값도 120이기 때문에 중위수가 120이다.

(d) $\sum fx$ = 8300, $\sum f$ = 70, 평균은 118.571이다.

16 (a) $\sum x$ = 196.9, n = 8, 평균은 24.613이다.

(b) n = 8이기 때문에 중위수는 4번째와 5번째 관찰값의 합의 반이다. 4번째 관찰값은 23.4이고 5번째 관찰값은 26.8이기 때문에 중위수는 25.1이다.

(c) 28.5 > 24.613이기 때문에 이러한 수정은 평균을 증가시킬 것이다.

새로운 $\sum x = 225.4$, $n = 9$, 새로운 평균은 25.044이다.

(d) $n = 9$이기 때문에 중위수는 5번째 관찰값은 26.8이다. 중위수는 증가했다.

17 (a) 두 번 발생한 90이 최빈값이다.

(b) $\sum x = 1380$, $n = 15$, 평균은 92이다.

(c) $n = 15$이기 때문에 중위수는 8번째 관찰값은 90이다.

18 (a) 빈도분포표는 다음과 같다.

성적	집계	빈도(f)
A	＼＼＼ ＼＼＼ ‖	12
B	＼＼＼ ＼＼＼ ＼＼＼ ‖	17
C	＼＼＼ ＼＼＼ ＼＼＼ ＼＼＼ ＼＼＼ ‖‖‖	29
D	＼＼＼ ＼＼＼ ＼＼＼ ‖‖‖	18
E	＼＼＼ ＼＼＼	10
F	‖‖‖	4
		$\sum f = 90$

(b) 최빈값은 최대 빈도 29를 가진 C이다.

19 (a) 48명의 지원자는 시험 점수가 7점 이상이었다.

(b) $n = 116$이기 때문에 중위수는 58번째와 59번째 관찰값의 합의 반이다. 58번째 관찰값은 6이고 59번째 관찰값도 6이기 때문에 중위수는 6이다.

$\sum fx = 708$, $\sum f = 116$, 평균은 6.103이다.

(c) 최빈값은 최대 빈도 26을 가진 5이다.

20 (a) 최빈계급은 최대 빈도 214를 가진 100~119이다.

(b) $\sum fx = 73599.5$, $\sum f = 700$, 평균은 105.142이다.

$n = 700$이기 때문에 중위수는 350번째와 351번째 관찰값의 합의 반이다. 350번째와 351번째 관찰값은 100~119계급에 있기 때문에 100~119계급이 중위수 계급이다.

b는 낮은 계급 경계 = 99.5

f는 중위수 계급 전의 모든 계급들의 총 빈도 합 = 258

f_m은 중위수 계급의 빈도 = 214

w는 중위수 계급의 너비 = 20

중위수는 108.098이다

(c) 법률법인에서는 중위수가 두 값 중 더 큰 값이어서 변호사의 연봉을 더 많다고 나타 내기 때문에 모집 캠페인에는 중위수를 사용해야 한다.

21 (a) 남자 : 매니저

(b) 여자 : 행정/관리

22 (a) 213명의 쇼핑객이 그날 시내 중심가 주차장을 사용했다.

(b) 최빈값은 최대 빈도 83을 가진 3이다.

(c) $n = 213$이기 때문에 중위수는 107번째 관찰값 3이다.

(d) $\sum fx = 609$, $\sum f = 213$, 평균은 2.859이다.

23 (a) 최빈계급은 최대 빈도 35를 가진 100~129이다.

(b) $\sum fx = 9062$, $\sum f = 90$, 평균은 100.689이다.

(c) $n = 90$이기 때문에 중위수는 45번째와 46번째 관찰값의 합의 반이다. 45번째와 46 번째 관찰값은 100~129계급에 있기 때문에 100~129계급이 중위수 계급이다.

b는 낮은 계급 경계 = 99.5

f는 중위수 계급 전의 모든 계급들의 총 빈도 합 = 39

f_m은 중위수 계급의 빈도 = 35

w는 중위수 계급의 너비 = 30

중위수는 104.643이다

24 (a) $\sum x = 4265$, $n = 8$, 평균은 533.125파운드이다.

(b) $n = 8$이기 때문에 중위수는 4번째와 5번째 관찰값의 합의 반이다. 4번째 관찰값은 560이고 5번째 관찰값은 565이기 때문에 중위수는 562.50파운드이다.

(c) 최빈값은 두 번 발생한 575파운드이다.

(d) 555 > 533.13이기 때문에 이러한 수정은 평균을 증가시킬 것이다. 새로운 $\sum x = 4465$, $n = 8$; 새로운 평균값은 558.125파운드이다. 중위수와 최빈값은 변하지 않 는다.

25 분자는 $(5 \times 21712) + (16 \times 23160) + (2 \times 18933) = 516986$, 분모는 $5 + 16 + 2 = 23$. 결합평균은 22477.65파운드이다.

26 (a) 18/60 = 기업들의 30%는 150명 이상의 직원을 가지고 있다.

(b) 최빈계급은 최대 빈도 21을 가진 51~150이다.

(c) $\sum fx = 6260$, $\sum f = 60$, 평균은 104.333이다.

$n = 60$이기 때문에 중위수는 30번째와 31번째 관찰값의 합의 반이다. 30번째와 31번째 관찰값은 51~150계급에 있기 때문에 51~150계급이 중위수 계급이다.

b는 낮은 계급 경계 = 50.5

f는 중위수 계급 전의 모든 계급들의 총 빈도 합 = 21

f_m은 중위수 계급의 빈도 = 21

w는 중위수 계급의 너비 = 100

중위수는 93.357이다

평균과 중위수의 차이는 $104.333 - 93.357 = 10.976$이다.

27 (a) 빈도분포는 다음과 같다.

월세(x)	빈도(f)	누적빈도	fx
1250	7	7	8750
1500	4	11	6000
1750	6	17	10500
2000	4	21	8000
2250	3	24	6750
2500	4	28	10000
	$\sum f = 28$		$\sum fx = 50000$

(b) $\sum fx = 50000$, $\sum f = 28$, 평균은 1,785.71파운드이다.

(c) 11개의 아파트가 평균월세보다 높은 월세를 내고 있다.

(d) 최빈값은 최대 빈도 7을 가진 1,250파운드이기 때문에 평균이 최빈값보다 크다.

(e) $n = 28$이기 때문에 중위수는 14번째와 15번째 관찰값의 합의 반이다. 14번째 관찰값은 1750이고 15번째 관찰값도 1750이기 때문에 중위수는 1,750파운드이다.

28 분자는 $(1560 \times 32) + (1240 \times 28) + (985 \times 25) = 109,265$이다. 분모는 $1560 + 1240 + 985 = 3785$이다. 결합평균은 28.868이다.

29 옵션 (a). 질적자료이기 때문에 최빈값을 사용한다.

30 $\sum x = 20.7$, $n = 5$, 평균은 4.14이다.

31 (a) $\sum fx = 6816$, $\sum f = 148$, 평균은 46.054이다.

(b) 최빈계급은 최대 빈도 57을 가진 40~49이다.

(c) $n = 148$이기 때문에 중위수는 74번째와 75번째 관찰값의 합의 반이다.

74번째와 75번째 관찰값은 40~49계급에 있기 때문에 40~49계급이 중위수 계급이다.

b는 낮은 계급 경계 = 39.5

f는 중위수 계급 전의 모든 계급들의 총 빈도 합 = 37

f_m은 중위수 계급의 빈도 = 57

w는 중위수 계급의 너비 = 10

중위수는 45.991이다

32 남자 : $\sum fx = 133$, $\sum f = 55$, 평균은 2.418이다.

여자 : $\sum fx = 63$, $\sum f = 55$, 평균은 1.145이다.

평균적으로 여자 직원들이 일주일에 지각한 평균 일수가 더 적었다.

33 (a) 가스 : $\sum x = 321$, $n = 6$, 평균은 53.5이다.

(b) 전기 : $\sum x = 2589$, $n = 6$, 평균은 431.5이다.

(c) $n = 6$이기 때문에 중위수는 3번째와 4번째 관찰값의 합의 반이다. 가스의 경우 3번째 관찰값은 49이고 4번째 관찰값은 56이기 때문에 중위수는 52.5이다. 전기의 경우, 3번째 관찰값은 430이고 4번째 관찰값은 436이기 때문에 중위수는 433이다.

(d) 두 값 중 더 작은 값이고 가스세가 더 작게 나온다는 것을 나타내기 때문에 구매자에게 소유자는 중위수를 사용한다. 두 값 중 더 작은 값이고 전기세가 더 작게 나온다는 것을 의미하기 때문에 구매자에게 소유자는 평균을 사용한다.

34 (a) 최빈계급은 최대 빈도 161을 가진 201~300이다.

(b) $\sum fx = 162,444$, $\sum f = 488$, 평균은 332.877이다.

(c) $n = 448$이기 때문에 중위수는 244번째와 245번째 관찰값의 합의 반이다. 244번째와 245번째 관찰값은 201~300계급에 있기 때문에 201~300계급이 중위수 계급이다.

b는 낮은 계급 경계 = 200.5

f는 중위수 계급 전의 모든 계급들의 총 빈도 합 = 87

f_m은 중위수 계급의 빈도 = 161

w는 중위수 계급의 너비 = 100

중위수는 298.016이다

35 옵션 (c). 데이터가 오름차순으로 나열될 경우 두 중간 값의 평균이다.

36 (a) 최빈값은 최대 빈도 26을 가진 32mph이다.

(b) $\sum fx = 4488$, $\sum f = 137$, 평균은 32.759mph이다. $n = 137$이기 때문에 중위수는 33mph인 69번째 관찰값이다.

(c) 평균, 중위수와 가장 가까운 값이기 때문에 그다음 차는 33mph로 이동할 것으로 예상된다.

37 (a) $n = 20$이기 때문에 중위수는 10번째와 11번째 관찰값의 합의 반이다. 10번째 관찰값은 361이고 11번째 관찰값은 365이기 때문에 중위수는 363파운드이다.

(b) $\sum x = 7375$, $n = 20$, 평균은 368.75파운드이다.

(c) 두 값 중 더 작은 값이고 온라인 인용률을 더 좋게 나타내기 때문에 보험 회사는 광고 캠페인에 중위수를 사용해야 한다.

38 (a) 50/118 = 고객들의 42%는 판매사원과 상담 시간으로 15분 미만을 보냈다.

(b) 최빈계급은 15~19이고 최대 빈도는 39이다.

(c) $\sum fx = 1781$, $\sum f = 118$, 평균은 15.093분이다.

$n = 118$이기 때문에 중위수는 59번째와 60번째 관찰값의 합의 반이다. 59번째와 60번째 관찰값은 15~19계급에 있기 때문에 15~19계급이 중위수 계급이다.

b는 낮은 계급 경계 = 14.5

f는 중위수 계급 전의 모든 계급들의 총 빈도 합 = 50

f_m은 중위수 계급의 빈도 = 39

w는 중위수 계급의 너비 = 5

중위수는 15.654분이다

평균과 중위수의 차이는 15.654 - 15.093 = 0.561분이다.

39 (a) A : $\sum x = 1048$, $n = 12$, 평균은 87.333이다.

B : $\sum x = 1067$, $n = 12$, 평균은 88.917이다.

(b) A의 최빈값은 두 번 발생한 79이다. B의 최빈값은 두 번 발생한 98이다.

(c) $n = 12$이기 때문에 중위수는 6번째와 7번째 관찰값의 합의 반이다.

A에서는 6번째 관찰값은 79이고 7번째 관찰값도 79이기 때문에 중위수는 79이다.

B에서는 6번째 관찰값은 98이고 7번째 관찰값도 98이기 때문에 중위수는 98이다.

(d) 정당 B는 중위수가 평균보다 더 크고 가장 많은 득표 수를 나타내기 때문에 더 높은 지지율을 보여 주려면 중위수를 사용해야 한다.

40 (a) 4개 이상의 좌석이 예약된 거래의 개수는 119이다.

(b) $n = 235$이기 때문에 중위수는 4인 118번째 관찰값이다.

$\sum fx = 861$, $\sum f = 235$, 평균은 3.664이다.

(c) 최빈값은 2이고 최대 빈도는 75이다.

산포 척도

이 장에서 설명하는 것은 다음과 같다.

- 다음을 계산하고 해석한다.
  - 범위, 사분위값과 사분위 범위
  - 다섯 숫자 요약
  - 분산, 표준편차와 변동계수
- 특이점들을 식별하고 상자 그림을 그린다.
- 각 산포도를 언제 사용해야 적절한지를 이해한다.

다섯 숫자 요약(five-number summary)
범위(range)
변동계수(coefficient of variation)
분산(variance)
사분위(quartiles)
사분위 범위(interquartile range)

산포도(measure of dispersion)
상자 그림(box plot)
상자-수염 그림(box-and-whisker plot)
수정 상자 그림(modified box plot)
아래 사분위(lower quartile)
위 사분위(upper quartile)

제1사분위(first quartile)
제3사분위(third quartile)
특이점(outlier)
편차(deviation)
표준편차(standard deviation)

서론

이전 장에서 살펴보았듯이 최빈값, 평균과 중위수는 중심 위치의 대표하는 척도들로 데이터를 설명한다. 통계 분석에서는 더 나아가, 데이터의 각각의 값의 변동(흩어짐, 산포)을 설명하는 데 관심을 갖는다.

다음 예제를 살펴보자. 두 대형 백화점에서 한 주 동안 판매된 텔레비전의 개수를 기록한다고 가정해 보자. 하나의 백화점은 도시의 중심가에 있고 다른 하나의 백화점은 소매 단지에 위치해 있다.

	월	화	수	목	금	토	일
시내 중심	24	28	24	21	29	23	26
소매 단지	8	12	5	24	24	52	50

두 백화점에서 이번 주에 판매된 텔레비전의 개수에 대한 중심 위치의 척도들은 모두 같다. 최빈 값 24, 평균 25, 중위수 24이다.

그러나 2개의 데이터의 판매 수의 변동이 날마다 상당히 다르기 때문에 판매사원 고용에 영향을 미칠 수 있다. 도시 중앙 백화점에서는 매일 비슷한 수의 텔레비전이 판매되었기 때문에 매일 똑같은 인원의 판매사원들이 필요하다. 소매 단지쪽에 있는 상점은 주중에는 조용하고 주말에는 매우 바쁘다. 아마도 상점 매니저는 토요일과 일요일에 직원들을 더 많이 고용해야 할 것이다.

데이터를 설명할 때 각 값의 변동에 대한 정보를 제공하고 하나의 대표적인 값을 정의하는 것이 중요하다. 산포도(measure of dispersion)(산포 척도)는 데이터의 변동성을 정량화할 수 있다.

범위

계산하고 해석하는 데 가장 간단한 산포도는 범위(range)다. 이것은 데이터의 최대값과 최소값의 차이로 정의된다. 범위의 공식은 다음과 같이 쓸 수 있다.

$$범위 = 최대값 - 최소값$$

두 데이터를 비교할 때 중앙값에서 더 많은 변동을 보이는 데이터가 더 큰 범위를 가지고 있다. 각 값들 사이에 변동이 더 적은 데이터는 더 작은 범위를 갖는다.

두 백화점에서의 텔레비전 일일 판매량을 다시 살펴보자.

	월	화	수	목	금	토	일
시내 중심	24	28	24	21	29	23	26
소매 단지	8	12	5	24	24	52	50

도시 중앙 백화점의 최대값은 29이고 최소값은 21이다. 따라서 이 상점의 범위는 29 − 21 = 8이다. 일주일 동안 매일 판매된 텔레비전은 21과 29대 사이이다. 마찬가지로, 소매 단지에 있는 상점의 범위는 52 − 8 = 44이다. 일일 최대 판매와 최소 판매의 차이가 더 큰 데이터가 더 큰 변동

을 나타낸다.

범위는 계산하고 해석하기는 쉽지만 계산을 할 때 두 데이터 값, 최대값과 최소값만을 사용하기 때문에 유용한 산포도는 아니다. 범위는 데이터의 두 값 이외 다른 모든 값을 무시한다. 결과적으로 범위는 데이터의 낮은 그리고/또는 높은 값인 극단값에 의해 크게 영향을 받는다.

텔레비전 판매를 다시 살펴보면 도시 중앙 상점에서 데이터가 수집된 주 수요일에 반액 세일을 했다고 가정해 보자. 24대의 텔레비전 판매 수 대신 74대의 텔레비전이 판매된 경우 이 상점의 범위는 원래 범위인 8대의 텔레비전보다 많이 증가한 74 − 21 = 53이다. 범위가 수요일에 기록된 높은 매출에 영향을 크게 받기 때문에 범위는 극단값을 포함한 데이터의 적절한 산포도가 아닌 것을 알 수 있다.

사분위, 사분위 범위

데이터를 네 등분으로 나눈 값들을 **사분위값**(quartiles)이라고 한다. 사분위값을 사용해 범위보다 극단값의 영향을 덜 받는 산포도를 계산할 수 있다. 이것을 **사분위 범위**(interquartile range)라고 한다.

3개의 사분위값 — Q_1, Q_2, Q_3로 표시되는 값은 데이터를 네 등분으로 나누어서 계산할 수 있다. 데이터의 최소 25%와 나머지 세트로 구분하는 값을 **제1사분위값**(first quartile) 또는 **아래 사분위값**(lower quartile), Q_1이라 한다. 이전 장에서 살펴보았듯이, 제2사분위값, Q_2는 중위수와 같다. 중위수는 데이터를 반으로 나누는 값이라는 것을 이미 알고 있다. 데이터의 최소 75%와 나머지 세트와 구분하는 값을 **제3사분위값**(third quartile) 또는 **위 사분위값**(upper quartile), Q_3이라 한다.

다음은 사분위를 그림으로 표현한 것이다.

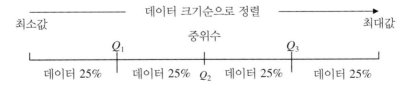

데이터의 사분위를 식별하는 데 여러 가지 기법을 사용할 수 있지만, 결과는 매우 유사(특히 데이터가 많을 경우)할 것이다. 중위수를 구하는 방법의 순서는 다음과 같다.

1. 최소값에서부터 최대값까지 값의 크기순으로 데이터를 정렬하시오.
2. 5장에 설명된 방법을 사용해 중위수를 구하시오.

3. 중위수를 이용해 데이터를 2개로 나누시오.

4. 아래 사분위값 또는 Q_1은 전체 데이터의 중위수보다 작은 데이터 값들의 중위수이다.

5. 위 사분위값 또는 Q_3는 전체 데이터의 중위수보다 큰 데이터 값들의 중위수이다.

다음의 두 가지 예제를 이용하여 데이터 값이 짝수이거나 홀수일 경우에 어떻게 사분위값을 구하는지 보여 준다.

다음은 12주간의 여름 기간 동안 테마 파크에서 고객 서비스팀에게 이메일로 전송된 불만 접수 건수를 기록한 표이다.

주	1	2	3	4	5	6	7	8	9	10	11	12
불만 건수	214	189	152	206	237	158	192	146	203	177	165	221

크기순으로 데이터를 나타내면 다음과 같다.

146	152	158	165	177	189	192	203	206	214	221	237

데이터에 있는 값의 개수가 짝수(12)이므로 중위수는 중간에서 가장 가까운 두 값의 평균으로 계산한다. 즉, 6번째 값은 189이고 7번째 값은 192이므로 중위수 또는 Q_2는 다음과 같이 계산할 수 있다.

$$Q_2 = \frac{189 + 192}{2} = 190.5$$

중위수를 사용해 데이터를 반으로 나누면 아래 사분위값은 하부 절반의 중위수이고 위 사분위값은 상부 절반의 중위수라는 것을 알 수 있다.

중위수보다 작은 데이터 값

146	152	158	165	177	189

중위수보다 큰 데이터 값

192	203	206	214	221	237

$$Q_1 = \frac{158 + 165}{2} = 161.5 \qquad Q_3 = \frac{206 + 214}{2} = 210$$

아래 사분위값과 위 사분위값을 다음과 같이 해석할 수 있다.

- 12주간의 약 25%의 범위에서는 고객 서비스 팀은 161.5개 이하의 이메일을 받았다.
- 12주간의 약 75%의 범위에서는 고객들로부터 210개 이하의 이메일을 받았다.

1년 동안 13 가족들이 온라인 상점에서 주문한 책의 권수를 기록하였다. 수집된 데이터는 다음과 같다.

6	14	51	3	17	22	29	40	35	11	23	9	32

크기순으로 데이터를 나타내면 다음과 같다.

3	6	9	11	14	17	22	23	29	32	35	40	51

데이터에 있는 값의 개수가 13개로 홀수이기 때문에, 중위수는 중간에 있는 데이터 값이다. $\frac{1}{2}(13 + 1)$ 을 사용하면 중간값은 7번째 데이터 값이라는 것을 알 수 있다.

$$Q_2 = 22$$

중위수를 사용해 데이터를 반으로 나누면 아래 사분위값은 하부 절반의 중위수이고 위 사분위값은 상부 절반의 중위수라는 것을 알 수 있다.

중위수보다 작은 데이터 값

3	6	9	11	14	17

중위수보다 큰 데이터 값

23	29	32	35	40	51

$$Q_1 = \frac{9 + 11}{2} = 10 \qquad Q_3 = \frac{32 + 35}{2} = 33.5$$

아래 사분위값과 위 사분위값을 다음과 같이 해석할 수 있다.

- 전체 가족의 약 25%가 10권 이하를 주문했다.
- 전체 가족의 약 75%가 33.5권 이하를 주문했다.

사분위값은 데이터의 극단값에 대하여 저항성(영향을 받지 않음)이 있다. Q_1과 Q_3는 이러한 극단값에 영향을 받지 않는다. 앞의 예제로 돌아가면, 고객들로부터 받은 이메일의 최소 불만 건수가 146개가 아니라 6개라 하더라도 아래 사분위값은 161.5개 불만에서 변치 않는다. 마찬가지로 가족들이 산 책의 최대 권수가 51권이 아닌 251권이어도 위 사분위값은 33.5권에서 변하지 않는다.

위와 아래 사분위값의 차이로 알 수 있는 산포도는 때때로 간략하게 IQR(interquartile range)로 나타내는 사분위 범위이다. 다음과 같이 계산된다.

$$\text{사분위 범위} = \text{위 사분위값 } Q_3 - \text{아래 사분위값 } Q_1$$

사분위 범위는 데이터의 중앙의 50%를 나타내며, 범위와 유사한 방법으로 해석된다. 더 큰 사분위 범위를 가진 데이터는 더 작은 사분위 범위를 가진 데이터보다 더 큰 변동을 가지고 있다.

예제를 다시 사용하면 테마파크에서 이메일로 받은 불만 접수 건수에 대한 사분위 범위는 $Q_3 - Q_1 = 210 - 161.5 = 48.5$이고, 온라인 상점에서 주문한 책의 권수에 대한 사분위 범위는

$Q_3 - Q_1 = 33.5 - 10 = 23.5$이다.

데이터에 극단값이 포함됐을 경우 범위보다는 사분위 범위가 데이터의 산포도로 더 적절하다. 사분위값을 사용하여 계산하기 때문에 사분위 범위는 극단값에 의해 영향을 받지 않는다. 하지만 사분위 범위는 데이터의 중간 부분만 사용하기 때문에 데이터 값의 50%를 무시한다는 것이 단점 이다.

다섯 숫자 요약

중심 위치의 척도와 변동 지표를 포함한 데이터의 수치적 설명을 하기 위해서는 다섯 숫자 요약 을 사용한다. **다섯 숫자 요약**(five-number summary)은 최소값, 최대값, 아래와 위 사분위값, 중 위수를 값의 크기 오름차순으로 나열한 요약이고 다음과 같다.

$$최소값 \quad Q_1 \quad 중위수 \quad Q_3 \quad 최대값$$

상위 10명의 남녀 재벌들의 나이를 나타내는 다음 데이터를 살펴보자.

남자

45	64	66	69	72	73	77	78	83	85

여자

51	51	58	59	63	64	70	74	91	94

두 데이터의 다섯 숫자 요약은 다음과 같다.

남자

최소값	Q_1	중위수	Q_3	최대값
45	66	72.5	78	85

여자

최소값	Q_1	중위수	Q_3	최대값
51	58	63.5	74	94

여자들의 연령 중위수가 남자들의 연령 중위수보다 낮은 것을 볼 수 있다. 그리고 남자 사분위 범 위(78 − 66 = 12)가 여자 사분위 범위(74 − 58 = 16)보다 낮다.

상자 그림

다섯 숫자 요약을 기반으로 그린 **상자 그림**(box plot)은 데이터의 평균값과 변동성에 대한 정보를 알려주는 그래프이다. 상자 그림은 데이터들을 비교하고 시각적으로 요약할 수 있는 가장 유용한 방법이다. **상자-수염 그림**(box-and-whisker plot)이라 불리기도 한다. 상자 그림을 그리는 순서는 다음과 같다.

1. 최소값과 최대값을 도표에 포함시킬 수 있는 수평축 척도를 설정한다.
2. 축 위에 상자를 그린다. 상자의 왼쪽 수직측은 아래 사분위값의 위치에 있어야 하고 오른쪽 수직측은 위 사분위값 위치에 있어야 한다.
3. 상자 안에는 축 척도에서 중위수 위치에 수직선을 그린다.
4. 작은 수직선으로 표현한 데이터의 최소값부터 상자의 좌측 Q_1까지 선을 그린다. 데이터의 최대값과 상자의 우측 Q_3를 연결하는 선을 그린다.

상자 그림을 그리는 것을 설명하기 위해, 상위 10명의 억대 재벌들의 나이를 살펴본 예제로 돌아가서 남자 재벌들에게 초점을 맞춰보자. 남자들에 대한 다섯 숫자 요약은 다음과 같다.

남성

최소값	Q_1	중위수	Q_3	최대값
45	66	72.5	78	85

단계 1. 남자 최소 연령은 45세이고, 최대 연령은 85세이기 때문에 다음과 같은 수평축을 그릴 수 있다.

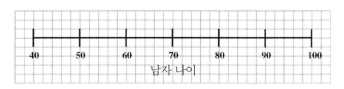

단계 2. 아래 사분위값 66과 위 사분위값 78을 사용해 상자의 위치를 찾는다.

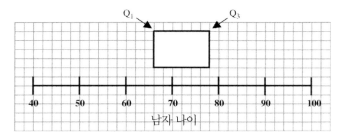

단계 3. 중위수 72.5를 사용해 상자 안에 수직선을 그린다.

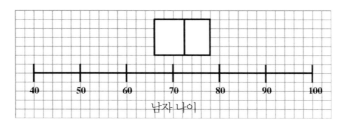

단계 4. 상자의 각 측면에서 최소값과 최대값까지 선을 그려야 상자 그림이 완성된다. 이 선들은 가끔 수염이라고 불리기 때문에 때로는 이 도표를 상자-수염 그림이라 부르기도 한다.

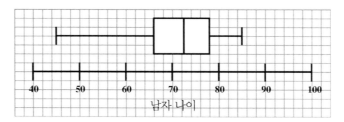

상자 그림은 같은 척도를 사용해서 한 도표에 2개의 데이터를 시각적으로 비교하는 데 가장 유용하다.

남자와 여자 억대 재벌들의 연령에 대한 다섯 숫자 요약을 같은 상자 그림에 나타내면 다음과 같은 요점들을 쉽게 알 수 있다.

- 각 상자 안에 수직선의 축 척도에 있는 위치를 비교했을 때 남자 연령 중위수가 여자 연령 중위수보다 크다는 것을 알 수 있다.
- 최소값과 최대값 사이의 길이를 비교하면 각 성별의 범위는 비슷하다는 것을 알 수 있다.
- 남자에 대한 사분위 범위는 여자에 대한 사분위 범위보다 작다. 도표의 각 상자의 길이를 비교하면 알 수 있다.
- 여자들에 비해 비해 남자들의 데이터가 더 작은 최소값과 최대값을 갖는다.

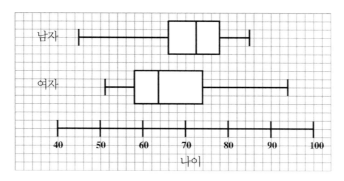

상자 그림은 가로축이 아닌 세로축을 사용해서 그릴 수 있다. 예제의 상자 그림을 수직으로 그리면 다음과 같다.

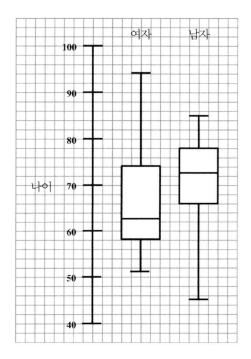

상자 그림은 다섯 숫자 요약뿐만 아니라 데이터의 특이점(극단값, 이상값)을 표시할 때 사용될 수 있다. 이 경우, 도표는 수정 상자 그림(modified box plot)이라고 알려져 있다.

상자 그림을 이용한 극단값을 식별 방법이 주관적인 판단보다 더 선호한다. 데이터의 값이 제1사분위값보다 사분위 범위의 1.5배가 작거나 제3사분위값보다 사분위 범위의 1.5배가 크면 특이점(outlier)으로 분류된다.

수정 상자 그림을 그리기 위해 데이터의 하한과 상한을 다음과 같이 찾는다.

$$하한 = 아래 \ 사분위값 \ Q_1 - 1.5 \times IQR$$
$$상한 = 위 \ 사분위값 \ Q_3 + 1.5 \times IQR$$

하한보다 작거나 상한보다 큰 데이터들은 특이점이라고 식별한다. 상자 그림에 이러한 값들을 별표(*) 또는 유사 기호를 사용해 표시한다.

수평 확장선 또는 수염은 수정 상자 그림에서 단축된다. 만약에 낮은 데이터 값들에 특이점이 있다면 상자의 왼쪽 측면에 있는 확장선은 특이점이 아닌 최소값까지로 단축된다. 비슷하게 높은 데이터 값들에 특이점이 있다면 상자의 오른쪽 측면에 있는 확장선은 특이점이 아닌 최대값까지로 단축된다.

남자와 여자 억대 재벌들의 데이터 예제로 다시 돌아가 특이점들을 확인하고 수정 상자 그림을 그려 본다. 각 성별에 대한 데이터와 다섯 숫자 요약을 다시 살펴보면 다음과 같다.

남자

45	64	66	69	72	73	77	78	83	85

최소값	Q_1	중위수	Q_3	최대값
45	66	72.5	78	85

여자

51	51	58	59	63	64	70	74	91	94

최소값	Q_1	중위수	Q_3	최대값
51	58	63.5	74	94

각 데이터에 대한 극단값들을 다음과 같이 계산한다.

남자

$$\text{하한} = \text{아래 사분위값 } Q_1 - 1.5 \times \text{IQR} = 66 - (1.5 \times (78 - 66)) = 66 - 18 = 48$$
$$\text{상한} = \text{위 사분위값 } Q_3 + 1.5 \times \text{IQR} = 78 + (1.5 \times (78 - 66)) = 78 + 18 = 96$$

여자

$$\text{하한} = \text{아래 사분위값 } Q_1 - 1.5 \times \text{IQR} = 58 - (1.5 \times (74 - 58)) = 58 - 24 = 34$$
$$\text{상한} = \text{위 사분위값 } Q_3 + 1.5 \times \text{IQR} = 74 + (1.5 \times (74 - 58)) = 74 + 24 = 98$$

각 성별의 데이터의 하부의 값을 검토할 때 데이터 값 45는 남자에 대한 하한 48보다 작기 때문에 이 연령을 특이점이라고 확인할 수 있다. 여자 데이터의 경우, 최소값 51이 여자에 대한 하한 34 보다 작지 않기 때문에 여자 데이터의 하부에는 특이점이 없다는 것을 알 수 있다. 데이터의 상부를 살펴보면, 각 성별의 최대값은 해당되는 상한보다 크지 않다. 그러므로 상부에서는 더 이상 특이점을 확인할 수 없다.

여자 연령에 대한 특이점은 찾지 못했기 때문에 여자에 대한 상자 그림은 변하지 않지만, 남자 연령은 수정 상자 그림으로 나타낼 수 있다. 특이점은 별표로 표시되고 상자의 왼쪽 측면에서 연장되는 선은 데이터의 최소값 대신 데이터 값 64(특이점 아닌 최소값)까지만 연결된다.

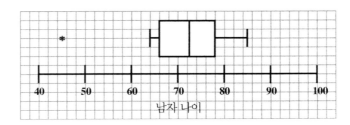

남자 나이

분산과 표준편차

범위와 사분위 범위는 계산과 분석이 쉽기 때문에 유용한 산포도이다. 하지만 2개의 척도는 데이터의 모든 개별 값을 고려하지 않기 때문에 사용이 제한된다. 범위는 최소값과 최대값만 사용하며, 사분위 범위는 데이터의 50%를 무시하고 데이터의 중간 부분만 사용한다.

데이터의 모든 값들을 사용하여 계산하는 산포도는 **분산**(variance)이다. 분산은 데이터의 평균과 개별 데이터 값 사이의 거리를 고려해서 변동성을 보여 준다. 이 거리를 **편차**(deviation)라고 한다.

우선, 평균에서 각 값의 총 편차를 계산해 보자. 하지만 각 데이터에 대한 이 계산은 항상 '0'이다. 평균이 세트의 중심 위치의 척도이기 때문에 평균보다 작고 큰 데이터 값들로 이루어진 양과 음의 편차들의 합은 항상 완벽하게 서로의 값을 지운다. 총 편차가 '0'이라는 성질은 다음 예제에서 설명된다.

이 표는 2주 동안 한 가족이 차를 운전한 거리를 수치로 보여 준다. 이 데이터 세트의 평균은 79마일이다.

55	92	58	96	102	98	110	37	67	22	89	97	78	108

편차는 평균으로부터 각각의 값들을 빼서 계산할 수 있다. 여기서 총 편차가 '0'이라는 것을 알 수 있다.

마일 수	데이터 값 − 평균
55	55 − 79 = −24
92	92 − 79 = 13
58	−21
96	17
102	23
98	19

〈계속〉

110	31
37	−42
67	−12
22	−57
89	10
97	15
78	−1
108	29
	총합 : 157 − 157 = 0

총 편차가 도움이 되지 않기 때문에 분산을 계산할 때 각 편차를 제곱한 뒤 제곱된 값의 평균을 찾는다. 이 방법을 사용하면 최종 결과는 각각의 데이터 값을 적용한 산포도를 보여 준다.

σ^2과 표본 데이터에 대해 계산된 분산 s^2를 구별하는 것이 필요하다.

모집단 분산은 모집단 평균에 대한 편차의 제곱의 합을 모집단의 크기 N으로 나눈 값이다.

$$\sigma^2 = \frac{\sum (x - \mu)^2}{N}$$

표본분산은 표본평균에 대한 편차의 제곱의 합을 표본의 크기 n에서 1을 뺀 값으로 나눈 수이다.

$$s^2 = \frac{\sum (x - \bar{x})^2}{n - 1}$$

모집단 공식의 분모에서는 N을 사용하지만 표본에 대한 공식에서는 더 정확한 모집단 분산 추정을 위해 $n-1$을 사용한다.

위에 언급된 공식들은 때때로 개념 공식으로 알려져 있다. 분산이 어떻게 평균의 제곱된 편차들을 사용해 유도된 공식인지를 이해할 수 있도록 도움을 준다. 실제로 일반적으로 연산 작업을 줄이기 위해 간편 계산 공식을 사용하는 것을 선호한다.

모집단 데이터와 표본 데이터에 대한 계산 공식은 다음과 같다.

$$\sigma^2 = \frac{\sum x^2 - \frac{\left(\sum x\right)^2}{N}}{N}$$

$$s^2 = \frac{\sum x^2 - \frac{\left(\sum x\right)^2}{n}}{n - 1}$$

계산된 분산 값은 개념 공식을 쓰나 계산 공식을 사용하나 동일하다.

데이터의 분산에 대한 계산은 편차를 제곱하는 것을 포함하기 때문에 측정 단위도 제곱해야 한다. 예를 들면 데이터가 킬로그램으로 기록됐으면 분산의 측정 단위는 kg^2가 된다. 이 단위 변동은 큰 의미는 없다. 분산의 양의 제곱근을 계산하면 원데이터의 측정 단위로 돌아갈 수 있다. 이 산포도를 **표준편차**(standard deviation)라고 한다.

모집단 분산의 양의 제곱근을 계산하면 모집단 데이터의 표준편차 공식을 얻을 수 있다.

$$\sigma = \sqrt{\sigma^2}$$

표본 표준편차는 표본 분산의 양의 제곱근을 사용한다,

$$s = \sqrt{s^2}$$

분산과 표준편차는 데이터의 평균에 대한 변동성 측정을 보여 준다. 큰 값은 평균으로부터 데이터들이 멀리 퍼져 있다는 뜻이고 분산과 표준편차가 작으면 데이터의 많은 값들이 평균에서 가깝다는 것을 알려준다.

예제 – 모집단 데이터

토목공학 컨설팅 회사는 8개의 공석에 필요한 직원을 채용하기 위해 한 달 동안 직원 채용 웹사이트에 광고를 냈다. 인적 자원 부서는 각 자리에 취업 원서를 낸 사람의 수를 기록하였다.

| 45 | 12 | 37 | 21 | 9 | 18 | 27 | 11 |

이 모집단 데이터에 대한 ($N = 8$, $\mu = 22.5$) 분산은 다음과 같은 개념 공식을 사용해 계산할 수 있다.

인원수 x	편차 $x - \mu$	편차 제곱 $(x - \mu)^2$
45	22.5	506.25
12	−10.5	110.25
37	14.5	210.25
21	−1.5	2.25
9	−13.5	182.25
18	−4.5	20.25
27	4.5	20.25
11	−11.5	132.25
		$\sum (x - \mu)^2 = 1184$

분산 계산 값은 다음과 같다.

$$\sigma^2 = \frac{\sum (x - \mu)^2}{N} = \frac{1184}{8} = 148$$

계산 공식을 이용하면 모집단 분산은 다음과 같이 계산할 수 있다.

인원수 x	x^2
45	2025
12	144
37	1369
21	441
9	81
18	324
27	729
11	121
$\sum x = 180$	$\sum x^2 = 5234$

계산 결과는 다음과 같다.

$$\sigma^2 = \frac{\sum x^2 - \frac{(\sum x)^2}{N}}{N} = \frac{5234 - \frac{180^2}{8}}{8} = \frac{1184}{8} = 148$$

개념 공식과 계산 공식은 모두 동일한 모집단 분산 값이 나온다는 것을 이 예제에서 볼 수 있다.

모집단 분산의 양의 제곱근을 이용해서 계산하면 모집단 데이터의 표준편차는 다음과 같다.

$$\sigma = \sqrt{\sigma^2} = \sqrt{148} = 12.166$$

예제-표본 데이터

커피숍 주인은 새로운 종류의 머핀의 인기도를 조사하기 위해 한 달 동안 연구조사를 하였다. 8일 동안 새로운 종류를 산 사람의 수를 기록하였다.

6	7	9	2	3	5	3	5

$n = 8$과 $\bar{x} = 5$인 표본 데이터의 분산은 다음과 같은 개념 공식으로 계산될 수 있다.

인원수 x	분산 $x - \bar{x}$	편차제곱 $(x - \bar{x})^2$
6	1	1
7	2	4
9	4	16
2	−3	9
3	−2	4
5	0	0
3	−2	4
5	0	0
		$\sum (x - \bar{x})^2 = 38$

그러면 우리는 다음 값을 얻을 수 있다.

$$s^2 = \frac{\sum (x - \bar{x})^2}{n - 1} = \frac{38}{7} = 5.429$$

계산 공식을 이용하면 표본분산은 다음과 같이 계산된다.

인원수 x	x^2
6	36
7	49
9	81
2	4
3	9
5	25
3	9
5	25
$\sum x = 40$	$\sum x^2 = 238$

그러면 우리는 다음 값을 얻을 수 있다.

$$s^2 = \frac{\sum x^2 - \frac{\left(\sum x \right)^2}{n}}{n - 1} = \frac{238 - \frac{40^2}{8}}{7} = \frac{38}{7} = 5.429$$

개념 공식이나 계산 공식을 사용해서 표본분산을 계산할 경우 같은 결과를 얻는다.

표본 데이터의 표준편차는 표본분산의 양의 제곱근을 이용해 계산할 수 있다.

$$s = \sqrt{s^2} = \sqrt{5.429} = 2.330$$

분산과 표준편차는 데이터에 포함한 모든 값을 사용하기 때문에 유용한 산포도이다. 하지만 극단 값들은 평균에서 멀리 떨어져 있기 때문에 두 측정은 극단값들의 영향을 크게 받는다.

표본 데이터를 다시 살펴볼 때, 머핀을 구매한 사람의 수를 기록한 날들 중 어느 하루에 커피숍 주인이 머핀의 가격을 내렸다고 가정해 보자. 9명의 고객 대신 89명의 고객이 새로운 종류의 머 핀을 구입했을 경우 분산과 표준편차에 미치는 영향은 개념 공식에서 볼 수 있다. 셋째 날 증가한 판매수를 포함한 데이터는 다음과 같다.

| 6 | 7 | 89 | 2 | 3 | 5 | 3 | 5 |

표본평균은 이제 15이고, 표에 있는 값의 변화는 다음과 같다.

인원수 x	분산 $x - \bar{x}$	편차제곱 $(x - \bar{x})^2$
6	-9	81
7	-8	64
89	74	5476
2	-13	169
3	-12	144
5	-10	100
3	-12	144
5	-10	100
		$\sum (x - \bar{x})^2 = 6278$

계산된 분산은 다음과 같다.

$$s^2 = \frac{\sum (x - \bar{x})^2}{n - 1} = \frac{6278}{7} = 896.857$$

$$s = \sqrt{s^2} = \sqrt{896.857} = 29.948$$

그래서 표본분산은 5.429에서 896.857로 증가하고, 표본의 표준편차는 2.330에서 29.948로 증 가했다. 극단값 89 때문에 산포도는 큰 영향을 받았다.

데이터가 빈도분포에 이미 요약이 되었다면 모집단과 표본분산에 대한 공식들을 변경해야 한다. 5장에서 중심 위치 척도에 대한 계산에 적용한 원리와 동일하다. 개념 공식과 계산 공식은 다음과 같다.

$$\sigma^2 = \frac{\sum f(x-\mu)^2}{\sum f} \quad \sigma^2 = \frac{\sum fx^2 - \dfrac{(\sum fx)^2}{\sum f}}{\sum f}$$

$$s^2 = \frac{\sum f(x-\bar{x})^2}{(\sum f)-1} \quad s^2 = \frac{\sum fx^2 - \dfrac{(\sum fx)^2}{\sum f}}{(\sum f)-1}$$

동일한 공식을 그룹화된 빈도분포에 적용할 수 있지만 이런 경우에는 각각의 데이터 값을 알 수 없기 때문에 각 계급의 중간점을 x의 값으로 사용해야 한다.

변동계수

표준편차가 다른 측정 단위를 가지고 있을 경우 두 데이터의 변동성에 대한 비교를 할 수 없다. 표준편차는 절대 변동성의 측정이기 때문에 표준편차의 크기는 데이터의 값의 크기에 영향을 받는다.

다음 예제는 측정 단위 변화가 표준편차에 어떤 영향을 미치는지 보여 준다. 고급 차량에 속하는 자동차의 표본을 선택할 경우 각 차량의 길이를 인치로 기록한 리스트는 다음과 같다.

자동차 길이(인치)

| 167.4 | 188.8 | 192.0 | 191.6 | 162.8 | 182.6 | 189.1 | 190.8 | 183.9 | 173.4 |

이러한 데이터의 표본평균과 표본 표준편차는 다음과 같다.

$$\bar{x} = \frac{\sum x}{n} = \frac{1822.4}{10} = 182.24$$

$$s = \sqrt{\frac{\sum x^2 - \dfrac{(\sum x)^2}{n}}{n-1}} = \sqrt{\frac{333139.6 - \dfrac{1822.4^2}{10}}{9}} = \sqrt{\frac{1025.424}{9}} = \sqrt{113.936} = 10.674$$

이제 차량의 길이를 인치 대신 미터로 바꾸면 새로운 데이터와 계산은 다음과 같다.

| 4.25 | 4.80 | 4.88 | 4.87 | 4.14 | 4.64 | 4.80 | 4.85 | 4.67 | 4.40 |

$$\bar{x} = \frac{\sum x}{n} = \frac{46.3}{10} = 4.63$$

$$s = \sqrt{\frac{\sum x^2 - \frac{(\sum x)^2}{n}}{n-1}} = \sqrt{\frac{215.034 - \frac{46.3^2}{10}}{9}} = \sqrt{\frac{0.665}{9}} = \sqrt{0.074} = 0.272$$

자동차의 표본이 동일해도 측정 단위 변화가 표준편차 값을 바꾼다는 것을 이 예제를 통해 알 수 있다. 첫 번째 경우 표준편차는 인치로 측정되었으나 두 번째는 단위가 바뀌어서 표준편차는 미터로 측정되었다. 그러므로 측정 단위를 고려치 않고 표준편차의 크기만을 비교해서 첫 번째 데이터 세트의 표준편차가 크기 때문에 변동성이 더 크다고 결론 내리는 것은 아무 의미가 없다.

이러한 경우 **변동계수**(coefficient of variation)는 표준편차를 평균으로 나눈 비율로 표현하기 때문에 좋은 대안의 산포도이다. 각 데이터의 평균에 관련된 변동성이다.

모집단 데이터의 경우, 변동계수는 다음과 같이 계산할 수 있다.

$$CV = \frac{\sigma}{\mu} \times 100\%$$

표본 변동계수는

$$CV = \frac{s}{\bar{x}} \times 100\%$$

자동차 표본의 예제로 돌아가면 변동계수를 산포도로 사용할 경우 두 데이터는 같은 변동성을 가지고 있다는 것을 볼 수 있다.

자동차 길이(인치)

| 167.4 | 188.8 | 192.0 | 191.6 | 162.8 | 182.6 | 189.1 | 190.8 | 183.9 | 173.4 |

$$CV = \frac{10.674}{182.24} \times 100\% = 5.9\%$$

자동차 길이(미터)

| 4.25 | 4.80 | 4.88 | 4.87 | 4.14 | 4.64 | 4.80 | 4.85 | 4.67 | 4.40 |

$$CV = \frac{0.272}{4.63} \times 100\% = 5.9\%$$

두 데이터를 비교할 때 평균으로부터 더 작은 변동을 보여 주는 데이터가 더 작은 변동계수를 갖는다. 데이터의 개별 값들 사이에 변동이 더 크면 변동계수가 더 크다.

힌트와 팁

특이점 진단

하한과 상한을 계산해서 수정 상자 그림에 대한 특이점을 식별할 때 우선 정확한 계산 순서를 사용하는 것이 필수적이다.

남자 억대 재벌 나이의 다섯 숫자 요약을 다시 살펴보자.

최소값	Q_1	중위수	Q_3	최대값
45	66	72.5	78	85

극단값을 사용해 특이점을 식별할 때 사용하는 계산식은 다음과 같다.

$$하한 = Q_1 - 1.5 \times \text{IQR} = 66 - (1.5 \times 12) = 66 - 18 = 48$$
$$상한 = Q_3 - 1.5 \times \text{IQR} = 78 + (1.5 \times 12) = 78 + 18 = 96$$

괄호의 위치를 볼 때 덧셈과 뺄셈 전에 곱셈을 먼저 수행한다는 것을 알 수 있다. 오류로 계산 순서를 반대로 바꾸면 하한과 상한은 $(66 - 1.5) \times 12 = 774$와 $(78 + 1.5) \times 12 = 954$이므로, 최대값이 연령 85세인 이 데이터에 대한 적합하지 않은 상한임을 알 수 있다.

변동 계산

개념 공식 또는 계산 공식의 분자는 음수가 나오면 안 되기 때문에 분산의 값은 항상 양수여야 한다. 데이터의 분산을 계산했을 경우 최종 결과가 음수이면 다시 각각의 계산 과정을 확인해야 한다.

계산 공식을 사용할 때 $\sum x^2$과 $(\sum x)^2$을 혼동하면 데이터에 대한 계산 결과가 틀리고 분산이 음수로 나올 수 있다.

- $\sum x^2$은 '각 x값을 제곱한 뒤 모두 더해라.'라는 뜻이다.
- $(\sum x)^2$은 '각 x값을 더한 다음 최종값을 제곱해라.'라는 뜻이다.

남자 억대 재벌의 예에서 연령은 다음과 같다.

45	64	66	69	72	73	77	78	83	85

그러므로

$$\sum x^2 = 45^2 + 64^2 + 66^2 + 69^2 + 72^2 + 73^2 + 77^2 + 78^2 + 83^2 + 85^2 = 51878$$
$$(\sum x)^2 = (45 + 64 + 66 + 69 + 72 + 73 + 77 + 78 + 83 + 85)^2 = 712^2 = 506944$$

산포도 선택

상황에 따라 가장 적합한 산포도를 선택하는 것은 복잡한 결정일 수 있다. 데이터에 극단값이 있는지 또는 간단한 계산이나 모든 데이터를 사용하는 계산 중 어느 것을 선호하는지에 따라 사용하는 산포도가 달라질 수 있다.

다섯 숫자 요약과 수정 상자 그림은 데이터의 변동성에 대한 유용한 정보를 제공할 수 있다는 것을 기억하자.

다음 표는 이 장에 논의된 각 산포도의 장단점을 설명해 준다.

	범위	사분위 범위	분산	표준편차	변동계수
계산과 해석이 쉽다.	예	예	아니요	아니요	아니요
데이터 개별 값 모두 사용한다.	아니요	아니요	예	예	예
극단값에 영향을 받는다.	예	아니요	예	예	예
데이터 비교에 유용하다.	예	예	아니요	아니요	예

엑셀 활용하기

범위

엑셀을 사용해 데이터의 범위를 찾을 때 두 내장 통계함수, **MAX**와 **MIN**을 사용하는 공식을 만들어야 한다.

함수	설명	구문
MAX	데이터의 최대값을 계산	MAX(숫자1, 숫자2, …)
MIN	데이터의 최소값을 계산	MIN(숫자1, 숫자2, …)

두 대형 백화점에서 한 주 동안 판매된 텔레비전의 개수에 대해 수집된 데이터를 사용한다. 한 상점은 시내 중심가에 있다. 다른 하나는 소매 단지에 위치해 있다.

C3	▲▼	✕ ✓	f_x	=MAX(B2:H2)-MIN(B2:H2)			
	A	B	C	D	E	F	G	H
1		월	화	수	목	금	토	일
2	시내 중심가	24	28	24	21	29	23	26
3		범위	8					
4		월	화	수	목	금	토	일
5	소매 단지	8	12	5	24	24	52	50
6		범위	47					

분산과 표준편차

엑셀에는 표본 데이터와 모집단 데이터에 대한 분산과 표준편차를 계산할 수 있는 내장 통계함수들이 있다.

함수	설명	구문
VAR.P	모집단 데이터 분산 계산	VAR.P(숫자1, 숫자2, …)
STDEV.P	모집단 데이터 표준편차 계산	STDEV.P(숫자1, 숫자2, …)
VAR.S	표본 데이터 분산 계산	VAR.S(숫자1, 숫자2, …)
STDEV.S	표본 데이터 표준편차 계산	STDEV.S(숫자1, 숫자2, …)

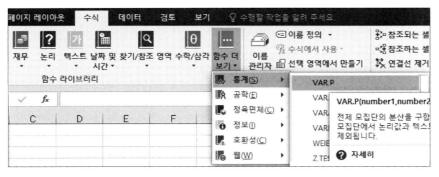

모집단 데이터

토목공학 컨설팅 회사는 8개의 공석에 필요한 직원들을 채용하기 위해 한 달 동안 직원 채용 웹사이트에 광고를 냈다. 인적자원 부서는 각 자리에 취업 원서를 낸 사람의 수를 기록하였다.

C10	f_x	=VAR.P(B9:I9)							
	A	B	C	D	E	F	G	H	I
8									
9		45	12	37	21	9	18	27	11
10		분산	148						
11		표준편차	12.1655						

샘플 데이터

커피숍 주인은 새로 나온 머핀의 인기도를 조사하기 위해 한 달 동안 연구조사를 하였다. 새로 나온 머핀을 구매한 사람의 수를 8일 동안 기록하였다.

C4	f_x	=STDEV.S(B2:I2)							
	A	B	C	D	E	F	G	H	I
1									
2		6	7	9	2	3	5	3	5
3		분산	5.429						
4		표준편차	2.330						

변동계수

엑셀은 변동계수를 직접적으로 계산할 수 있는 내장 통계함수는 없지만 **STDEV.S** 또는 **STDEV.P**와 **AVERAGE**를 공식에 사용해 계산할 수 있다.

고급 자동차 표본 데이터로 돌아가면 각 자동차의 차량 총 길이를 인치로 기록한다.

C20	f_x	=C18/C19									
	A	B	C	D	E	F	G	H	I	J	K
16											
17		167.4	188.8	192	191.6	162.8	182.6	189.1	190.8	183.9	173.4
18		표준편차	10.674								
19		평균	182.24								
20		변동계수	5.86%								

연습문제

1 8개의 물리치료 센터에서 치료 세션 비용을 기록하였다. 수치는 반올림하여 파운드로 다음과 같이 기록된다. 다섯 숫자 요약을 사용해 데이터를 설명하시오.

42	35	40	65	48	52	57	38

2 표본 설문 조사에서 340명의 해외 관광객에게 런던의 주요 관광 명소에 입장하기 위해 대기한 시간에 대해 질문하였다.

각 응답은 5분 단위로 기록되었고, 만들어진 빈도분포는 다음과 같다.

대기 시간(5분 단위)	관광객 수
5	9
10	11
15	17
20	29
25	47
30	42
35	36
40	32
45	30
50	51
55	20
60	16

(a) 데이터의 분산을 계산할 때 쓰는 공식의 분모에 $\sum f$와 $(\sum f) - 1$ 중 어느 공식을 사용해야 하는가? 답변에 대한 이유를 말하시오.

(b) 계산 공식을 사용해 빈도분포의 분산을 계산하시오.

3 다음 줄기–잎 그림은 국제 운송 회사 관리팀의 주간 회의 시간을 분 단위로 기록한 것이다.

```
회의 시간                                    3|2 = 32분
3 | 2   6   7   9                              (4)
4 | 6   6   8   8                              (4)
5 | 0   1   1   1   3   8                       (6)
6 | 1   2   5   5   5   7   9                   (7)
7 | 3   4   6   6   9                           (5)
8 | 4                                           (1)
```

이 데이터의 범위는 무엇인가?

4 데이터에 특이점이 있는지 확인하는 방법에 대해 설명하시오.

5 어떤 산포도가 데이터의 모든 값을 사용하는가?

(a) 사분위 범위와 표준편차

(b) 범위와 분산

(c) 분산과 변동계수

6 두 학생이 학교에서 비즈니스 연구 과정 기간 동안 다섯 과목의 관리 평가 시리즈의 수강을 마쳤다. 학생들의 점수는 다음과 같다.

학생 1	53	56	58	51	62
학생 2	70	22	79	75	34

(a) 각 학생에 대한 모집단 평균을 계산하시오. 결과에서 무엇을 알 수 있는가?

(b) 모집단 표준편차를 사용해 각 학생의 점수의 변동을 비교하시오. 결과를 해석하시오.

(c) 두 데이터를 비교할 때, 각각의 값의 변동에 대한 정보를 제공하고 각 데이터에 대한 하나의 대표값을 정의하는 것이 중요한 이유를 말하시오.

7 병원 원무과 매니저는 1년 동안 환자들이 취소한 예약을 16일 표본으로 기록한다. 다음 표는 수집된 데이터를 보여 준다.

12	9	6	16	11	14	12	8
2	20	6	18	14	7	13	11

취소된 예약의 변동계수를 계산하시오.

8 범위를 산포도로 이용하는 장점 1개와 단점 2개를 설명하시오.

9 다음 문장이 진실인지 거짓인지 결정하시오. 거짓 문장에 대해 설명을 하시오.

(a) 사분위 범위를 계산할 때 데이터의 모든 값을 사용하지 않는다.

(b) 사분위 범위는 극단값의 영향을 받는다.

(c) 두 데이터의 변동을 비교할 때 분산보다는 사분위 범위를 사용하는 것이 바람직하다.

10 미술 전시회에 개인으로 관람한 모든 사람들의 나이를 작성한 것이 다음과 같다.

45	67	42	68	67	38	45	49
57	52	68	63	61	54	39	57
68	44	41	47	27	26	48	51

(a) 계산 공식을 사용해 모집단의 분산을 계산하시오.

(b) 개념 공식을 사용해 분산을 다시 계산하시오.

(c) (a)와 (b)의 결과를 비교하시오.

11 미디어 웹사이트는 15개의 주요 출판사의 잡지에 실린 광고의 쪽수에 대해 기록하였고, 다음과 같은 요약을 제공하였다.

최소값	347
제1사분위	512.5
제3사분위	828
최대값	1261

(a) 이 데이터에 대한 사분위 범위를 계산하시오.

(b) 하한과 상한을 찾으시오.

(c) 특이점이 있는가? 답변에 대해 설명하시오.

12 다섯 숫자 요약에서 나타나는 요소는 무엇인가?

(a) 최소값, 사분위 범위, 중위수, 범위, 최대값

(b) 최소값, 아래 사분위값, 평균, 위 사분위값, 최대값

(c) 최소값, 아래 사분위값, 중위수, 위 사분위값, 최대값

13 비타민 C의 양(mg)이 29가지의 다른 종류의 과일 100g으로 측정되었다. 아래와 위 사분위값은 각각 $Q_1 = 8.5$mg과 $Q_3 = 47.5$mg이다. 사분위 범위를 계산하시오.

14 데이터에 대한 아래의 표는 같은 피트니스 센터에 등록한 40명의 회원들의 월 융자 금액을 50파운드 단위로 수정 상자 그림을 만드시오. 요약 통계는 다음과 같다.

아래 사분위값 = 1400

위 사분위값 = 2000

중위수 = 1650

하한 = 500

상한 = 2900

1550	1800	1800	1400	1400	1400	2250	2300
1250	2500	1350	1950	1900	1250	650	1400
2300	1450	1500	1400	1400	1500	2450	1750
1250	450	2100	1900	2050	2400	2250	1350
1350	1700	1750	1500	1600	2600	1850	1700

15 다음 표는 20년 동안 가수, 작곡가가 발표한 앨범에 실려 있는 곡의 수에 대한 빈도분포를 나타낸다.

곡의 수	빈도
5~9	5
10~14	12
15~19	5
20~24	1
25~29	1
30~34	1
35~39	1

분포의 μ와 σ^2을 계산하시오.

16 고객 만족도 설문 조사의 일환으로 건강 스파를 방문하는 손님들에게 수영장에서 보낸 시간과 스파까지의 주행 거리(마일)를 질문하였다.

각 데이터에 대한 변동계수는 다음과 같다.
수영장에서 보낸 시간(분) : 36.25%
주행 거리(마일) : 14.73%

이 정보를 사용해 수영장에서 소요한 시간이 스파까지의 주행 거리보다 더 변동성이 있는지 아니면 변동성이 적은지를 결정하시오. 답에 대한 이유를 설명하시오.

17 다음은 2010년에 영국에서 가장 인기 있는 자동차의 판매 수(천)를 기록한 것이다.

121.9	87.4	84.3	68.1	65.0	50.2	43.5	42.6	41.9	38.6

자동차의 표본에 대한 분산은 725.652이다.

(a) 첫 번째 자동차의 판매 수치가 잘못 기록되어서 121.9가 아닌 221.9로 다시 기록해야 했다. 이 수정이 분산에 영향을 미친다고 생각하는가? 답변에 대한 이유를 설명하시오.

(b) 계산 공식을 사용해 수정된 값으로 데이터의 분산을 다시 계산하고 (a) 부분에 답을 확인하시오.

18 30개의 호텔에 고용된 직원의 수를 표시하는 다음과 같은 데이터의 범위를 계산하시오.

44	36	21	65	22	20
36	41	40	42	36	20
51	39	28	29	26	19
35	39	37	41	46	34
45	32	27	21	25	34

19 다음 표는 36대의 고급 자동차 표본의 새 차 가격(천 파운드)을 보여 준다.

32	144	75	73	108	65
93	146	52	57	44	156
113	70	56	91	117	152
130	131	150	138	162	84
82	86	144	123	112	107
58	156	90	113	159	151

다섯 숫자 요약을 찾고 정보에 대한 그래프를 그리시오.

20 32개의 진공 청소기 표본을 가지고 유통 회사는 각 제품의 무게(kg)와 가격(파운드)을 기록하였다. 다음의 통계는 이미 계산되었다.

	무게	가격
평균	4.3	120
표준편차	2.4	55.1

변동계수를 사용해 진공 청소기의 무게가 가격보다 더 큰 변동을 보였는지 아닌지를 결정하시오.

21 쇼핑 센터에 있는 의류 매장에서 판매 보조 직원 자리에 대한 신청서를 제출한 남자와 여자의 나이 분포가 다음 상자 그림들에 나타나 있다.

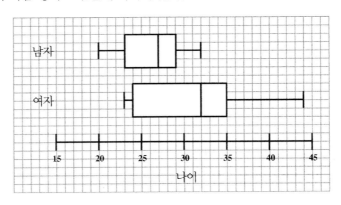

(a) 각 성별의 범위와 사분위 범위를 계산하시오.

(b) 데이터에서 더 변동이 많은 성별은 무엇인가? 답변에 적절한 설명을 하시오.

22 (a) 사분위 범위를 계산할 때 산포도로서 표준편차를 사용하는 이유를 설명하시오.

(b) 표준편차의 한 가지 단점을 설명하시오.

23 다음의 표는 2002~2012년까지 매년 영국에서 기록된 총 실업자 수를 보여 준다.

연도	실업자 수(백만)
2002	1.51
2003	1.52
2004	1.44
2005	1.45
2006	1.59
2007	1.71
2008	1.62
2009	2.12
2010	2.49
2011	2.47

모집단 데이터에 대한 평균과 표준편차를 계산하시오.

24 십 대 25명의 일주일 동안의 독서 시간을 다음 표에 보여 준다.

10	8	12	8	11
5	9	14	5	9
13	2	5	16	11
11	4	9	3	11
12	17	9	17	13

이 데이터에 대한

(a) 다섯 숫자 요약을 기록하시오.

(b) 수직 축 상자 그림을 그리시오.

25 주어진 단어를 사용해 산포도에 대한 다음 문장들의 빈칸을 채우시오.

차이	평균	퍼센트	더 큰

(a) 두 데이터를 비교할 때 _____ 변동이 더 큰 범위와 관련이 있다.

(b) 위와 아래 사분위값의 _____ 이/가 사분위 범위라는 산포도를 제공한다.

(c) 분산은 데이터의 _____ 와/과 각각의 데이터 사이의 거리를 나타낸 변동성을 보여 준다.

(d) 변동계수는 표준편차를 평균에 대한 _____ 로/으로 나타낸다.

26 2013년 여름 기간 동안 영국 축구 클럽에 속한 표본으로 선택된 20명의 축구 선수가 지불한 송금 수수료(백만 파운드)는 다음 표와 같다.

30	18	2	17
6.5	9	7	2
15.5	12	2	6
35	2.5	5.4	12
7	2.6	12	12.5

(a) 이 데이터의 특이점을 식별하시오.

(b) 송금 수수료의 분포를 표시하는 수정 상자 그림을 그리시오.

(c) 상자 그림의 하한과 상한을 표시하는가? 대답에 대해 설명하시오.

27 데이터의 분산이 음수가 될 수 없는 이유를 설명하시오.

28 표본으로 선택된 66개의 영국 학교에서 집에서 통학하는 학부 학생들의 학비를 보여 주는 다음 빈도분포의 분산을 계산하시오.

학비(천 파운드)	빈도
6	4
6.5	2
7	5
7.5	4
8	5
8.5	12
9	34

29 연구원이 두 데이터에 대한 표준편차를 계산하였다. 연구원은 데이터 A의 표준편차는 6.398cm이고 데이터 B의 표준편차는 8.971L라는 값을 구했다. 데이터 B가 표준편차의 값이 더 크기 때문에 연구원은 데이터 B가 데이터 A보다 더 큰 변동성을 보인다고 결론을 지었다. 이 결론은 적절한가? 대답에 대해 설명하시오.

30 다음 문장이 진실인지 거짓인지 결정하시오. 거짓 문장에 대해 설명하시오.

(a) 사분위값은 데이터를 세 등분한 것이다.

(b) 제2사분위값, Q_2는 중위수이다.

(c) 데이터의 최소 25%를 나머지 세트와 구분하는 값을 제1사분위값 또는 아래 사분위값, Q_1이다.

(d) 위 사분위값 또는 Q_3은 전체 데이터의 중위수보다 큰 데이터 값들의 중위수이다.

31 설문조사에서 맨체스터에 살고 있는 사람들에게 현재 거주지와 출생지와의 거리(가장 가까운 10km까지)를 계산해 달라고 요청하였다. 데이터는 다음 표와 같다.

280	110	60	280	300	10	50
10	90	10	20	140	40	80
100	30	140	120	50	70	160
130	20	80	20	10	10	10

이 데이터에 대한 아래와 위 사분위값을 찾으시오.

32 다음의 표는 표본으로 선택된 25명의 직원이 1년 동안 건강 문제로 인해 결근한 일수에 대한 데이터를 보여 준다.

12	29	16	18	17
25	20	2	24	21
18	12	28	10	22
21	24	10	17	10
7	21	15	45	5

다음 문장 중 어느 문장들이 사실인가? 결론을 내기 위해 사용한 방법을 설명하시오.

(a) 특이점이 없다.

(b) 45가 단 하나의 특이점이다.

(c) 29와 45는 둘 다 특이점이다.

33 다음 상자 그림은 두 라이벌 채널 프로그램에 대한 TV 시청자 수(백만 명)를 표시한다.

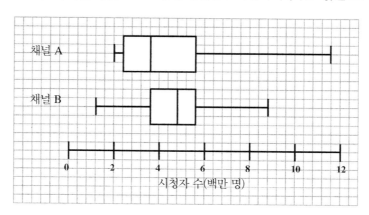

도표를 이용해 빈칸에 '큰' 또는 '크다', '작은' 또는 '작다'로 다음의 문장들을 완성하시오.

채널 A의 중위수는 채널 B의 중위수보다 _____.

채널 B는 더 _____ 최소값을 가지고 있다.

채널 A의 범위는 채널 B의 범위보다 _____.

채널 A는 더 _____ 최대값을 가지고 있다.

34 다음 상자 그림들은 어느 한 대형마트의 서로 다른 3개의 매장을 방문한 고객의 수를 나타낸다. 4월과 5월에 서로 다른 날들을 선택해 30시간 동안 조사해 수집된 표본 데이터이다.

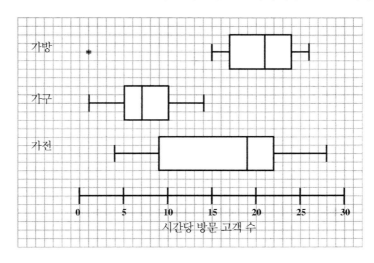

이 정보를 사용해 다음 질문에 답하시오. 각각의 경우 도표의 어느 부분이 결론에 도달하는 데 도움이 주었는지 설명하시오.

(a) 어느 매장이 가장 큰 사분위 범위를 가지고 있는가?

(b) 가구 매장의 중위수가 가방 매장의 중위수보다 더 큰지 작은지를 말하시오.

(c) 어느 매장의 데이터가 특이점이 없는가?

(d) 가방 매장은 시간당 도와준 고객의 수의 가장 큰 값을 가지고 있는가?

(e) 전자제품 매장에서 시간당 도움을 준 고객들 수의 범위는 무엇인가?

35 데이터의 평균은 59.217m이다. 데이터의 분산과 표준편차의 측정 단위는 무엇인가?

36 20가지의 신용카드의 연간 이자율(APR)은 다음에 기록되어 있다.

18.9	18.9	17.9	16.9	25.0	18.9	18.9	17.9	16.9	25.0
18.9	18.9	17.9	16.9	25.0	29.7	59.8	22.4	17.9	25.0

(a) 사분위 범위를 계산하시오.

(b) 데이터 값 59.8%가 잘못 기록되었다. 이 신용카드의 실제 APR은 29.8%이다. 수정된 값으로 사분위값을 다시 계산하시오.

(c) (a)와 (b) 부분의 답에 의하면, 사분위 범위를 변동 측정으로 사용하는 것의 중요한 장점을 설명하시오.

37 두 병원에서 표본으로 선택된 105명의 환자들이 외래 환자 클리닉에서 예약을 기다리는 시간을 기록했다.

대기 시간(분)	환자 수	
	병원 1	병원 2
0~9	2	19
10~19	9	16
20~29	14	15
30~39	27	18
40~49	30	12
50~59	15	14
60~69	8	11

(a) 각각의 분포에 대한 분산을 추정하시오.

(b) 병원에서 대기 시간의 변동을 비교하시오.

38 빌딩 서비스 기업에 고용된 모든 물 처리 기술자들의 연봉(수천 파운드)에 대한 분산은 23.806이다. 올바른 기호를 사용해 기록된 연봉의 표준편차를 계산하시오. 기호의 선택에 대한 이유를 설명하시오.

39 다음 표는 2월 특정한 날에 런던부터 뉴욕까지 가는 12개의 항공사의 반환 비행기 표의 가격(파운드)을 나타낸다.

| 513 | 428 | 345 | 998 | 503 | 431 | 622 | 476 | 520 | 749 | 857 | 564 |

이 데이터의 경우, $Q_1 = 453.50$, $Q_2 = 516.50$와 $Q_3 = 685.5$이다. 이 사분위값들을 해석하시오.

40 런던의 각 지하철 노선의 길이는 다음과 같다.

지하철 노선	총 길이(마일)
베이커루	14.5
센트럴	46
서클	17
해머스미스 & 시티	16

디스트릭트	40
주빌레	22.5
메트로폴리탄	41.5
노던	36
피키딜리	44.3
빅토리아	13.3
워털루 & 시티	1.5

(a) 이 데이터 값들은 모집단과 표본 중 어느 그룹을 대표하는가? 대답을 설명하시오.

(b) 지하철 노선 길이의 평균과 표준편차를 계산하시오. 표준편차를 계산할 때 개념 공식을 사용하시오.

(c) 표준편차의 측정 단위는 무엇인가?

연습문제 해답

1 최소값은 35이다. 최대값은 65이다.

$n = 8$이기 때문에 중위수는 4번째와 5번째 관찰값 합의 반이다.

4번째 관찰값은 42이고 5번째 관찰값은 48이기 때문에 중위수는 45이다. Q_1은 2번째와 3번째 관찰값 합의 반이다. $(38 + 40)/2 = 39$.

Q_3은 6번째와 7번째 관찰값 합의 반이다. $(52 + 57)/2 = 54.5$.

다섯 숫자 요약은 다음과 같다.

최소값	Q_1	중위수	Q_3	최대값
35	39	45	54.5	65

2 (a) 데이터는 모집단 대신 관광객 표본을 대표하므로 공식의 분모에는 $(\sum f) - 1$을 사용한다.

(b) 계산 공식을 사용하면

$$s^2 = \frac{\sum fx^2 - \dfrac{(\sum fx)^2}{\sum f}}{(\sum f) - 1} = \frac{485575 - \dfrac{142205625}{340}}{340 - 1} = 198.593$$

3 범위는 최대값 − 최소값 = 84−32 = 52분이다.

4 규칙 기반의 기법을 사용해 특이점을 식별하는 것을 주관적인 판단보다 더 선호한다. 데이터의 값이 제1사분위 값보다 사분위 범위의 1.5배가 작거나 제3사분위 값보다 사분위 범위의 1.5배가 크면 특이점으로 분류된다.

5 옵션 (c). 분산과 변동계수의 계산은 데이터에 있는 모든 값들을 사용한다.

6 (a) 학생 1 : $\sum x = 280$, $N = 5$, 모집단 평균은 56이다.

학생 2: $\sum x = 280$, $N = 5$, 모집단 평균은 56이다.

각 학생의 평균 점수는 동일하다.

(b) 학생 1 : 모집단 표준편차

$$\sigma = \sqrt{\frac{\sum x^2 - \dfrac{(\sum x)^2}{N}}{N}} = \sqrt{\frac{15754 - \dfrac{280^2}{5}}{2}} = \sqrt{\frac{74}{5}} = \sqrt{14.8} = 3.847$$

학생 2 : 모집단 표준편차

$$\sigma = \sqrt{\frac{\sum x^2 - \frac{(\sum x)^2}{N}}{N}} = \sqrt{\frac{18406 - \frac{280^2}{5}}{5}} = \sqrt{\frac{2726}{5}} = \sqrt{545.2} = 2.350$$

표준편차 계산은 학생 2의 점수들이 평균으로부터 더 멀리 흩어져 있고, 학생 1의 점수들은 평균에 더 가깝게 모여 있는 것을 보여 준다.

(c) 두 데이터를 비교할 때 하나의 대표값은 데이터가 유사한 값들을 가지고 있다는 인상을 줄 수 있기 때문에 변동에 대한 설명이 중요하다. 산포도는 더 다양한 값을 포함한다는 것을 확인시킨다.

7 표본평균

$$\bar{x} = \frac{\sum x}{n} = \frac{179}{16} = 11.1875$$

표본 표준편차

$$s = \sqrt{\frac{\sum x^2 - \frac{(\sum x)^2}{n}}{n-1}} = \sqrt{\frac{2341 - \frac{179^2}{16}}{15}} = \sqrt{\frac{338.4375}{15}} = \sqrt{22.5625} = 4.75$$

예약 취소 변동계수는 $4.75/11.1875 \times 100 = 42.46\%$이다.

8 단점 : 범위의 계산은 데이터의 2개의 값만 사용한다.

단점 : 범위를 계산할 때 극단값을 쓰기 때문에 극단값에 영향을 받는다.

장점 : 범위는 계산하고 해석하기 쉽다.

9 (a) 참

(b) 거짓. 사분위 범위는 데이터의 중심값 50%를 나타내기 때문에 데이터에 극단값은 계산에 포함되지 않는다.

(c) 참

10 (a) 계산 공식 사용

$$\sigma^2 = \frac{\sum x^2 - \frac{(\sum x)^2}{N}}{N} = \frac{65974 - \frac{1498176}{24}}{24} = 147.917$$

(b) 개념 공식 사용

$$\mu = \frac{\sum x}{N} = \frac{1224}{24} = 51$$

$$\sigma^2 = \frac{\sum (x - \mu)^2}{N} = \frac{3550}{24} = 147.917$$

(c) 결과 (a)와 (b)는 동일하다.

11 (a) 사분위 범위는 $Q_3 - Q_1 = 828 - 512.5 = 315.5$쪽

(b) 하한 $= Q_1 - 1.5 \times \text{IQR} = 512.5 - (1.5 \times 315.5) = 512.5 - 473.25 = 39.25$

상한 $= Q_3 + 1.5 \times \text{IQR} = 828 + (1.5 \times 315.5) = 828 + 473.25 = 1301.25$

(c) 최소값 347, 최대값 1301.25 모두(하한, 상한) 내에 속하므로 특이점이 없다.

12 옵션 (c), 최소값, 제1사분위, 중앙값, 제3사분위, 최대값이 다섯 숫자 요약이다.

13 사분위 범위는 $Q_3 - Q_1 = 47.5 - 8.5 = 39\text{mg}$

14

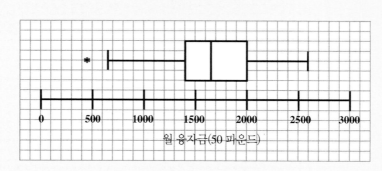

월 융자금(50 파운드)

15

$$\mu = \frac{\sum x}{N} = \frac{382}{26} = 14.692$$

$$\sigma^2 = \frac{\sum f x^2 - \dfrac{(\sum f x)^2}{\sum f}}{\sum f} = \frac{7024 - \dfrac{145924}{26}}{26} = \frac{1411.538}{26} = 54.290$$

16 두 데이터를 비교할 때 평균으로부터 더 큰 변동을 보여 주는 데이터의 변동계수의 값이 더 크다. 따라서 수영장에서 보낸 시간의 변동계수가 더 크기 때문에 수영장에서 보낸 시간이 스파까지의 주행 거리보다 변동이 더 크다.

17 (a) 그렇다. 분산의 계산은 모든 값을 사용하고 그 값들과 평균의 차이의 제곱을 포함하

기 때문에 이러한 수정에 의해 분산은 영향을 받는다. 따라서 분산은 극단값에 의해 많은 영향을 받는다.

(b) 계산 공식을 적용한 결과

$$s^2 = \frac{\sum x^2 - \frac{(\sum x)^2}{n}}{n-1} = \frac{82320.09 - \frac{552792.3}{10}}{10-1} = 3004.54$$

분산이 725.652에서 3004.54로 증가하였으므로 결과 (a)의 답변을 확인한다.

18 범위는 51 − 19 = 32(직원)이다.

19 최소값 = 32, 최대값 = 156, n = 36이므로 18번째(108)와 19번째 데이터(112) 값의 평균인 110이 중위수이다. 제1사분위 값은 9번째와 10번째 데이터 값의 평균인 74 = $\frac{1}{2}$(73 + 75), 제3사분위 값은 27번째와 28번째 데이터 값의 평균인 144 = $\frac{1}{2}$(144 + 144)이다. 그러므로 다섯 숫자 요약은 다음과 같다.

최소값	Q_1	중위수	Q_3	최대값
32	74	110	144	156

상자 그림은 다음과 같다.

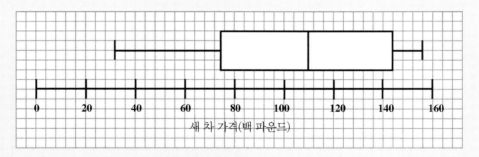

새 차 가격(백 파운드)

20 무게 변동계수는 2.4/4.3 × 100 = 55.81%

가격 변동계수는 55.1/120 × 100 = 45.92%

무게의 변동성이 가격 변동성보다 크다.

21 (a) 남자 : 범위 = 32 − 20 = 12, 사분위 범위 = 29−23 = 6

여자 : 범위 = 44 − 23 = 21, 사분위 범위 = 35 − 24 = 11

(b) 여자 지원자에 대한 범위와 사분위 범위가 더 크기 때문에 여자 지원자의 나이가 남자 지원자의 나이보다 더 큰 변동을 보인다.

22 (a) 사분위 범위는 데이터 값 일부를 사용하므로 전체를 사용하는 표준편차가 선호된다.

(b) 표준편차는 데이터의 특이점에 영향을 받는 단점을 가지고 있다.

23 모집단 평균

$$\mu = \frac{\sum x}{N} = \frac{17.92}{10} = 1.792$$

모집단 표준편차

$$\sigma = \sqrt{\frac{\sum x^2 - \frac{\left(\sum x\right)^2}{N}}{N}} = \sqrt{\frac{33.639 - \frac{321.126}{10}}{10}} = \sqrt{\frac{3.3639}{10}} = 0.391$$

24 (a) 최소값 = 2, 최대값 = 17, $n = 25$이므로 13번째 데이터값, 10이 중위수이다. 제1사분위 값은 6번째와 7번째 데이터 값의 평균 6.5 = $\frac{1}{2}(5 + 8)$, 제3사분위 값은 12번째와 13번째 데이터 값의 평균인 12.5 = $\frac{1}{2}(12 + 13)$이다. 그러므로 다섯 숫자 요약은 다음과 같다.

최소값	Q_1	중위수	Q_3	최대값
2	6.5	10	12.5	17

(b)

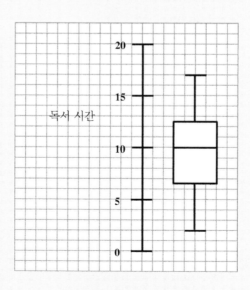

25 (a) 더 큰   (b) 차이   (c) 평균   (d) 퍼센트

26 (a) $n = 20$이므로 10번째(7), 11번째 데이터 값(9)의 평균인 8이 중위수이다. 제1사분위 값은 5번째와 6번째 데이터 값의 평균인 $\frac{1}{2}(2.6 + 5.4) = 4$, 제3사분위 값은 15번째 와 16번째 데이터 값의 평균인 $\frac{1}{2}(12.5 + 15.5) = 14$이다.

사분위 범위는 $Q_3 - Q_1 = 14 - 4 = 10$

하한 $= Q_1 - 1.5 \times \text{IQR} = 4 - (1.5 \times 10) = 4 - 15 = -11$

상한 $= Q_3 + 1.5 \times \text{IQR} = 14 + (1.5 \times 10) = 14 + 15 = 29$

데이터에는 특이점이 존재하고 30, 35가 특이점이다.

(b) 수정 상자 그림

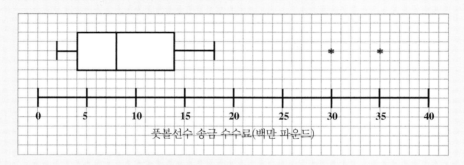

풋볼선수 송금 수수료(백만 파운드)

(c) 아니다. 하한과 상한은 데이터의 특이점을 진단하는 데 활용되나 상자 그림에는 나타나지 않는다.

27 개념 공식의 경우

- 분자는 편차의 제곱 합이므로 음이 될 수 없다.
- 분모는 N 혹은 $(n - 1)$이므로 데이터의 크기는 일반적으로 2보다 큰 정수이므로 항상 양수이다.

28 표본분산

$$s^2 = \frac{\sum fx^2 - \dfrac{\left(\sum fx\right)^2}{\sum f}}{(\sum f) - 1} = \frac{4639.5 - \dfrac{302500}{66}}{66 - 1} = 0.864$$

29 데이터들이 다른 측정 단위를 사용하면 표준편차들을 서로 비교할 수 없기 때문에 연구원의 결론은 적절하지 않다. 표준편차는 절대 변동성의 측정이기 때문에 표준편차의 크

기는 데이터의 크기에 영향을 받는다.

30 (a) 거짓. 데이터는 3개의 사분위값으로 사등분된다.

(b) 참

(c) 참

(d) 거짓. 위 사분위값은 전체 데이터의 중위수보다 큰 데이터의 중위수이다.

31 제1사분위는 7번째와 8번째 관측치 평균인 $\frac{1}{2}(20 + 20) = 20$이다.

제3사분위는 21번째와 22번째 관측치 평균인 $\frac{1}{2}(120 + 130) = 125$이다.

32 제1사분위는 6번째와 7번째 관측치 평균인 $\frac{1}{2}(10 + 12) = 11$이다.

제3사분위는 19번째와 20번째 관측치 평균인 $\frac{1}{2}(22 + 24) = 23$이다.

사분위 범위는 $Q_3 - Q_1 = 23 - 11 = 12$(일)이다.

하한은 $Q_1 - 1.5 \times \text{IQR} = 11 - (1.5 \times 12) = 11 - 18 = -7$

상한은 $Q_3 + 1.5 \times \text{IQR} = 23 + (1.5 \times 12) = 23 + 18 = 41$

옵션 (b)는 참, 45는 특이점

하한 −7보다 작은 데이터 값은 없지만 상한 41보다 큰 데이터 값 45가 있으므로 특이점 존재

33 (a) 더 작은

(b) 더 작은

(c) 더 큰

(d) 더 큰

34 (a) 전자제품 매장은 가장 큰 사분위 범위를 가지고 있다. 상자의 길이, 왼쪽 수직 측면부터 오른쪽 수직 측면까지의 길이를 비교해 결론을 낼 수 있다.

(b) 각 상자 안에 있는 수직선의 위치를 사용하면 가구 매장의 중위수가 가방 매장의 중위수보다 작은 것을 알 수 있다.

(c) 상자 그림들에 별표가 없기 때문에 가구와 전자제품 매장의 데이터에는 특이점이 없다는 것을 알 수 있다.

(d) 가방 매장은 시간당 도와준 고객 수의 가장 큰 값을 가지고 있지 않다. 각 상자의 오른쪽에서 연장되는 선을 사용하면 가방의 최대값은 26, 전자제품의 최대값은 28이라는 것을 알 수 있다.

(e) 전자제품 매장의 범위는 28 − 4 = 24(고객)이다. 최대값과 최소값은 상자 측면에서 부터 연장된 선의 끝 위치를 이용해 찾을 수 있다.

35 측정 단위가 미터이므로 분산은 제곱미터이고 표준편차는 동일한 미터이다.

36 (a) $Q_1 = \frac{1}{2}(17.9 + 17.9) = 17.9$이다.

$Q_3 = \frac{1}{2}(25 + 25) = 25$이다.

사분위 범위는 $Q_3 - Q_1 = 25 - 17.9 = 7.1(\%)$이다.

(b) 제1사분위는 5번째와 6번째 관측치의 평균인 $\frac{1}{2}(17.9 + 17.9) = 17.9$이다.

제3사분위는 15번째와 16번째 관측치의 평균인 $\frac{1}{2}(25 + 25) = 25$이다.

사분위 범위는 $Q_3 - Q_1 = 25 - 17.9 = 7.1(\%)$이다.

(c) 사분위 범위는 특이점에 영향을 받지 않는다.

37 (a) 계산 공식에 의해 계산된 병원 1의 표본분산은

$$s^2 = \frac{\sum fx^2 - \dfrac{\left(\sum fx\right)^2}{\sum f}}{\left(\sum f\right) - 1} = \frac{179716.3 - \dfrac{16666806}{105}}{105 - 1} = 201.777$$

계산 공식에 의해 계산된 병원 2의 표본분산은

$$s^2 = \frac{\sum fx^2 - \dfrac{\left(\sum fx\right)^2}{\sum f}}{\left(\sum f\right) - 1} = \frac{145286.3 - \dfrac{10972656}{105}}{105 - 1} = 392.162$$

(b) 병원 2의 분산 추정값이 병원 1의 표본분산 값보다 크므로 대기 시간의 변동은 병원 2가 더 크다.

38

$$\sigma = \sqrt{\sigma^2} = \sqrt{23.806} = 4.879$$

데이터는 빌딩 서비스 기업에 고용된 모든 물 처리 기술자들을 대표하기 때문에 이것은 모집단 표준편차이다. 따라서 우리는 s 대신 σ를 사용한다.

39 Q_1 : 항공권의 약 25%는 453.50파운드 미만이다.

Q_2 : 항공권의 약 50%는 516.50파운드 미만이고 약 50%는 516.50파운드 이상이다.

Q_3 : 항공권의 약 75%는 685.50파운드 미만이다.

40 (a) 모든 지하철 노선이 표에 다 적혀 있기 때문에 데이터 값들이 모집단을 대표한다.

(b) $\sum x = 292.6$, $N = 11$, 모집단 평균은 26.6 모집단 표준편차는

$$\sigma = \sqrt{\frac{\sum (x - \mu)^2}{N}} = \sqrt{\frac{2354.22}{11}} = \sqrt{214.02} = 14.629\text{이다.}$$

(c) 표준편차는 원데이터와 같은 측정 단위를 사용하기 때문에 단위는 마일이다.

목표

이 장에서 설명하는 것은 다음과 같다.

- 선형관계를 표현하기 위해 산점도를 사용한다.
- 다음을 계산하고 해석한다.
  - 상관계수
  - 순위상관계수
- 상관계수의 한계를 이해한다.
- 상관관계와 인과관계의 차이점을 설명한다.

핵심용어

상관계수(correlation coefficient)   **음의 상관관계**(negative correlation)   **질적변수**(qualitative variable)
선형관계(linear relationship)   **이변량 데이터**(bivariate data)   **잠재변수**(lurking variable)
양의 상관관계(positive correlation)   **인과관계**(cause-and-effect
양적변수(quantitative variable)   relationship)

서론

통계에서 우리는 이변량 데이터(bivariate data), 또는 각각의 개별 변수를 측정 또는 관찰한 데이터의 잠재적 관계를 분석하는 데 관심이 있다. 이 관계는 산점도 같은 그래프 방법으로 설명할 수 있지만 관계를 정량화할 수 있도록 수치적 기법을 사용할 필요도 있다.

상관관계는 두 변수가 서로 연관되어 있는 정도를 파악하는 데 도움을 준다. 상관계수(correlation coefficient)는 선형관계(linear relationship)의 강도와 방향을 측정해 변수들 사이의 관계가 양의 상관관계(positive correlation)인지 음의 상관관계(negative correlation)인지 측정해 준다. 두 변수를 순위화할 수 있다면 순위상관관계는 하나의 대체 방법으로 사용된다.

이 장에서는 두 변수 사이에 있는 선형관계를 산점도를 사용해 나타낸 후 상관계수와 순위상관관계를 계산하고 해석하는 방법을 공부해 보자. 마지막으로 몇 가지 중요한 상관관계의 한계를 설명한다.

산점도

산점도는 두 양적변수(quantitative variable)의 함수 관계에 대한 시각적 표현을 제공한다.

두 변수가 가질 수 있는 함수의 형태는 다양하지만 선형관계에 대한 내용에 중점을 두도록 한다. 선형관계가 나타난다면, x값들과 y값들에 대한 산점도에서는 점들이 직선으로 배열될 것이다.

선형관계를 갖는 두 변수의 산점도를 해석한다는 것은 선형관계의 방향과 강도를 나타내는 데이터의 전체 패턴을 관찰하는 것을 포함한다. 방향은 양의 또는 음의 기울기에 의해 결정되고 강도는 직선에 데이터들이 얼마나 가까이 모여 있는지로 알 수 있다.

다음 산점도에 나타난 x값들과 y값들은 양의 선형관계를 보인다.

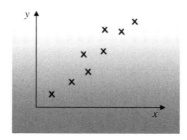

양의 선형관계는 x값이 증가할 때 y값도 증가한다는 것을 의미한다. 데이터들은 도표의 왼쪽 아래부터 오른쪽 위로 향하는 양의 기울기를 가진 직선을 가리킨다.

다음 산점도에 있는 데이터들은 음의 선형관계를 나타내고 있다. 전체 패턴은 왼쪽 위부터 오른쪽 아래로 향하는 음의 기울기를 보여 준다.

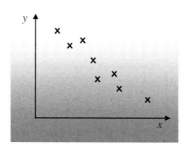

음의 선형관계는 데이터들이 서로 반대 방향으로 움직이고 있다는 의미이다. x값이 증가할 때 y값이 감소한다. 또한 x값이 감소할 때, y값은 증가한다.

다음 산점도들은 x값과 y값에 대한 두 가지 서로 다른 강도의 양의 선형관계를 보여 준다.

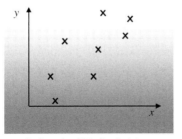 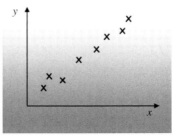

산점도의 점들이 직선으로
부터 많이 벗어나 있어 선형
관계는 약하다.

산점도의 점들이 직선상에
놓여 있거나 가까우므로 선
형관계는 강하다.

산점도는 이변량 데이터를 시각적으로 나타내는 것에는 매우 효과적인 방법일 수 있지만, 때때로 변수들 사이의 선형관계의 강도를 확정하기 어려운 경우도 있다.

다음 도표들은 각각의 x값에 대응하는 y값을 가진 정확하게 똑같은 (단, 가로축의 척도만 다른) 2개의 세트를 보여 준다. 도표의 왼쪽 공백 때문에 첫 번째 그림에 그려진 데이터들이 더 강한 선형관계를 갖는 것처럼 보인다.

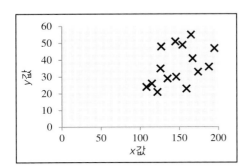 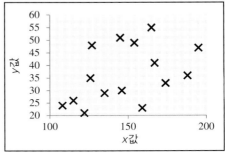

일반적으로 산점도에 나타나는 데이터들의 패턴을 관찰하는 방법은 선형관계의 강도를 측정하는 데 신뢰할 수 있는 방법이 아니다. 그렇기 때문에 도표를 시각적으로 검사해 얻은 정보를 추가하여 수치를 구하는 계산 방법을 사용할 필요가 있다.

그러나 두 변수의 함수 관계에 대한 시각적 정보를 주는 산점도 없이 선형관계의 강도에 대한 척도(상관계수)만 활용하게 되면 잘못된 정보를 얻게 된다. 다음은 위의 왼쪽 산점도의 원점에 하나의 관측점을 더한 산점도이다. 산점도는 여전히 선형관계가 약함을 보이지만 강도의 척도인 상관계수를 구하면 모여 있는 점들과 하나의 관측점이 멀수록 상관계수가 1에 가까워진다. 다음 절에서 상관계수를 설명하겠지만 상관계수가 1이라는 것은 두 변수의 선형관계가 완전하다는 것을 의미한다.

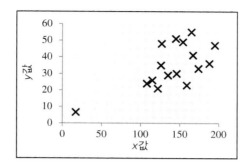

그러므로 두 변수의 선형관계에 대한 정보를 얻고자 하면 시각적 표현인 산점도와 선형관계에 대한 숫자 척도인 상관계수를 함께 분석해야 두 변수의 관계에 대한 정확한 정보를 얻을 수 있다.

상관계수

표본자료의 경우, 상관계수, r은 두 양적변수 사이의 선형관계의 강도와 방향의 값을 제공한다. 상관계수는 칼 피어슨(Karl Pearson, 1857~1936)의 이름을 따서 종종 피어슨 적률상관계수(PMCC)라 불리기도 한다.

$$r = \frac{\sum x_i y_i - \dfrac{\sum x_i \sum y_i}{n}}{\sqrt{\left(\sum x_i^2 - \dfrac{(\sum x_i)^2}{n}\right)\left(\sum y_i^2 - \dfrac{(\sum y_i)^2}{n}\right)}}$$

데이터가 n쌍의 데이터를 가지고 있다면 상관계수는 다음과 같이 계산된다.

$$r = \frac{S_{xy}}{\sqrt{S_{xx}S_{yy}}}$$

여기서 (x_1, y_1)은 데이터의 첫 번째 쌍, (x_2, y_2)는 두 번째 쌍, (x_n, y_n)은 데이터의 마지막 쌍이다. 계산된 상관계수를 소수점 셋째 자리까지 반올림하는 것이 일반적이다. 간단 공식은 다음과 같다.

$$S_{xy} = \sum x_i y_i - \frac{\sum x_i \sum y_i}{n}$$

$$S_{xx} = \sum x_i^2 - \frac{(\sum x_i)^2}{n}$$

$$S_{yy} = \sum y_i^2 - \frac{\left(\sum y_i\right)^2}{n}$$

예제-상관계수

다음 표는 매매를 위해 부동산 웹사이트에 광고를 낸 주택 10곳의 부엌 길이와 가격을 보여 준다.

부엌 길이(피트) x	13	13	17	17	10	12	16	11	14	11
매매 가격(천 파운드) y	375	650	525	500	390	320	275	205	300	425

부엌 길이 x	매매 가격 y	x^2	y^2	xy
13	375	169	140625	4875
13	650	169	422500	8450
17	525	289	275625	8925
17	500	289	250000	8500
10	390	100	152100	3900
12	320	144	102400	3840
16	275	256	75625	4400
11	205	121	42025	2255
14	300	196	90000	4200
11	425	121	180625	4675
$\sum x = 134$	$\sum y = 3965$	$\sum x^2 = 1854$	$\sum y^2 = 1731525$	$\sum xy = 54020$

이 데이터에 대한 상관계수는

$$r = \frac{54020 - \dfrac{134 \times 3965}{10}}{\sqrt{\left(1854 - \dfrac{134^2}{10}\right)\left(1731525 - \dfrac{3965^2}{10}\right)}} = \frac{889}{\sqrt{58.4 \times 159402.5}} = 0.291$$

해석

이변량 표본자료에 대한 상관계수를 계산한 후 두 변수 사이의 선형관계에 대해 결론을 내리려면 이 수치를 정확하게 해석하는 것이 중요하다.

방향

r의 부호는 선형관계의 방향에 대한 정보를 알려준다.

r이 양수이면 두 변수는 양의 상관관계를 보여 주기 때문에 두 변수는 양의 선형관계를 보인다. 여기서 산점도에 나타나는 데이터들은 양의 기울기를 표시한다. x값이 증가하면, y값도 증가한다.

r이 음수이면 변수들은 음의 선형관계를 가지고 있는 것이다. 이 경우 그려진 데이터들의 패턴은 음의 기울기를 보여 주고 변수들이 음의 상관을 가지고 있다는 것을 나타낸다. x값이 증가할 때, y값은 감소하고, x값이 감소할 때, y값은 증가한다.

다음 표는 r의 부호에 대한 해석을 요약한 것이다.

상관계수 부호	상관계수	산점도	관계
+ 양수	양의 상관	양의 기울기	x값이 증가할 때 y값도 증가, x값이 감소할 때 y값도 증가
− 음수	음의 상관	음의 기울기	x값이 증가할 때 y값은 감소, x값이 감소할 때 y값은 감소

강도

상관계수는 항상 -1과 1 사이의 숫자이다. 선형관계의 강도는 상관계수의 크기에 의해 측정된다.

r이 0에 가까운 경우 선형관계는 매우 약하다고 설명할 수 있다. r이 0에서 더 멀어지면서 -1 또는 1에 가까워질수록 두 변수의 관계의 강도는 더 커진다.

상관계수가 정확히 0일 때는 선형관계가 전혀 이루어지지 않았다는 것을 나타낸다. r의 값이 정확히 -1 또는 1이면 완전한 상관관계를 보여 준다. 이 경우 산점도에 표시된 모든 데이터들은 직선상에 정확하게 놓인다. 실제 상황에서 관찰된 표본 데이터들은 대부분 상관계수가 정확히 0, -1 또는 1이 되기는 힘들다.

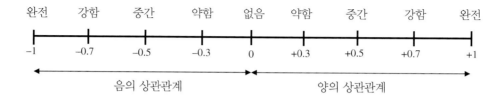

그림 7.1의 산점도들은 두 변수 사이의 선형 관계의 다른 강도의 시각적 표현을 제공한다. 각 도표는 해당하는 r값을 가지고 있다.

예제-상관계수 해석

매매를 위해 부동산 웹사이트에 광고를 낸 주택 10곳의 부엌 길이와 가격(수천 파운드)을 보여 준 이전 예제에서 계산된 상관계수는 0.291이다. 이 값에서 다음과 같은 결론을 낼 수 있다.

- 방향 : 0.291은 양수이기 때문에 두 변수는 양의 상관관계를 보여 준다.
- 강도 : 0.291은 두 변수가 약한 선형관계를 가지고 있다는 것을 나타낸다.

전반적으로, 두 변수 사이에는 약한 상관관계가 나타난다. 부엌 길이가 커지면 주택 가격도 상승하고, 부엌 길이가 작아지면 주택 가격도 감소한다.

단위

상관계수는 측정 단위가 없다. 상관계수 값은 각 변수의 단위와는 무관하다. 1개 또는 2개의 변수의 단위를 변경해도 r의 값의 부호에는 영향을 주지 않는다.

부엌 길이와 주택가격을 설명하는 예제에서 부엌 길이의 측정 단위를 피트에서 미터로 바꾸면 다음과 같다.

부엌 길이(미터) x	4.0	4.0	5.2	5.2	3.1	3.7	4.9	3.4	4.3	3.4
가격(천 파운드) y	375	650	525	500	390	320	275	205	300	425

위의 데이터에 대한 상관계수 계산은 다음과 같으며, 계산 결과 이전과 동일한 0.291이 상관계수 값이다.

$$S_{xy} = 16602.5 - \frac{41.2 \times 3965}{10} = 266.700$$

$$S_{xx} = 175 - \frac{41.2^2}{10} = 5.256$$

$$S_{yy} = 1731525 - \frac{3965^2}{10} = 159402.500$$

$$r = \frac{S_{xy}}{\sqrt{S_{xx}S_{yy}}} = \frac{266.700}{\sqrt{5.256 \times 159402.5}} = 0.291$$

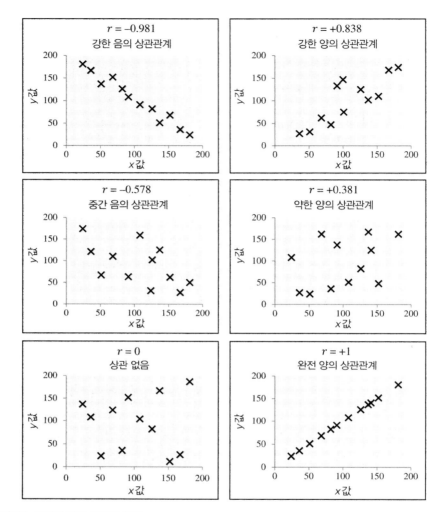

그림 7.1   상관계수 크기에 따른 산점도 형태

한계

상관계수를 해석할 때 최종 결론을 내기 전에 고려해야 할 여러 가지 한계들이 있다.

극단값

데이터 하나의 값이 다른 값들과 똑같은 일반적인 패턴을 따르지 않을 경우, 상관관계는 주의해서 사용해야 한다. 극단값의 영향을 받기 때문에 특이 관찰에 의해 악영향을 받을 수 있다. 계산을 하기 전에 극단값이 있는지 산점도를 확인하는 것이 좋다.

부동산 웹사이트에서 광고한 부엌 길이와 매매 가격에 대한 데이터가 잘못되어서 650,000파운드에 팔리는 집의 부엌이 13ft이 아니라 130ft이어야 한다고 가정해 보자. 상관계수 결과는 올바른 데이터 값을 사용한 0.291에서 오차를 포함한 값인 0.690으로 증가한다. 부엌 길이와 매매 가격의 선형관계의 해석은 약한 상관관계에서 강한 상관관계로 변하게 된다.

변수 종류

양적변수에 대해서만 상관관계를 사용할 수 있다. 변수 중 하나라도 질적변수일 경우에는 상관관계가 계산될 수 없다. 예를 들면 도시 이름은 질적변수(qualitative variable)이고 수치로 설명될 수 없기 때문에 주택의 매매 가격과 도시 이름의 선형관계를 측정하는 것은 불가능하다.

선형관계

이변량 데이터에 대한 산점도에 표시된 데이터가 직선 패턴을 따르는 경우에만 상관계수를 사용한다. 상관계수는 변수들 사이의 선형관계의 강도와 방향을 설명한다.

　이 산점도에 나타나는 데이터는 두 변수의 선형관계가 거의 나타나지 않기 때문에 상관계수는 0에 가깝다. 하지만 도표에서 보면 패턴은 선형적이지 않으나 x값과 대응하는 y값은 서로 강하게 연관(이차함수 형태)되어 있다는 것을 볼 수 있다.

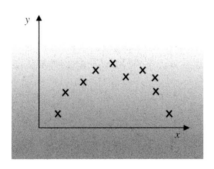

그러므로 표본자료에 대한 상관계수를 계산할 때 결과를 하나도 빠짐없이 보고하고 해석하려면 데이터를 시각적으로 산점도에 나타내는 것이 필수적이다.

순위상관계수

2개의 순위자료 사이의 선형관계를 조사할 때 순위상관계수를 사용한다. 이 값은 r_s라고 쓰고 찰스 스피어먼(Charles Spearman, 1863~1945)의 이름을 따서 종종 스피어먼의 순위상관계수라고 불리기도 한다.

　계산에 사용되는 공식은 다음과 같다.

$$r_s = 1 - \frac{6 \sum d_i^2}{n(n^2 - 1)}$$

여기서 n은 데이터의 쌍의 수이고 d_i는 각 쌍의 순위의 차이를 나타낸다.

상관계수에 사용된 동일한 분석을 적용하여 r_s값으로 데이터 순위들 사이에 존재하는 선형관계의 방향과 강도를 해석할 수 있다. 순위상관계수가 양수이면 순위들은 양의 상관관계를 가진다. 이 경우, 하나의 변수의 순위가 높으면 다른 하나의 변수의 순위도 높다. 음의 상관관계는 하나의 변수의 순위가 높으면 다른 변수의 순위가 낮고 반대의 경우도 마찬가지다. 이 경우 r_s의 부호는 음수이다. 실제 데이터 값 대신 순위를 활용하여 선형관계 강도를 측정하고 있지만 상관관계의 강도를 해석하는 데 쓰는 척도로 활용하는 것은 동일하다.

예제-순위상관계수

두 주택 구매자는 부동산 웹사이트에 매매를 위해 광고를 낸 주택 10곳의 순위를 정하라고 요구한다. 선호하는 순서는 다음에 기록된 것과 같다.

주택 코드	A	B	C	D	E	F	G	H	I	J
주택 구매자 1	2	1	3	4	5	10	8	7	9	6
주택 구매자 2	3	1	4	2	8	9	6	5	10	7

주택 코드	주택 구매자 1	주택 구매자 2	d	d^2
A	2	3	−1	1
B	1	1	0	0
C	3	4	−1	1
D	4	2	2	4
E	5	8	−3	9
F	10	9	1	1
G	8	6	2	4
H	7	5	2	4
I	9	10	−1	1
J	6	7	−1	1
				$\sum d^2 = 26$

이 데이터의 순위상관계수는

$$r_s = 1 - \frac{6 \times 26}{10(100 - 1)} = 0.842$$

계산된 r_s값은 두 주택 구매자의 순위 사이에 강한(0.842) 선형관계가 있는 것을 보여 주며, 두 구매자가 선호하는 주택과 선호하지 않는 주택에 대한 의견이 일치함(양의 부호)을 나타낸다.

원인과 결과

상관관계는 선형관계의 강도와 방향에 대한 정보를 제공하지만 그 관계가 왜 또는 어떻게 존재하는지를 설명할 수 없다.

계산은 두 변수가 상관관계를 갖는다는 결론을 끌어낼 수는 있지만 한 변수의 변화가 다른 변수에 변화를 일으킨다는 것, 즉 인과관계(cause-and-effect relationship)가 있다는 것을 의미하지는 않는다. 두 변수의 관계에 대해 알고 있는 사실을 활용해 두 변수의 인과 관계의 가능성을 고려해 볼 수는 있지만, 상관계수에 의해 확인될 수는 없다.

때로는 변수 사이의 명백한 인과관계가 관찰될 수 있다. 예를 들어, 부동산 웹사이트에서 같은 지역에 있는 가스 중앙 난방을 하는 주택 10곳을 선택한다고 가정해 보자. 각 주택의 크기를 제곱피트 단위의 수치로 제공하고 주택용 가스 소비량을 측정할 수 있다. 상식적으로는 더 큰 공간을 맞춰진 온도까지 실내 온도를 올리려면 더 많은 가스가 필요하기 때문에 총 제곱피트의 증가는 가스 소비량 증가의 원인이 될 수 있다.

때로는 관찰된 x값과 y값에 영향을 미치는 추가 요소를 찾을 수 있다. 두 변수의 명백한 인과관계보다는 종종 잠재변수(lurking variable)라 불리는 세 번째 변수의 변화가 두 변수의 관계 변화의 원인이 될 수 있다. 예를 들어 표본에 있는 주택의 매매 가격이 주택을 사는 사람들이 가진 텔레비전의 수와 양의 상관관계를 보여 준다고 가정해 보자. 우리는 잘못 판단해서 매매 가격의 증가가 소유하는 텔레비전 수 증가의 원인이라고 결론을 내릴 수 있다. 이 경우, 관찰된 두 변수의 증가는 세 번째 요소인 연간 수입에 기인할 가능성이 높다.

힌트와 팁

$\sum x^2$과 $(\sum x)^2$의 차이점

S_{xx}와 S_{yy}를 계산할 때 $\sum x^2$과 $(\sum x)^2$의 차이점을 이해하는 것이 중요하다.

- $\sum x^2$은 '각 x값을 제곱한 뒤 모두 더하라.'라는 뜻이다.

- $(\sum x)^2$은 '각 x값을 모두 더한 뒤 최종 결과를 제곱해라.'라는 뜻이다.

그러므로 x값은 3, 7, 12, 19, 26이면,

$$\sum x^2 = 3^2 + 7^2 + 12^2 + 19^2 + 26^2 = 1239$$

$$(\sum x)^2 = (3 + 7 + 12 + 19 + 26)^2 = 67^2 = 4489$$

두 식은 매우 다른 결과를 보여 준다는 것을 알 수 있다.

상관계수 1보다 크거나 −1보다 작은 경우

상관계수와 순위상관계수에 대한 수치는 −1과 1 사이의 값이어야 한다는 것을 기억해야 한다. 계산의 결과가 이 범위를 벗어나면 잘못된 곳을 찾을 때까지 각 단계를 다시 확인해야 한다.

인과관계

r 또는 r_s값을 해석할 때 상관관계가 두 변수에 관한 추가 정보보다는 두 변수 사이의 선형관계의 방향과 강도를 나타내는 것에 한계를 갖는다는 것을 기억해야 한다.

부엌 길이와 주택 가격에 대한 예제로 돌아가면 상관관계 측정이 두 변수의 관계에 대한 정보를 주지 않기 때문에 부엌 길이의 증가가 주택 가격 증가의 원인이라는 것을 단정할 수 없다. 주택의 위치와 같은 잠재변수가 두 데이터 세트에 영향을 미칠 수 있다.

엑셀 활용하기

상관계수

엑셀에는 두 양적변수에 대해 수집된 데이터의 상관계수를 계산할 수 있는 내장 통계 함수가 있다.

함수	설명	구문
CORREL	두 변수(배열)의 상관계수를 계산	CORREL(배열1, 배열2, …)

부동산 웹사이트에 매매를 위해 광고를 낸 주택 10곳의 부엌 길이(피트)와 주택 가격(천 파운드)에 대한 예제로 돌아가면 다음과 같다.

B5		✕	✓	*fx*	=CORREL(B2:K2,B3:K3)					
	A	B	C	D	E	F	G	H	I	J	K
1											
2	부엌 길이(피트)	13	13	17	17	10	12	16	11	14	11
3	매매 가격(천 파운드)	375	650	525	500	390	320	275	205	300	425
4											
5	상관계수	0.2914									

순위상관계수

순위상관계수를 사용해 두 순위 데이터의 선형관계를 조사할 때 엑셀을 사용하려면 공식을 만들어야 한다.

　두 주택 구매자가 부동산 웹사이트에 매매를 위해 광고를 낸 주택 10곳의 순위를 정해 달라고 요구했던 이전 예제를 생각해 보자.

F14		✕	✓	*fx*	=1-(6*SUM(F3:F12)/(10*(100-1)))	
	A	B	C	D	E	F
1						
2		가구코드	주택구입자1	주택구입자2	d	d^2
3		A	2	3	−1	1
4		B	1	1	0	0
5		C	3	4	−1	1
6		D	4	2	2	4
7		E	5	8	−3	9
8		F	10	9	1	1
9		G	8	6	2	4
10		H	7	5	2	4
11		I	9	10	−1	1
12		J	6	7	−1	1
13						
14				순위상관계수		0.8424
15						

연습문제

1 다음 문장이 진실인지 거짓인지 말하시오. 거짓 문장에 대해 설명하시오.

(a) 상관계수의 값은 항상 0보다 크다.

(b) 상관계수가 정확히 0이면 두 변수 사이에는 아무런 관계가 없다는 의미다.

(c) 두 변수 사이에 음의 선형관계가 있다면 x값이 증가하면, y값도 증가한다는 것을 의미한다.

(d) r값이 1에 가까우면 두 변수 사이에 강한 양의 선형관계를 나타낸다.

(e) 상관계수는 두 양적변수 사이의 선형관계의 강도와 방향을 수치로 나타낸다.

2 10개월 동안 영국의 한 지역에서 고용된 남성의 수(천 단위)와 실직한 남성의 수(천 단위)를 매달 기록하였다. 다음 식이 계산되었다.

$$\sum x = 2007 \quad \sum y = 16163, \quad \sum x^2 = 1854 \quad \sum y^2 = 1731525 \quad \sum xy = 54020$$

이 지역의 남자 고용자와 남자 실직자의 수의 대한 r값을 계산하시오.

3 PMCC값들 0.067, −0.742, 1, 0.988, 0.871, −0.255 중 다음을 가리키는 것은?

(a) 완전한 상관관계?

(b) 약한 음의 상관관계?

4 다음 표는 어느 가을 평일에 도시에 있는 6곳의 기차역에서 가장 붐비는 오전 시간 도착과 가장 붐비는 오후 시간 출발의 기차 승객 수를 나타낸다.

오전 피크 시간 도착 승객 수(천 명)	6.4	5.4	11.0	7.9	4.2	3.9
오후 피크 시간 출발 승객 수(천 명)	8.6	6.1	12.1	8.9	5.7	4.6

(a) 주어진 데이터를 산점도에 나타내시오.

(b) 산점도를 사용해서 PMCC의 부호를 찾으시오.

(c) 이 데이터에 대한 PMCC를 계산하시오.

5 다음의 각 상관관계를 그래프를 그려서 나타내시오.

(a) 상관관계 없음

(b) 약한 양의 상관관계

(c) 강한 음의 상관관계

6 다음 표는 런던에 있는 10군데 회사 건물의 가장 아래층부터 꼭대기층까지의 높이와 층수를 보여 준다.

빌딩	높이(미터)	층수
헤론 타워	242	46
보퍼트 하우스	63.0	14
플랜테이션 플레이스	73.2	16
베스천 하우스	69.2	21
더월리스 빌딩	125.6	26
시티 포인트	125.0	35
무어 하우스	81.4	18
대시우드 하우스	73.4	19

더브로드게이트 타워	164.0	35
로이즈 빌딩	84.0	12

(a) 이 데이터를 이용해 건물의 높이와 층의 개수에 대한 r값을 계산하시오.

(b) 건물 높이의 단위를 피트로 변경해서 r을 다시 계산해도, (a)에서 얻은 값과 같은가? 답변에 대한 이유를 설명하시오.

(c) 건물 높이 단위(가장 가까운 정수로 반올림해서)를 피트로 변경한 뒤 r을 다시 계산하시오. 결과에 대한 설명을 하시오.

7 다음 표는 슈퍼마켓에서 연속으로 11번 장을 볼 때 구입한 물건의 수와 지출 총액(파운드)을 보여 준다.

구입한 물건 수	40	87	18	9	61	91	80	65	7	4	77
지불 총액(파운드)	49	109	37	10	76	117	89	71	10	3	91

(a) 이 데이터에 대한 r값을 계산하시오.

(b) (a)의 결과를 사용해 변수들 사이의 관계를 설명하시오.

8 바쁜 주유소에서 매달 휘발유의 리터당 평균 가격과 판매된 휘발유의 양을 1년 동안 기록하였다. 데이터는 다음의 산점도에 나타내었다.

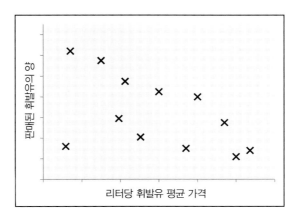

(a) 산점도에서 나타나는 두 변수 사이의 가능한 선형관계는 무엇인가?

(b) 데이터 세트에 특이점이 있다고 보인다. 이 특이점이 계산에 포함된다면 r값은 -0.536인 반면 포함되지 않으면 r은 -0.777이다. r값의 변화를 예상했는가? 답변에 대한 이유를 말하시오.

9 국제적 기업의 런던 지사에 합류하는 신입 사원들은 한 달 동안 근무한 뒤 수리 교육과정을 수강한다. 교육과정을 수강한 전과 후에 받은 온라인 시험 점수는 다음과 같다.

직원	교육 전 시험 점수	교육 후 시험 점수
1	35	61
2	74	76
3	52	43
4	67	82
5	25	37
6	44	68
7	92	89
8	65	74
9	39	42
10	57	60

(a) 교육과정 수강 전과 후에 기록된 백분위 점수를 산점도에 나타내시오.

(b) 순위상관계수를 계산하시오.

10 다음에서 상관계수(0.788, −0.962, 0.511, −0.174)와 대응하는 산점도를 찾으시오.

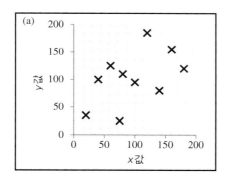
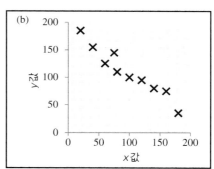
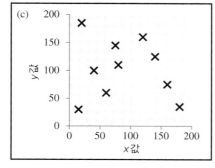
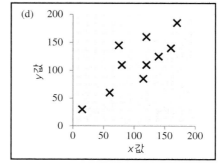

11 다음에 나열된 변수의 각 쌍이 '양의 상관관계', '음의 상관관계' 또는 '상관관계가 없다' 중, 어느 것에 해당하는지를 설명하시오.

(a) 사전의 가격, 서점에서 판매되는 사전의 수

(b) 신문에 광고된 직업의 연봉, 그 직업에 대한 지원자의 수

(c) 각 가정의 성인의 수, 각 가정이 소유한 자동차의 대수

(d) 영국을 방문한 해외 관광객의 수, 의사가 방문한 가정의 수

12 상관계수의 두 가지 한계를 설명하시오.

13 지적 능력과 고용의 관계를 조사하는 연구 프로젝트에서 10명의 30대 여성과 남성에게 IQ 시험을 치르게 하고 현재 연봉이 얼마인지 질문하였다. 결과는 다음과 같다.

여성		남성	
IQ 점수	연봉(천 파운드)	IQ 점수	연봉(천 파운드)
81	25	110	66
72	56	96	124
103	31	93	35
89	94	122	19
94	107	79	105
76	18	86	47
71	24	89	39
79	38	90	64
94	21	104	17
82	45	118	26

(a) 여성과 남성의 대한 IQ 시험과 연봉을 보여 주는 산점도를 그리시오. 산점도를 그릴 때 두 가지 색상을 사용해 여성과 남성을 구별하시오.

(b) 여성과 남성의 산점도의 주요 차이점에 대해 설명하시오.

(c) 여성과 남성에 대한 상관계수를 계산하시오. (b)에서 알아낸 차이점과 계산 결과를 비교 하시오.

14 선거 운동 기간 동안, 한 정치인은 자신의 연설 분량의 길이(분)와 자신을 지지하는 유권자 들의 수가 음의 상관관계를 가지고 있다고 믿는다. 연설을 5분으로 줄이면 더 많은 유권자들 의 표를 얻을 수 있을 것이라 생각한다. 정치인이 상관관계의 해석을 잘못 이해한 이유를 설 명하시오.

15 다음의 표는 9개국의 출생 시 기대 수명과 1인당 이산화탄소 배출량을 보여 준다.

출생 시 기대 수명(년)	1인당 이산화탄소 배출량(톤)
80.1	10.6
72.4	1.5
68.8	7
79.3	2.8
59.7	0.1
77	5
80	8.7
81.2	6.7
66.9	0.1

두 변수에 대한 상관계수를 계산하고 변수들 사이에는 어떤 선형관계가 성립하는지 그 관점에서 상관계수를 해석하시오.

16 $r = -0.892$를 가진 두 변수의 상관관계에 대해 설명하시오. 하나의 변수의 데이터 값이 증가하면 다른 변수의 데이터 값은 어떻게 되는가?

17 영국의 단독 주택에 대한 융자 승인의 수와 평균 주택 가격을 지난 10년간 매년 기록한 후 다음의 산점도에 나타내었다.

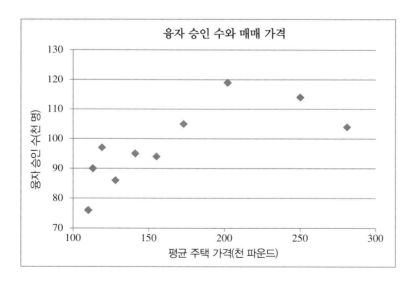

(a) 위의 산점도를 볼 때 변수들이 양의 또는 음의 상관관계 중 어떤 상관관계를 갖게 될지 예상할 수 있는가? 상관계수의 강도를 추정하시오.

(b) $S_{xx} = 31995.6$, $S_{yy} = 1500$과 $S_{xy} = 5117$이라고 주어질 때, 상관계수를 구하시오. (a) 부

분에서 추정한 계산 결과와 비교하시오.

18 각 질문에 '예.' 또는 '아니요.'로 답하고, 그 답에 대한 이유를 설명하시오.

(a) 데이터 세트 중 하나의 측정 단위가 변경되면 PMCC의 값이 영향을 받는가?

(b) 두 변수들 사이의 강한 양의 관계가 있는 경우, 하나의 변수의 변화가 다른 변수의 변화를 가져온다는 의미인가?

(c) 변수들이 질적인 경우, r의 값이 계산될 수 있는가?

19 한 고등학교에서 같은 반에 있는 25명의 학생에 대한 시험 점수와 수업에서의 결석 시간을 분석하였다.

결석 시수	2	5	2	17	11	10	14	6	6	13
시험 점수	87	91	67	42	52	64	23	84	75	41

결석 시수	7	7	7	8	15	19	9	10	3	10
시험 점수	69	74	89	80	47	49	74	12	65	56

결석 시수	4	13	13	0	20
시험 점수	59	46	68	79	23

결석 시수와 시험 점수에 대한 데이터를 산점도에 나타내시오. 두 변수 사이에 선형 관계가 성립하는가?

20 두 변수 사이의 상관계수가 0.314인 경우, 이 값은 선형관계를 가질 수 있다는 것을 의미하는가? 변수들 사이의 관계를 자세히 설명하시오.

21 페리 여행의 기간(시간)과 승객의 티켓 가격(파운드)의 상관계수는 0.724이다. 여행 시간이 증가하면 티켓 가격도 증가한다는 결론을 내릴 수 있는가? 답에 대한 이유를 설명하시오.

22 두 변수의 상관계수가 0에 가까우면 변수 사이의 관계는 무엇을 의미하는가? 상관계수가 0인 데이터에서 2개의 서로 다른 산점도를 그리시오.

23 두 명의 고객에게 9개의 백화점에 대한 고객 서비스 점수(1~20점)를 주라고 요청하였다. 이 데이터에 대한 순위상관계수를 계산하고 해석하시오.

상점	A	B	C	D	E	F	G	H	I
고객 1	15	6	19	7	12	2	16	10	5
고객 2	13	4	19	9	10	3	12	14	8

24 다음 각 문장의 문제점을 설명하시오.

(a) 3년간의 연구 결과는 이자율과 융자 신청서의 수는 음의 상관관계를 갖는다는 것을 보여 준다. 계산된 r값은 -1.921이고 아주 강한 선형관계를 나타낸다.

(b) 기업 감사의 기록은 자동차의 색상과 월간 판매 수치는 양의 상관관계를 보인다는 것을 나타낸다.

(c) 교육받은 기간(연)과 연봉의 관계를 조사한 연구 프로젝트에서 계산된 상관계수는 0.293이다. 연봉을 달러로 변환했을 때, 0.786인 더 강한 상관관계가 기록되었다.

25 산점도는 두 변수가 강한 음의 선형관계를 의미하고 있다. 다음 문장 중 데이터 관측점들의 전체 패턴을 설명하는 문장은 무엇인가?

(a) 왼쪽 아래부터 오른쪽 위로 향하는 양의 기울기

(b) 왼쪽 위부터 오른쪽 아래로 향하는 음의 기울기

(c) 점들의 위치는 음의 또는 양의 기울기로 설명된다.

26 다음 표는 6년 동안 이탈리아에서의 승용차 판매량과 생산량을 보여 준다.

	1년차	2년차	3년차	4년차	5년차	6년차
생산된 차량 수(백만)	0.893	0.911	0.659	0.661	0.573	0.486
판매된 차량 수(백만)	2.3	2.5	2.1	2.2	2.0	1.7

(a) 데이터에 대한 산점도를 그리고 PMCC의 값을 계산하시오.

(b) (a) 부분의 결과를 사용해 이탈리아에서 6년 동안 생산되고 판매된 승용차의 관계를 설명하시오.

(c) 승용차 생산이 증가하면 매출이 증가한다는 결론을 내릴 수 있는가? 그 답에 대한 이유를 설명하시오.

27 (a) 다음 표의 데이터를 사용해 뉴욕의 연간 평균 강우량과 평균 일조 시간 사이의 상관계수를 계산하시오.

월	평균 일조량(시간)	평균 강수량(mm)
1월	6	94
2월	6	97
3월	7	91
4월	8	81
5월	9	81
6월	11	84
7월	11	107

8월	10	109
9월	9	86
10월	7	89
11월	6	76
12월	5	91

(b) 상관계수가 평균 강우량과 평균 일조 시간 사이의 관계를 어떻게 나타내는지 설명하시오.

(c) 일조 시간 데이터를 분 단위로 바꾼 새로운 데이터 세트가 만들어졌다. 상관계수를 다시 계산하시오. 단위 변화가 상관계수에 영향을 미쳤는가?

월	평균 일조량(분)	평균 강수량(mm)
1월	360	94
2월	360	97
3월	420	91
4월	480	81
5월	540	81
6월	660	84
7월	660	107
8월	600	109
9월	540	86
10월	420	89
11월	360	76
12월	300	91

28 다음 산점도는 법무관 사무실의 수와 범죄 건수 사이의 양의 상관관계를 나타낸다.

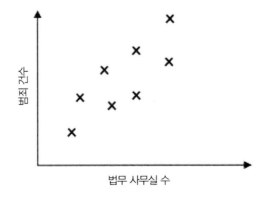

(a) 산점도가 법무관 사무실의 수가 감소하면 범죄 건수가 감소한다는 것을 보여 주는가?

(b) 두 변수의 관계에 영향을 미치는 잠재변수를 제시하시오.

29 예제 4에 주어진 데이터에 새로운 관측값(5.9, 1.3)이 추가된다고 가정해 보자.

(a) 이 관측값을 기존 산점도에 나타내고 라벨을 붙이시오.

(b) PMCC를 다시 계산하고 데이터에 이 관측값이 포함된 효과에 대해 설명하시오.

30 성별과 매년 지출하는 의복비 사이의 상관관계를 조사하는 것이 적절하다고 생각하는가? 그렇게 대답에 대한 이유를 설명하시오.

31 주요 슈퍼마켓에서 10개의 초콜릿 상자의 무게와 가격이 다음과 같이 기록되었다.

무게(그램)	350	400	380	70	165	360	250	407	165	214
가격(파운드)	3	5	3	1	4	8	4	6	5	7

(a) 산점도에 데이터를 나타내고 관찰된 직선 패턴의 방향과 강도에 대해 설명하시오.

(b) PMCC를 계산하고 (a) 부분에서 구한 관찰 결과와 비교하시오.

32 전국 조사에서 나이와 월별 지출에 대해 수집된 데이터는 다음 산점도에 나타난다.

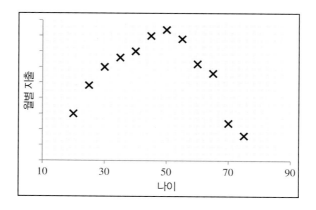

(a) 산점도의 시각적인 분석을 통해 두 변수 사이의 관계가 약한지 강한지를 설명하시오.

(b) 위의 관계를 설명하는 데 상관계수를 계산하는 것이 유용한 방법이라고 생각하는가? 대답에 대한 이유를 설명하시오.

33 2006년부터 2012년 동안에 인터넷 사용자 수를 조사하였다. 데이터 결과는 다음과 같이 나타난다.

• 인터넷을 매일 사용하는 16세 이상의 인원수(백만 명)

• 인터넷을 한 번도 사용하지 않은 16세 이상의 인원수(백만 명)

년도	매일 사용	사용 않음
2006	16.2	16.3
2007	20.7	12.6
2008	23.0	11.4
2009	26.6	9.9
2010	29.2	8.9
2011	31.4	8.1
2012	33.2	7.6

(a) 변수 사이에 양의 또는 음의 선형관계 중 어느 관계를 예상하는가?

(b) 상관계수를 계산하시오. 계산 결과가 (a) 부분에서 예상했던 것과 똑같은가?

34 1에 가까운 PMCC를 가진 두 양적변수 사이의 관계를 설명하시오. 이 관계를 설명하는 산점도를 그리시오.

35 상관관계에 대한 다음 문장의 빈칸을 채우시오.

(a) 상관계수는 두 변수 사이의 선형관계의 _____와/과 방향을 측정해 준다.

(b) 두 변수가 음의 상관관계를 가지고 있으면 x값이 _____ y값이 감소하는 반면 x값이 _____, y값이 증가한다.

(c) r의____이/가 선형관계의 방향을 알려준다.

(d) r값이 정확히 -1 또는 1이면 _____ 상관관계를 나타낸다.

36 영국에 있는 8개 대학교에서의 설문조사에서 얻은 관광 경영의 학위과정에 대한 학업 정보는 다음과 같다.

수강에 사용한 시간 비율	수업 과제에 사용한 비율	강의 완료하지 못한 학생 비율
26	32	18
16	86	5
23	52	5
24	83	8
25	37	5
17	87	10
29	47	10
24	75	17

다음 변수들 사이의 상관계수를 계산하시오.

(a) 1학년에 강의를 수강하는 데 소비한 시간과 1학년에 수업 과제에 소비한 시간의 백분율

(b) 1학년에 강의를 수강하는 데 소비한 시간의 백분율과 1학년에 강의 수강을 다 끝내지 않고 포기한 학생 수의 백분율

(c) 1학년에 수업 과제에 소비된 시간의 백분율과 1학년에 강의 수강을 다 끝내지 않고 포기한 학생 수의 백분율

결과를 모두 해석하시오.

37 6개의 의류 회사의 연례 보고서에서 전 세계 매장의 수와 직원 수를 기록하였다.

데이터에서 얻은 계산은 다음과 같다. $S_{xx} = 14499.133$, $S_{yy} = 8.495$, $S_{xy} = 320.660$. 상관계수 r값을 구하고 그 의미를 해석하시오.

38 이 산점도에는 기차 여행의 길이와 기차 티켓의 가격 사이의 관계에 대한 조사에서 수집된 데이터를 보여 준다.

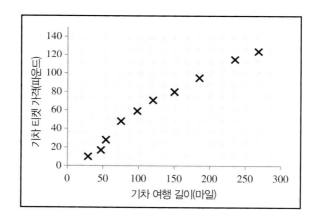

(a) 산점도는 두 변수 사이의 양 또는 음의 상관 관계 중 어느 관계를 나타내는가?

(b) r값에 대한 다음 리스트 중 변수 사이의 관계를 나타내는 값을 고르시오. 0.267, −0.986, 0.689, 0.981 또는 −0.627.

(c) 선형관계의 강도는 기차 여행의 길이가 증가하면 티켓의 가격이 증가한다는 것을 의미하는가?

(d) 여행 길이를 마일에서 킬로미터로 바꾸면 상관계수가 증가, 감소 아니면 같은 값 중 어떤 값이 되는가?

39 어느 한 병원에서 환자들이 병원에 입원한 일수와 완전히 건강을 회복하기 위해 걸린 기간 (주 단위) 사이에 관계가 있는지 조사하기로 결정하였다.

(a) 두 변수 사이에 양의 상관관계가 나타날 때 관계를 설명할 수 있는 하나의 문장을 작성

하시오.

(b) 음의 상관관계가 있다면, 어떻게 그 관계를 설명하는가?

(c) 환자가 병원에 입원한 일수와 회복 기간 사이에 양의 또는 음의 관계 중 어떤 관계가 가능하다고 생각하는가? 대답을 설명하시오.

(d) 조사의 결과는 강한 양의 상관관계라고 나타났다. 이 결과는 병원에서의 입원 일수를 줄이면 환자의 회복 기간도 감소시킨다는 것을 의미하는가? 데이터에 영향을 미칠 수 있는 두 가지 잠재변수를 설명하시오.

40 같은 주에 있는 14개의 고등학교에서 16~18세의 학생 수와 A단계 항목당 평균 점수 사이의 상관계수는 정확히 0이다. 이 결과는 변수 사이에 아무런 관련이 없다는 것을 의미하는가? 대답에 대한 이유를 설명하시오.

연습문제 해답

1 (a) 거짓. 상관계수는 항상 −1과 1 사이의 수이다.

(b) 거짓. 상관계수가 정확히 0일 때는 선형관계는 전혀 이루어지지 않는다는 것을 나타낸다. 하지만 도표는 x값과 대응하는 y값의 패턴은 선형적이지는 않지만 서로 강하게 관계되어 있다는 것을 나타낸다. 결과를 완벽하게 해석하기 위해 항상 산점도를 그려야 한다.

(c) 거짓. 음의 선형관계는 x값이 증가하면, y값이 감소하고 x값이 감소하면, y값이 증가한다는 의미이다.

(d) 참

(e) 참

2

$$r = \frac{3241993 - \dfrac{2007 \times 16163}{10}}{\sqrt{\left(408621 - \dfrac{2007^2}{10}\right)\left(26125307 - \dfrac{16163^2}{10}\right)}} = \frac{-1921.1}{\sqrt{5816.1 \times 1050.1}} = -0.777$$

3 (a) 1

(b) −0.255

4 (a)

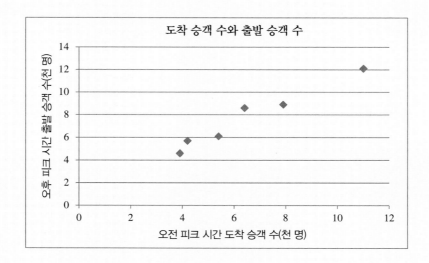

(b) 산점도는 데이터들을 왼쪽 아래로부터 오른쪽 위를 향하는 양의 기울기를 가진 직선으로 나타낸다. 이것은 PMCC의 부호는 양이라는 것을 의미한다.

(c) x = 가장 붐비는 오전 도착 승객 수(천 단위), y = 가장 붐비는 오후 출발 승객 수 (천 단위)

	x	y	x^2	y^2	xy		
	6.4	8.6	40.96	73.96	55.04		
	5.4	6.1	29.16	37.21	32.94	S_{xy}	35.803
	11	12.1	121.00	146.41	133.10	S_{xx}	35.473
	7.9	8.9	62.41	79.21	70.31	S_{yy}	37.773
	4.2	5.7	17.64	32.49	23.94	PMCC	**0.978**
	3.9	4.6	15.21	21.16	17.94		
총합	**38.8**	**46.0**	**286.38**	**390.44**	**333.27**		

5 (a)

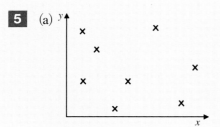

(b)

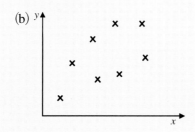

(c)

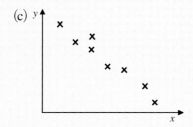

6 (a) x = 건물 높이(m), y = 건물의 층수

미터	x	y	x^2	y^2	xy		
	242	46	58564.00	2116	11132.0		
	63	14	3969.00	196	882.0	S_{xy}	5247.440
	73.2	16	5358.24	256	1171.2	S_{xx}	28869.696
	69.2	21	4788.64	441	1453.2	S_{yy}	1107.600
	125.6	26	15775.36	676	3265.6	r	**0.928**
	125	35	15625.00	1225	4375.0		
	81.4	18	6625.96	324	1465.2		
	73.4	19	5387.56	361	1394.6		
	164	35	26896.00	1225	5740.0		
	84	12	7056.00	144	1008.0		
총합	**1100.8**	**242**	**150045.76**	**6964**	**31886.8**		

(b) 건물 높이의 단위가 미터에서 피트로 변경되어도 r값은 똑같다고 예상할 수 있다. r값은 각 변수의 척도에 영향을 받지 않기 때문에 하나 또는 두 변수의 단위를 변경해도 r값은 변하지 않는다.

(c) x = 건물 높이, y = 건물의 층수

피트	x	y	x^2	y^2	xy		
	794	46	630436	2116	36524		
	207	14	42849	196	2898	S_{xy}	**17207.6**
	240	16	57600	256	3840	S_{xx}	**310593.6**
	227	21	51529	441	4767	S_{yy}	**1107.6**
	412	26	169744	676	10712	r	**0.928**
	410	35	168100	1225	14350		
	267	18	71289	324	4806		
	241	19	58081	361	4579		
	538	35	289444	1225	18830		
	276	12	76176	144	3312		
총합	**3612**	**242**	**1615248**	**6964**	**104618**		

r값은 변수의 단위 변경에 영향을 받지 않기 때문에 r은 0.928로 같다.

7 (a) x = 구입한 항목의 수, y = 지출 총액(파운드)

	x	y	x^2	y^2	xy		
	40	49	1600	2401	1960		
	87	109	7569	11881	9483	S_{xy}	13868.000
	18	37	324	1369	666	S_{xx}	11784.000
	9	10	81	100	90	S_{yy}	16727.636
	61	76	3721	5776	4636	r	**0.988**
	91	117	8281	13689	10647		
	80	89	6400	7921	7120		
	65	71	4225	5041	4615		
	7	10	49	100	70		
	4	3	16	9	12		
	77	91	5929	8281	7007		
총합	**539**	**662**	**38195**	**56568**	**46306**		

(b) r값은 구입한 항목의 수와 지출 총액 사이에 강한 양의 상관관계를 보이기 때문에 더 많은 항목을 사면, 지출 총액은 증가하고 구입한 항목이 적어지면 지출 총액도 줄어든다는 것을 나타낸다.

8 (a) 산점도의 전체 패턴은 변수들 사이의 음의 선형관계를 보여 준다. 그려진 점들의 간격을 보면 관계가 강하지 않다는 것을 알 수 있다.

(b) 상관관계는 극단값의 영향을 받기 때문에 특이 관찰에 의해 악영향을 받을 수 있다. 그러므로 관찰값이 데이터 세트에서 제외되면 r값의 변화를 예상할 수 있다.

9 (a)

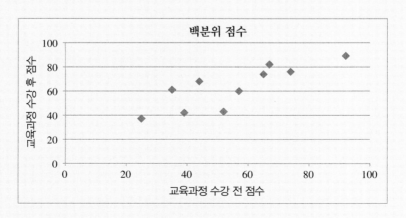

(b) x = 교육과정 수강 전 점수, y = 교육과정 수강 후 점수

직원	x 순위	y 순위	$x_r - x_r$	$(x_r - x_r)^2$		
1	9	6	3	9		
2	2	3	−1	1	분자	144
3	6	8	−2	4	분모	990
4	3	2	1	1	r_s	**0.855**
5	10	10	0	0		
6	7	5	2	4		
7	1	1	0	0		
8	4	4	0	0		
9	8	9	−1	1		
10	5	7	−2	4		
총합				**24**		

10 (a) $r = 0.511$

(b) $r = -0.962$

(c) $r = -0.174$

(d) $r = 0.788$

11 (a) 음의 상관관계

(b) 양의 상관관계

(c) 양의 상관관계

(d) 상관관계 없음

12 데이터의 하나의 값이 다른 값들과 똑같은 일반적인 패턴을 따르지 않을 경우, 상관관계는 주의해서 사용해야 한다. 두 변수의 관계에 영향을 주는 특이점이 상관계수 값의 크기에 영향을 준다.

• 양적변수에 대해서만 상관관계를 사용할 수 있다. 변수 중 하나라도 질적변수일 경우에는 상관관계가 계산될 수 없다.

• 상관계수는 선형관계에 대한 정보만 설명할 수 있다. 비선형관계를 설명하는 척도는 아니다.

13 (a)

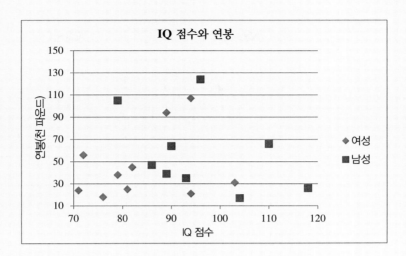

(b) 산점도는 여성들에 대한 데이터들의 전체 패턴은 양의 기울기를 보여 주는 양의 상관관계를 보여 주고 남성들의 데이터들은 음의 선형관계를 보여 준다.

(c) $x =$ IQ 시험 점수, $y =$ 연봉(천 파운드)

여성	x	y	x^2	y^2	xy		
	81	25	6561	625	2025		
	72	56	5184	3136	4032	S_{xy}	810.1
	103	31	10609	961	3193	S_{xx}	1000.9
	89	94	7921	8836	8366	S_{yy}	8748.9
	94	107	8836	11449	10058	PMCC	**0.274**
	76	18	5776	324	1368		
	71	24	5041	576	1704		
	79	38	6241	1444	3002		
	94	21	8836	441	1974		
	82	45	6724	2025	3690		
총합	**841**	**459**	**71729**	**29817**	**39412**		

남성	x	y	x^2	y^2	xy		
	110	66	12100	4356	7260		
	96	124	9216	15376	11904	S_{xy}	-2354.4
	93	35	8649	1225	3255	S_{xx}	1830.1

122	19	14884	361	2318	S_{yy}	11757.6
79	105	6241	11025	8295	PMCC	**−0.508**
86	47	7396	2209	4042		
89	39	7921	1521	3471		
90	64	8100	4096	5760		
104	17	10816	289	1768		
118	26	13924	676	3068		
총합	**987**	**542**	**99247**	**41134**	**51141**	

계산의 결과는 (b) 부분에서 여성의 데이터는 양의 상관관계와 남성의 데이터는 음의 상관관계라고 관찰한 것에 동의한다.

14 정치인은 음의 상관관계는 두 변수 사이의 인과관계를 나타낸다고 생각한다. 하나의 변수의 변화가 다른 변수의 변화를 일으킨다. 상관관계는 연설 분량의 길이와 유권자들의 수의 사이의 선형관계의 강도와 방향을 설명하기 때문에 인과관계에 대한 증거를 제공하지는 않는다.

15 x = 출생 기준 기대 수명(년), y = 1인당 일산화탄소 배출량(톤)

	x	y	x^2	y^2	xy		
	80.1	10.6	6416.010	112.36	849.060		
	72.4	1.5	5241.760	2.25	108.600	S_{xy}	156.833
	68.8	7	4733.440	49.00	481.600	S_{xx}	446.600
	79.3	2.8	6288.490	7.84	222.040	S_{yy}	116.356
	59.7	0.1	3564.090	0.01	5.970	PMCC	**0.688**
	77	5	5929.000	25.00	385.000		
	80	8.7	6400.000	75.69	696.000		
	81.2	6.7	6593.440	44.89	544.040		
	66.9	0.1	4475.610	0.01	6.690		
총합	**665.4**	**42.5**	**49641.840**	**317.05**	**3299.000**		

PMCC 값은 출생 시 기대 수명과 1인당 이산화탄소 배출량 사이에 매우 강한 양의 상관관계를 보여 주고, 즉 데이터 값이 함께 증가하고 감소한다는 의미이다.

16 변수들은 강한 음의 상관관계를 보여 주고 한 변수의 데이터가 증가하면 다른 변수의 데이터는 감소한다는 것을 의미한다.

17 (a) 산점도에 그려진 점들의 전체적인 패턴이 위로 향하는 기울기를 보여 주기 때문에 변수들 사이에 양의 상관관계를 예상한다. 데이터들의 간격이 적당히 강한 관계를 나타내기 때문에 상관계수의 강도는 0.750이라고 예측된다.

(b) $r = \dfrac{5117}{\sqrt{31955.6 \times 1500}} = 0.739$

0.739 값은 부분 (a)의 추정치와 맞는다. 양의 부호는 양의 선형관계를 나타내고, 강도는 적당히 강한 관계를 나타낸다.

18 (a) 아니다. 상관계수는 임의의 측정 단위가 없다. 상관계수는 각 변수의 척도와 무관하다. 하나의 변수 또는 모든 변수의 단위를 변경해도 PMCC의 값에 영향을 주지 않는다.

(b) 아니다. 상관관계는 선형관계의 강도와 방향에 대한 정보를 제공하지만 그 관계가 왜 또는 어떻게 존재하는지를 설명할 수 없다. 우리의 계산이 두 변수의 상관관계에 대한 결론으로 이끌어갈 수는 있지만 변수 하나의 변화가 다른 변수에 변화를 일으킨다는 것, 즉 인과관계가 있다는 것을 의미하지는 않는다.

(c) 아니다. 양적변수에 대해서만 상관관계는 사용될 수 있다. 변수 중 하나라도 질적일 경우에는 상관관계가 계산될 수 없다.

19

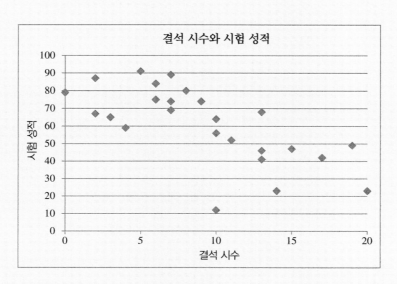

산점도는 데이터들이 왼쪽 위에서 오른쪽 아래로 향하는 음의 기울기를 나타내기 때문에 수업에서의 결석 시수와 시험 점수 사이에는 음의 선형관계가 나타난다.

20 그렇다. 상관계수는 두 변수가 약한 양의 선형관계를 갖는 것을 의미한다. x값이 증가하면, y값도 증가한다는 것을 의미한다.

21 상관계수는 여행 시간과 티켓 가격 사이에 인과관계가 아닌 선형관계의 강도와 크기를 설명하기 때문에 여행 시간의 증가가 티켓 가격의 증가의 원인이라는 결론은 내릴 수 없다.

22 0에 가까운 상관계수는 두 변수가 선형적인 관계가 아닌 다른 관계를 갖는다는 의미일 수도 있고 아무런 관계가 없다는 것을 의미할 수도 있다. 두 가지 해석을 나타내는 산점도는 다음과 같다.

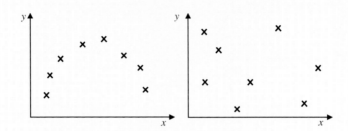

23 x = 고객 1의 점수, y = 고객 2의 점수

상점	x 순위	y 순위	$x_r - x_r$	$(x_r - x_r)^2$		
A	3	3	0	0		
B	7	8	−1	1	분자	96
C	1	1	0	0	분모	720
D	6	6	0	0	r_s	**0.867**
E	4	5	−1	1		
F	9	9	0	0		
G	2	4	−2	4		
H	5	2	3	9		
I	8	7	1	1		
총합				**16**		

r_s값을 해석하면 두 고객의 순위 사이에는 강한 선형관계가 있고 두 고객은 어느 백화점이 고객 서비스가 가장 좋고 나쁜지에 대해 의견이 서로 같다.

24 (a) −1.921은 −1과 1 사이가 아니기 때문에 상관계수가 잘못 계산되었거나 잘못 기록되었을 것이다.

(b) 자동차의 색상은 질적변수이기 때문에 자동차의 색상과 월 판매량 사이의 상관관계

나 선형관계는 불가능하다. 상관관계는 양적변수에 대해서만 사용할 수 있다.

(c) 상관계수는 두 변수의 척도에 영향을 받지 않기 때문에 단위를 유로에서 달러로 변경해도 상관계수의 값은 변하지 않는다.

25 옵션 (b). 그려진 점들은 도표의 왼쪽 위에서 오른쪽 아래로 향하는 음의 기울기를 보여주는 음의 선형관계를 나타낸다.

26 (a)

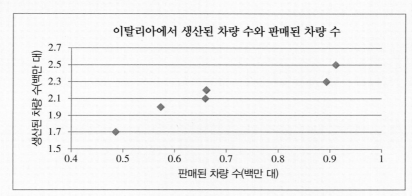

x = 생산된 차량 수, y = 판매된 차량 수

	x	y	x^2	y^2	xy		
	0.893	2.3	0.797	5.29	2.054		
	0.911	2.5	0.830	6.25	2.278	S_{xy}	0.218
	0.659	2.1	0.434	4.41	1.384	S_{xx}	0.147
	0.661	2.2	0.437	4.84	1.454	S_{yy}	0.373
	0.573	2.0	0.328	4.00	1.146	PMCC	**0.931**
	0.486	1.7	0.236	2.89	0.826		
총합	**4.183**	**12.8**	**3.063**	**27.68**	**9.142**		

(b) PMCC는 6년 동안 이탈리아에서 승용차의 생산과 판매 사이의 강한 양의 선형관계를 나타낸다. 생산이 증가하면 판매도 증가하고 생산이 감소하면 판매도 감소한다는 것을 의미한다.

(c) PMCC는 원인의 증거가 아닌 생산과 판매 사이의 선형관계의 강도와 크기를 설명하기 때문에 생산의 증가가 판매 증가의 원인이라는 결론을 내릴 수 없다.

27 (a) x = 평균 일조량(시간), y = 평균 강수량(mm)

시간	x	y	x^2	y^2	xy		
	6	94	36.00	8836	564.0		
	6	97	36.00	9409	582.0	S_{xy}	61.500
	7	91	49.00	8281	637.0	S_{xx}	46.917
	8	81	64.00	6561	648.0	S_{yy}	1125.000
	9	81	81.00	6561	729.0	PMCC	**0.268**
	11	84	121.00	7056	924.0		
	11	107	121.00	11449	1177.0		
	10	109	100.00	11881	1090.0		
	9	86	81.00	7396	774.0		
	7	89	49.00	7921	623.0		
	6	76	36.00	5776	456.0		
	5	91	25.00	8281	455.0		
총합	**95**	**1086**	**799.00**	**99408**	**8659.0**		

(b) PMCC는 평균 일조 시간과 밀리미터로 계산된 평균 강우량 사이에 약한 양의 선형 관계를 나타낸다. 선형관계가 약하지만 일조 시간이 증가하면 강우량도 증가한다는 뜻이다.

(c) x = 평균 일조량(분), y = 평균 강수량(mm)

분	x	y	x^2	y^2	xy		
	360	94	129600	8836	33840		
	360	97	129600	9409	34920	S_{xy}	3690.000
	420	91	176400	8281	38220	S_{xx}	168900.000
	480	81	230400	6561	38880	S_{yy}	1125.000
	540	81	291600	6561	43740	PMCC	**0.268**
	660	84	435600	7056	55440		
	660	107	435600	11449	70620		
	600	109	360000	11881	65400		
	540	86	291600	7396	46440		
	420	89	176400	7921	37380		
	360	76	129600	5776	27360		
	300	91	90000	8281	27300		
총합	**5700**	**1086**	**2876400**	**99408**	**519540**		

예상했던 것과 같이 하나의 변수의 단위를 변경해도 r값은 영향을 받지 않고 0.268의 값을 유지한다.

28 (a) 도표는 두 변수가 양의 상관관계를 나타낸다고 결론을 내릴 수는 있지만 인과 관계를 의미하지는 않는다. 법무관 사무실 수의 감소가 범죄 건수의 감소의 원인은 아니다.

(b) 잠재변수는 도시 인구의 크기일 수도 있다. 큰 도시들은 더 많은 법무관 사무실과 더 높은 범죄율을 가질 가능성이 많은 반면 작은 도시들은 더 적은 법무관 사무실과 더 낮은 범죄율을 가질 가능성이 높다.

29 (a)

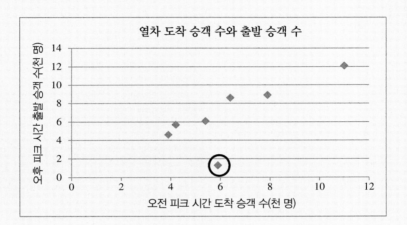

(b) x = 오전 피크 시간 도착 승객 수(천 명), y = 오후 피크 시간 출발 승객 수(천 명)

	x	y	x^2	y^2	xy		
	6.4	8.6	40.96	73.96	55.04		
	5.4	6.1	29.16	37.21	32.94	S_{xy}	38.896
	11	12.1	121.00	146.41	133.10	S_{xx}	35.749
	7.9	8.9	62.41	79.21	70.31	S_{yy}	72.517
	4.2	5.7	17.64	32.49	23.94	PMCC	**0.764**
	3.9	4.6	15.21	21.16	17.94		
	5.9	1.3	34.81	1.69	7.67		
총합	**44.7**	**47.3**	**321.19**	**392.13**	**340.94**		

데이터에 새로운 관측값이 포함될 경우 가장 붐비는 오전 도착 승객 수와 가장 붐비는 오후 출발 승객 수 사이의 상관관계의 강도를 감소시킨다. 상관관계는 두 변수의 함수 패턴과 다른 극단값의 영향을 받기 때문에 상관계수의 값은 영향을 받을 수 있다. 그러므로 새로운 관측값이 원데이터에 더해지면 PMCC 값의 변화가 예상된다.

30 성별은 질적변수이기 때문에 성별과 매년 지출하는 의복비 사이의 상관관계를 조사하는 것은 적절하지 않다. 양적 이변량 데이터에 대해서만 상관관계를 계산할 수 있다.

31 (a)

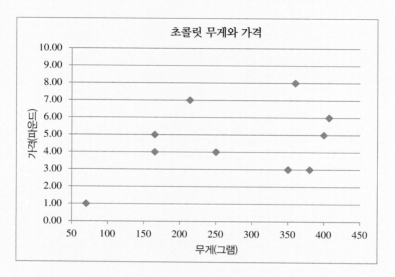

산점도에서 보여 주는 전반적인 패턴은 위로 향하는 기울기를 나타내지만 점들이 직선에서 많이 벗어나 있으므로 초콜릿 상자의 무게와 가격 사이의 관계가 매우 약하다는 것을 보여 준다.

(b) x = 초콜릿의 무게(그램), y = 초콜릿의 가격(파운드)

	x	y	x^2	y^2	xy		
	350	3.00	122500	9.00	1050		
	400	5.00	160000	25.00	2000	S_{xy}	864.40
	380	3.00	144400	9.00	1140	S_{xx}	127482.90
	70	1.00	4900	1.00	70	S_{yy}	38.40
	165	4.00	27225	16.00	660	PMCC	**0.391**
	360	8.00	129600	64.00	2880		
	250	4.00	62500	16.00	1000		
	407	6.00	165649	36.00	2442		
	165	5.00	27225	25.00	825		
	214	7.00	45796	49.00	1498		
총합	**2761**	**46.00**	**889795**	**250.00**	**13565**		

0.391 상관계수는 (a) 부분에서 관찰된 결과와 동일함을 보여 준다. 양의 부호는 양의 선형관계를 나타내고 강도는 변수 사이의 약한 관계를 나타낸다.

32 (a) 산점도는 나이와 월별 지출 사이의 강한 관계를 나타낸다.

(b) 산점도는 선형적인 관계를 가지지 않은 변수를 나타내는 반면에 상관계수는 선형관계의 측정이기 때문에 관계를 설명하는 유용한 방법이 될 수 없다.

33 (a) 두 변수 사이에 음의 선형관계를 예상하기 때문에 인터넷을 사용하지 않는 사람의 수가 감소하면 인터넷을 매일 사용하는 사람의 수가 증가한다.

(b) x = 인터넷을 매일 사용하는 사람의 수

y = 인터넷을 전혀 사용하지 않는 사람의 수

	x	y	x^2	y^2	xy		
	16.2	16.3	262.44	265.69	264.06		
	20.7	12.6	428.49	158.76	260.82	S_{xy}	-109.674
	23.0	11.4	529.00	129.96	262.20	S_{xx}	224.317
	26.6	9.9	707.56	98.01	263.34	S_{yy}	55.709
	29.2	8.9	852.64	79.21	259.88	PMCC	-0.981
	31.4	8.1	985.96	65.61	254.34		
	33.2	7.6	1102.24	57.76	252.32		
총합	**180.3**	**75**	**4868.33**	**855**	**1816.96**		

예상했던 것과 같이, 상관계수의 부호는 음수이기 때문에 변수들 사이에 음의 상관관계를 갖는다는 것을 나타낸다.

34 PMCC가 1에 가까우면 변수 사이에 강한 양의 선형관계를 나타낸다. 이건 x값이 증가하면, y값도 증가한다는 것을 의미한다. 이 관계를 나타내는 산점도는 다음과 같다.

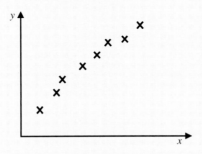

35 (a) 강도

(b) 증가, 감소

(c) 부호

(d) 완전

36 x = 1학년에 강의를 수강하는 데 소비한 시간의 백분율

y = 1학년에 숙제 등 수업활동에 소비한 시간의 백분율

z = 1학년에 강의 수강을 포기한 학생 수의 백분율

(a)

x	y	x^2	y^2	xy		
26	32	676	1024	832		
16	86	256	7396	1376	S_{xy}	−514.000
23	52	529	2704	1196	S_{xx}	136.000
24	83	576	6889	1992	S_{yy}	3659.875
25	37	625	1369	925	PMCC	**−0.729**
17	87	289	7569	1479		
29	47	841	2209	1363		
24	75	576	5625	1800		
총합 **184**	**499**	**4368**	**34785**	**10963**		

−0.729인 PMCC는 1학년에 강의를 수강하는 데 소비한 시간의 백분율과 1학년에 수업 과제에 소비된 시간의 백분율 사이에는 강한 음의 선형관계가 나타난다.

(b)

x	y	x^2	y^2	xy		
26	18	676	324	468		
16	5	256	25	80	S_{xy}	54.000
23	5	529	25	115	S_{xx}	136.000
24	8	576	64	192	S_{yy}	191.500
25	5	625	25	125	PMCC	**0.335**
17	10	289	100	170		
29	10	841	100	290		
24	17	576	289	408		
총합 **184**	**78**	**4368**	**952**	**1848**		

0.335인 PMCC는 1학년에 수강에 소비한 시간의 백분율과 1학년에 수강을 포기한 학생 수의 백분율 사이는 약한 양의 상관관계를 보여 준다.

(c)

	x	y	x^2	y^2	xy		
	32	18	1024	324	576		
	86	5	7396	25	430	S_{xy}	-135.250
	52	5	2704	25	260	S_{xx}	3659.875
	83	8	6889	64	664	S_{yy}	191.500
	37	5	1369	25	185	PMCC	-0.162
	87	10	7569	100	870		
	47	10	2209	100	470		
	75	17	5625	289	1275		
총합	499	78	34785	952	4730		

-0.162인 PMCC는 1학년에 수업 과제에 소비한 시간의 백분율과 1학년에 수강을 포기한 학생 수의 백분율 사이는 약한 선형관계를 보여 준다.

37

$$r = \frac{320.660}{\sqrt{14499.133 \times 8.495}} = 0.914$$

상관계수 값은 전 세계 매장의 수와 직원 수 사이에 강한 양의 선형관계를 보여 준다. 이것은 매장 수가 많으면 직원 수도 많다는 것을 의미한다.

38 (a) 산점도는 기차 여행 길이(마일)와 기차 티켓 가격(파운드) 사이의 양의 상관관계를 나타낸다.

(b) r은 0.981일 가능성이 가장 높다.

(c) 아니다. 상관관계는 두 변수 사이의 인과관계를 나타내지 않기 때문에 선형관계 강도는 기차 여행 길이의 증가가 티켓 가격의 증가의 원인이라고 볼 수는 없다.

(d) 상관계수는 두 변수의 척도에 영향을 받지 않기 때문에 여행 길이를 마일에서 킬로미터로 바꿔도 상관계수의 값은 변하지 않는다.

39 (a) 두 변수 사이에 양의 상관관계가 나타난다면, 그것은 환자가 병원에 입원한 일수가 증가하면 완벽하게 회복하기 위해 필요한 기간(주)도 증가한다는 의미이다.

(b) 음의 상관관계는 환자가 병원에 입원한 일수가 증가하면 완벽하게 회복하기 위해 필요한 기간(주)은 감소한다는 의미한다.

(c) 양. 환자가 병원에 입원한 시간이 길다는 것은 더 심각한 질병일 수 있기 때문에 회복 기간도 더 길어질 수 있다.

음. 병원에 더 오래 입원한 환자들은 치료를 더 많이 받기 때문에 건강 상태가 좋아져서 퇴원하므로 나중에 회복에 필요한 시간이 줄어들 것이다.

(d) 상관관계는 두 변수 사이의 인과관계에 대한 정보를 주지 않기 때문에 강한 양의 상관관계는 하나의 변수의 감소가 다른 변수의 감소 원인이라는 의미는 아니다. 가능한 잠재변수는 환자의 나이와 환자가 병원에 입원하기 전 이미 아팠던 날의 수일 수도 있다. 이 두 요인이 변수들에 영향을 미칠 수 있고 인과관계의 원인일 수 있다.

40 PMCC 값이 정확히 0이면 선형관계가 없다는 것을 나타낸다. 그러나 변수들은 선형적인 패턴은 아니지만 다른 강한 함수 관계가 있음을 보여 줄 수도 있다. 산점도를 그려야 결과를 완전히 해석할 수 있다.

단순선형회귀

목표

이 장에서 설명하는 것은 다음과 같다.

- 독립변수와 종속변수를 구별한다.
- 단순선형회귀모형을 이해한다.
- 적합선 방정식을 찾는다.
- 회귀방정식을 사용하여
  - 예측값을 계산한다.
  - y절편과 기울기를 해석한다.

핵심용어

단순선형회귀(simple linear regression)
독립변수(independent variable)
반응변수(response variable)
변화율(gradient)

보간법(interpolation)
선형방정식(linear equation)
설명변수(explanatory variable)
외삽법(extrapolation)
잔차(residual)

적합선(line of best fit)
종속변수(dependent variable)
최소제곱법(least squares method)
회귀선(regression line)
y**절편**(y-intercept)

서론

이전 장에서는 상관관계를 사용해 두 양적변수의 선형관계를 설명하는 방법을 상관분석 개념에서 살펴봤지만 선형관계의 방향과 강도만 설명할 수 있다는 것을 알았다.

　단순선형회귀(simple linear regression)를 사용하면 하나의 변수의 변화가 다른 변수에 어떤 영향을 주는지 판단하므로 두 변수의 관계를 더 자세히 조사할 수 있다. 가장 중요한 것은 회귀 모형을 사용해 한 변수에 주어진 값으로 다른 변수의 값을 예측할 수 있는 방정식을 만들 수 있다는 것이다.

단순선형회귀모형을 만들 수 있는 개념들을 소개하기 전에 y절편과 기울기의 뜻을 기억할 수 있도록 선형방정식들을 먼저 검토할 것이다. 나중에 이 장에서 데이터에 대한 적합선의 방정식을 찾는 방법과 방정식을 사용하고 해석하는 방법을 이해할 수 있도록 설명한다.

독립변수와 종속변수

회귀에 있어서는 독립변수와 종속변수를 구별할 필요가 있다. **독립변수**(independent variable)는 **종속변수**(dependent variable)의 값을 예측하는 데 사용된다. 이 변수의 변화가 종속변수의 변화를 설명하기 때문에 종종 **설명변수**(explanatory variable)라고도 한다. 종속변수 값들은 독립변수로 예측될 수 있다. 독립변수의 변화로 인해 값이 바뀌기 때문에 종속변수의 다른 이름은 **반응변수**(response variable)이다. 비즈니스 시나리오에서는 소매 상점에서의 매상이 종속변수라고 할 수 있다. 상품 판매량은 다음과 같은 여러 가지의 독립변수들의 영향을 받을 수 있다.

- 임대한 소매 상점의 수
- 판매 직원의 수
- 제품의 소매 가격
- 소매 상점의 총 영업 시간
- 광고에 지출된 총비용

한 종속변수에 다수의 독립변수의 효과를 분석하는 데 관심이 있다면 다중회귀모형을 사용한다. 그러나 이 장에서 중점적으로 다루는 단순선형회귀에서는 하나의 독립변수가 하나의 종속변수에 미치는 영향과 그 변수들의 관계를 조사하는 것에 제한되어 있다. 측정 또는 수집된 데이터의 변수의 쌍(x, y)에서는 항상 x는 독립변수이고 y는 종속변수이다.

선형방정식

이차원 그래프에 그려지는 모든 직선은 x는 x축에 그려지는 독립변수이고 y는 y축에 그려지는 종속변수인 일반적인 형태를 가진 **일차방정식**(linear equation) $y = a + bx$로 설명할 수 있다.

상수 a와 b는 양수 또는 음수, 정수 또는 소수일 수 있고 각각의 데이터 관측값의 쌍은 서로 다른 직선에 대한 일차방정식을 제공한다. 다음 예제들을 살펴보자.

	상수 a	상수 b	일차방정식
(i)	1	0.5	$y = 1 + 0.5x$
(ii)	-1	-2	$y = 1 - 2x$
(iii)	4	-2	$y = 4 - 2x$

위의 표에서 각 일차방정식이 나타내는 직선은 다음 그래프에 그릴 수 있다.

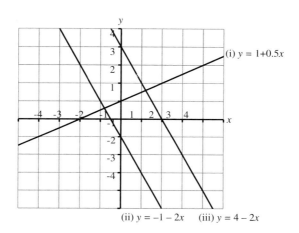

직선이 y축과 만나는 점인 상수 a, 또는 **y절편**(y-intercept)은 좌표의 y값과 동일하다. 이 절편 값은 독립변수가 0인 경우에 종속변수의 값이다.

상수 b는 **변화율**(gradient)이라 불리고 직선의 기울기를 나타낸다. 기울기는 독립변수의 한 단위 증가가 종속변수의 크기 변화량에 대한 측정값이다. b가 음수이면 직선은 아래쪽으로 기울어지며 x값의 증가량에 대한 y값의 감소량을 나타낸다. 위로 기울어진 그래프는 양의 기울기를 가지고 있고 x값의 증가량에 대한 y값의 증가량을 나타낸다.

y절편과 기울기는 다음과 같이 그래프에 나타난다.

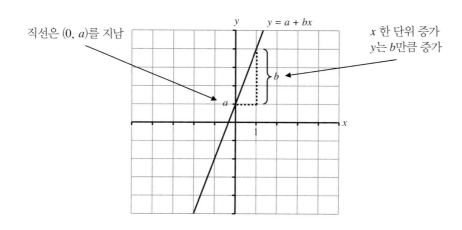

다음 표는 주어진 직선들에 대한 상수 a와 b의 의미를 나타낸다.

	상수 a 값	절편 점	상수 b 값	x가 한 단위 증가	일차방정식
(i)	1	$(0, 1)$	0.5	y가 0.5 증가	$y = 1 + 0.5x$
(ii)	-1	$(0, -1)$	-2	y가 2 감소	$y = -1 - 2x$
(iii)	4	$(0, 4)$	-2	y가 2 감소	$y = 4 - 2x$

그래프의 축에 표시된 최대값과 최소값과 상관없이 일차방정식을 사용해 독립변수의 특정값 x에 대한 종속변수 값 y를 계산할 수 있다.

주어진 방정식을 사용하면, 다음과 같이 x에 다른 값을 대입해서 대응하는 y값을 찾을 수 있다.

	일차방정식	주어진 x	계산	y값
(i)	$y = 1 + 0.5x$	7	$y = 1 + (0.5 \times 7)$	4.5
(ii)	$y = -1 - 2x$	-16	$y = -1 - (2 \times -16)$	31
(iii)	$y = 4 - 2x$	112	$y = 4 - (2 \times 112)$	-220

단순선형회귀모형

이전 절에서 y값이 x값에 직접적으로 의존하는 두 변수와 그 변수들의 데이터 값이 그래프에 정확한 직선으로 나타나는 그 관계를 일차방정식을 사용해서 설명하는 방법을 알아보았다.

많은 상황에서는 두 변수 사이의 관계가 충분히 간단하지 않은 특성상 정확한 일차방정식으로 설명될 수 없기 때문에 독립변수만 가지고 종속변수를 예측할 수 없다. 선형관계에 추가될 수 있는 복잡성을 고려하는 다른 모형을 개발하고 사용해야 한다.

예를 들어, 텔레비전을 판매하는 회사의 매상과 광고비를 생각해 보자. 판매된 텔레비전 수가 회사 광고비에 의존하는 선형관계를 가질 가능성이 있다. 하지만 경험을 통해서 우리는 지출 습관과 같은 인간의 행동은 예측할 수 없다는 것을 알기 때문에 매상과 광고비 사이의 관계에 어떤 임의 변동이 나타날 수 있다.

이 경우, 관계를 일차방정식을 사용해서 관계를 직접적으로 설명하는 것은 가능하지 않다. 회사의 과거 기록들을 사용해 산점도를 그리면 데이터들이 정확하게 직선상에 놓여 있지 않다는 것을 발견할 수 있다. 가장 중요한 것은 일차방정식을 사용해 주어진 특정 광고비에 대한 판매될 수 있는 텔레비전의 수를 완전하게 예측할 수 없다는 것이다.

7장에 설명된 바와 같이 산점도를 그리고 상관계수를 계산해서 두 양적변수가 선형관계를 갖는 것을 입증할 수 있다. 데이터들의 상관계수가 -1 또는 1이 아니고 데이터들이 정확하게 직선상에 놓여 있지 않을 경우, 회귀분석을 사용해 주어진 x값을 가지고 y값을 예측할 수 있는 모형을 제공할 수 있다.

산점도에 데이터를 그리면, 다음과 같이 그 데이터의 일부를 통해 많은 다양한 직선을 그릴 수 있다.

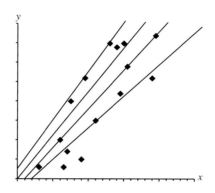

산점도에 나타난 데이터들이 직선상에 놓이지 않은 경우 모든 데이터를 통과하는 하나의 직선을 그리는 것은 불가능하다.

우리는 두 변수 사이의 선형관계를 가장 잘 나타낼 수 있는 직선에 특히 관심이 있다. 단순선형회귀는 독립변수를 기초로 해서 종속변수에 대한 최선의 예측을 가능하게 하는 직선의 방정식을 찾는 것을 포함한다. 이것은 회귀선(regression line) 또는 적합선(line of best fit)으로 알려져 있다.

최적 적합선 찾기

산점도에 그리기로 선택한 어떤 직선에서는 각 데이터와 그와 대응하는 직선 위의 위치와의 차이가 생긴다. 이 차이, 잔차(residual)는 데이터들이 직선의 위 또는 아래 어느 쪽에 놓여 있는지의 여부에 따라 양수 또는 음수가 된다. 이러한 개념의 그래프는 다음과 같다.

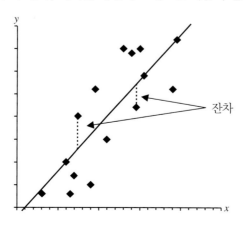

잔차

각 잔차는 데이터의 실제 y값과 직선의 일차방정식을 사용해서 예측하는 y값의 차이이다. 이전 장에서 설명한 것 같이 차이들은 독립변수와 종속변수 사이의 관계에서 나타나는 임의 변동을 나타낸다. 잔차가 양수인지 음수인지 떠나서 잔차의 크기의 합은 선택된 직선이 데이터들과 얼마나 일치하는지의 효율성을 측정한다.

  적합선을 찾는 이유는 데이터들과 가장 적합한 직선을 그려서 차이를 최소화시키려는 것이다. 이 직선은 주어진 독립변수의 값에 대응하는 가장 정확한 종속변수의 값을 알려준다. 이 직선을 구하기 위해 기울기와 y절편을 계산해야 한다. 이것은 앙드리앵-마리 르장드르(Adrien-Marie Legendre, 1752~1833)가 개발한 **최소제곱법**(least squares method)으로 구한다.

  n쌍의 데이터에서 최소제곱법은 다음 공식을 사용해 최적 적합선, $y = a + bx$의 상수 a와 b를 계산할 수 있다. b는 직선의 변화율이고 a는 y절편이다.

$$b = \frac{S_{xy}}{S_{xx}} \quad a = \bar{y} - b\bar{x}$$

여기서

$$S_{xy} = \sum x_i y_i - \frac{\sum x_i \sum y_i}{n} \quad S_{xx} = \sum x_i^2 - \frac{\left(\sum x_i\right)^2}{n}$$

7장과 같이 (x_1, y_1)은 데이터의 첫 번째 쌍이고 (x_2, y_2)는 두 번째 쌍이고 (x_n, y_n)은 데이터의 마지막 쌍이다. 상수 a와 b는 셋째 소수점으로 반올림하는 것이 좋다.

예제-최적 적합선 찾기

다음 표는 한 회사에서 10개월 동안 기록한 텔레비전 판매 대수와 광고에 지출된 금액을 나타낸다. 판매된 텔레비전 수의 값은 독립변수인 광고비에 의존하기 때문에 종속변수이다.

광고비(천 파운드) x	16	19	12	16	13	17	19	15	17	21
텔레비전 판매 수 y	370	410	205	320	290	455	300	280	375	420

데이터에 대한 산점도를 그리고 상관계수를 계산하면 x와 y 사이의 선형관계를 확인하는 데 도움이 된다.

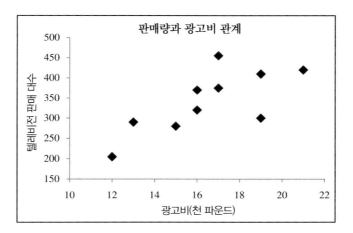

데이터의 상관계수는

$$r = \frac{57890 - \dfrac{165 \times 3425}{10}}{\sqrt{\left(2791 - \dfrac{165^2}{10}\right)\left(1225975 - \dfrac{3425^2}{10}\right)}} = \frac{1377.5}{\sqrt{68.5 \times 52912.5}} = 0.724$$

데이터들이 직선상에 놓여 있지 않아도 산점도와 상관계수는 두 변수의 선형관계를 보여준다. 그러므로 최소제곱법을 사용해 적합선을 찾는 것이 합리적인 방법이다.

적합선의 기울기는 다음과 같다.

$$b = \frac{57890 - \dfrac{165 \times 3425}{10}}{2791 - \dfrac{165^2}{10}} = \frac{1377.5}{68.5} = 20.109$$

적합선의 y절편은 다음과 같다.

$$a = \frac{3425}{10} - \left(\frac{1377.5}{68.5} \times \frac{165}{10}\right) = 10.693$$

회귀방정식은 다음과 같다.

$$y = 10.693 + 20.109x$$

예측하기

최소제곱법을 사용하여 계산한 최적 적합선을 활용하면 독립변수의 특정 값 x에 대한 종속변수 값 y를 예측할 수 있다.

아래 그래프에 그려진 산점도에 그래프법을 사용해 적합선을 그리면 대응하는 y값, 또는 $\hat{y}$을 찾을 수 있다.

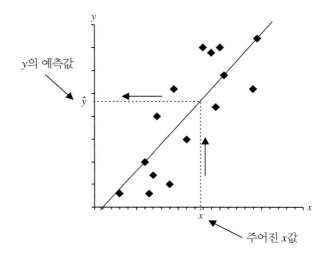

그러나 좀 더 정확한 방법을 선호하기 때문에 주어진 x값을 회귀방정식에 대입하면 y값을 알 수 있다.

모든 예측은 y값의 추정값이라는 것을 기억하는 것이 중요하다. 주어진 x값이 원 데이터에 없으면 정확한 y값을 알 수 없다.

예제–예측

한 회사에서 10개월 동안 기록된 텔레비전의 판매 대수와 광고에 지출된 금액(천 파운드)을 사용해 찾은 회귀선의 방정식은 $y = 10.693 + 20.109x$이다.

광고비가 14,000파운드 지출되었을 경우에 판매될 수 있는 텔레비전의 대수를 알아 보도록 하자. 여기서 회귀방정식에 $x = 14$를 대입하면 y의 예측값은 다음과 같다.

$$\hat{y} = 10.693 + (20.109 \times 14) = 292.219$$

회사가 광고에 14,000파운드를 지출하면 텔레비전 292대를 판매할 것이라고 예상할 수 있다.

보간법과 외사법

독립변수의 어느 한 특정 값에 대한 종속변수 값을 예측하는 것은 가능하지만 예측된 값을 항상 신뢰할 수 있는 것은 아니다.

회귀선의 기울기와 y절편의 계산은 관찰 또는 측정된 데이터 값에 전적으로 의존한다. 따라서 주어진 x값이 원데이터의 x값 범위에 들어가는 경우에 회귀방정식을 사용해 신뢰성 있는 예측을 할 수 있다. 이것은 보간법(interpolation)이라고 알려져 있다. 데이터 범위 밖에 있는 x값을 사용하는 절차는 외삽법(extrapolation)이라고 하고 두 변수에 대해 관찰된 선형관계가 더 이상 없을 수도 있기 때문에 예측된 값, $\hat{y}$은 신뢰할 수 없는 값일 수도 있다. 외삽법을 사용해 예측된 종속변수 값들은 주의해서 사용해야 한다.

예제 – 보간법과 외사법

텔레비전에 대한 예제로 돌아가면 데이터들은 다음과 같다.

광고비(천 파운드) x	16	19	12	16	13	17	19	15	17	21
텔레비전 판매 수 y	370	410	205	320	290	455	300	280	375	420

x값 14,000은 원데이터의 최소값 12,000와 최대값 21,000 범위 안에 포함되어 있기 때문에 전에 구했던 예측값은 신뢰할 수 있다.

광고비 55,000파운드로 판매할 수 있는 텔레비전의 수를 알아보도록 하자. 여기서, $x = 55$를 회귀식에 대입하면 y의 예측값은 다음과 같다.

$$\hat{y} = 10.693 + (20.109 \times 55) = 1116.688$$

회사가 55,000파운드의 광고비를 지출하면 1,117대의 텔레비전을 판매할 수 있다고 추정할 수 있다. 하지만 55,000의 주어진 x값은 원데이터 x값의 범위에 포함되지 않기 때문에 신뢰할 수 있는 추정값은 아니다. 이것이 외삽법의 한 예이다.

해석

특정 데이터에 있어서 종속변수와 독립변수에 대한 회귀방정식의 기울기와 y절편의 의미를 다음과 같이 해석할 수 있다.

일차방정식을 복습할 때 다음과 같은 내용을 공부하였다.

- 상수 a 또는 y절편은 독립변수가 0인 경우에 종속변수의 값이다.
- 상수 b 또는 기울기는 독립변수의 변화량이 종속변수에 미치는 변화량에 대한 측정이다. b가 음수이면 y값의 감소를 나타내고 양의 기울기는 y의 증가를 의미한다.

주어진 시나리오에 기울기와 y절편에 대한 실제적 해석을 제공하는 것은 상수의 실제 값과 변수의 이름을 사용하여 문장으로 설명하는 것을 포함한다. a와 b 값은 단순선형회귀모형을 사용해 계산한 추정값이다. 따라서 설명할 때 '기대'와 '추정' 단어들을 사용하는 것이 중요하다.

예제-해석

이 장에서 사용된 예제에서 우리는 변수들을 다음과 같이 설명하였다.

변수	기호	정의
독립변수	x	광고비(천 파운드)
종속변수	y	판매된 텔레비전 대수

최소자승법에 의해 계산된 기울기는 20.109와 y절편은 10.693으로 구했다. 실제적인 해석은 다음과 같다.

- 광고비가 0이면 판매될 수 있는 텔레비전의 기대 수는 10.693이다. 회사가 광고비를 전혀 지출하지 않아도 약 11대의 텔레비전을 판매할 수 있다고 추정할 수 있다.
- 광고비가 한 단위씩 늘어날 때마다 판매될 수 있는 텔레비전의 수의 증가에 대한 기대 값은 20.109이다. 즉, 광고비가 1,000파운드 늘어날 때마다 판매할 수 있는 텔레비전은 약 20대씩 증가한다고 예측할 수 있다.

힌트와 팁

선형관계

단순선형회귀모형은 하나의 종속변수와 하나의 독립변수를 포함하는 경우에만 사용할 수 있다. 가장 중요한 것은 데이터들을 산점도에 그리거나 상관계수를 계산해서 두 변수의 선형관계를 나타내야 한다는 것이다.

 선형관계가 존재한다는 것이 확인되면, 회귀선의 방정식을 사용해 주어진 독립변수 값에 대응하는 종속변수의 값을 예측할 수 있다.

반올림 오차

계산의 중간 단계에서 너무 많은 반올림을 하면 적합선의 방정식이 달라져 종속변수에 대한 예측의 정확도에 영향을 미칠 수 있다. 그러므로 회귀방정식의 기울기와 y절편을 계산할 때는 반올림오차를 피해야 한다. 반올림에 대한 두 가지 중요한 지침이 있다.

- b를 계산할 때 항상 S_{xy}와 S_{xx}의 반올림 값이 아닌 '진짜' 값을 사용했는지 확인한다.
- 회귀식의 y절편에 대한 계산을 할 때 기울기의 반올림 값을 사용하지 말아야 한다.

이전 예제로 돌아가면 우리는 $b = 20.109$이고 $a = 10.693$이라는 것을 알았다. S_{xy}와 S_{xx}값을 각각 1378과 69로 반올림했으면 b값은 19.971이었을 것이다. 다음 계산에서 $b = 20$을 사용하면 a의 값은 12.500으로 증가한다.

회귀방정식의 기울기와 y절편을 반올림한 효과를 다음 표에서 분명히 볼 수 있다.

	기호	반올림 없음	반올림 적용
y절편	a	10.693	12.500
변화율-기울기	b	20.109	19.971

상수 *a*의 실제적 해석

상수 a는 독립변수가 0인 경우에 종속변수의 값이라는 것을 되살려 보자. 때때로, 0이 독립변수에 대한 적절한 값이 될 수 없을 경우 a에 대한 실제적 해석을 제공하는 것은 논리적이지 않다.

텔레비전 판매에 대한 예제에서, 0은 독립변수에 대한 적절한 값이 될 수 있다. 광고비가 없을 경우를 나타내기 때문에 가능한 시나리오이다.

한 대의 텔레비전 소매 가격을 독립변수라고 가정해 보자. 판매량이 여전히 단가에 달려 있다고 할 수 있기 때문에 가능하다. 하지만 독립변수가 0이면 텔레비전은 무료로 판매된다는 뜻이기 때문에 0일 가능성은 극히 낮다. 이 경우, 텔레비전 가격이 0인 경우에 대한 판매량을 설명하는 것은 의미가 없기 때문에 a에 대한 실제적 해석을 제공하지 않을 수도 있다.

엑셀 활용하기

회귀

엑셀 스프레드시트에 입력된 데이터에 대한 적합선은 2개의 내장 통계함수, **SLOPE**와 **INTERCEPT**를 사용해서 찾을 수 있다.

함수	설명	구문
SLOPE	종속변수와 독립변수 단순회귀모형에 대한 적합선의 기울기를 계산	SLOPE(종속변수 배열, 독립변수 배열)
INTERCEPT	종속변수와 독립변수 단순회귀모형에 대한 적합선의 절편을 계산	INTERCEPT(종속변수 배열, 독립변수 배열)

C5		fx	=SLOPE(C3:L3,C2:L2)								
	A	B	C	D	E	F	G	H	I	J	K	L
1												
2		광고비	16	19	12	16	13	17	19	15	17	21
3		판매대수	370	410	205	320	290	455	300	280	375	420
4												
5		기울기 :	20.1095									

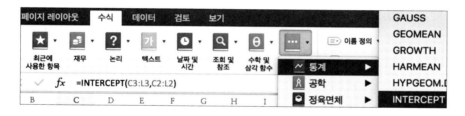

C6		fx	=INTERCEPT(C3:L3,C2:L2)								
	A	B	C	D	E	F	G	H	I	J	K	L
1												
2		광고비	16	19	12	16	13	17	19	15	17	21
3		판매대수	370	410	205	320	290	455	300	280	375	420
4												
5		기울기 :	20.1095									
6		절편 :	10.6934									

이 장 앞부분에서 설명한 예제를 사용해 다음 표는 한 회사에서 10개월 동안 기록된 텔레비전의 판매 대수와 광고에 지출된 금액을 나타낸다. 판매된 텔레비전은 독립변수인 광고비에 의존하기 때문에 판매된 텔레비전의 수는 종속변수이다.

이 정보를 사용해 우리는 회귀선의 방정식을 다음과 같이 쓸 수 있다.

$$y = 10.693 + 20.109x$$

연습문제

1 부동산 웹사이트에서 같은 우편 구역에 있는 12개의 주택에 대한 데이터가 다음과 같이 기록되었다.

내부공간 면적(제곱미터)	광고된 매매 가격(천 파운드)
104.9	650
134.1	400
78.8	250
92.6	305
124.7	350
104.7	370
130.8	470
97.9	375
64.5	240
75.8	270
77.5	300
122.4	420

(a) 이 데이터에 대한 적합선의 기울기와 y절편을 계산하시오.

(b) 내부 공간이 570인 주택의 광고된 매매 가격을 예측하는 데 적합선을 사용하는 것이 적절하지 않은 이유를 설명하시오.

2 어느 한 큰 회사가 소유하고 있는 12개의 호텔 지점에서 같은 날에 점유 객실의 수와 빈 주차 공간의 수를 기록하였다. 다음과 같은 정보가 계산되었다.

$$\sum x = 1900 \quad \sum y = 121 \quad \sum x^2 = 309950 \quad \sum xy = 17948$$

점유 객실의 수 x에 대해 빈 주차 공간의 수 y를 예측할 수 있는 회귀방정식을 찾으시오.

3 다음에 적힌 각 쌍의 경우 어떤 변수가 독립적이고 어떤 변수가 종속적인지 결정하시오.

(a) 집과 회사 사이의 거리, 매일 출퇴근에 소요하는 시간

(b) 일일 평균 온도, 가정 난방비 청구서 비용

(c) 관광 단지 방문자의 수, 1인당 관광단지 입장료

(d) 구직자가 한 면접의 수, 지원한 직장 입사원서의 수

4 런던 유스턴 역에서 출발하는 10개의 기차에 대해 각 기차가 정차하는 역의 수와 목적지까지 가는 데 걸리는 시간을 다음 표에 나타낸다.

기차가 정차하는 역의 수	17	14	7	2	6	3	4	7	9	11
목적지까지 가는 데 걸리는 시간(분)	56	45	39	12	24	19	32	35	41	47

(a) 주어진 데이터를 산점도에 그리시오.

(b) 도표는 변수들의 양의 선형관계, 음의 선형관계 중 어느 것인가? 대답에 대해 설명하시오.

(c) 데이터에 대한 적합방정식을 찾으시오.

(d) 적합 회귀선의 기울기의 실제적 해석을 제공하시오.

5 그래프를 그리지 않고 다음 일차방정식들이 x와 y 사이에 음의 관계 또는 양의 관계 중 어느 쪽을 나타내는지 설명하시오. 기울기도 설명하시오.

(a) $y = 9.5 + 24x$

(b) $y = 55 - 11.7x$

6 다음 표는 유럽 연합 12개국에 대한 인구와 1인당 GDP를 보여 준다.

인구(백만 명)	1인당 GDP(천 불)
8.4	47
11.1	44
5.6	56
5.4	46
65.9	40
82.8	41
25.3	22
60.8	33
0.5	105
10.6	20
46.7	28
9.5	55

인구가 독립변수이고 1인당 GDP가 종속변수인 회귀방정식을 데이터를 사용해서 찾으시오.

7 신규 모집 자문위원은 새로운 회사에서 근무하기 시작한 8명의 공인 회계사의 근무 연수와 연봉을 기록하였다. 데이터는 다음과 같다.

근무 연수	5	8	2	16	3	7	4	10
초봉(천 파운드)	43.6	61.5	29.7	85.1	32.4	46.2	39.8	49.5

데이터를 사용해 적합선을 구하면 $y = 22.865 + 3.725x$이다.

(a) 이 경우에 반응변수와 설명변수를 사용하시오.

(b) 이 경우의 문맥에서 기울기와 y절편에 대한 실제적 해석을 제공하시오.

(c) 회귀선을 사용해 12년의 업무 경력이 있는 사람의 초봉을 예측하시오. 이것은 보간법 또는 외삽법 중 어느 것인가?

(d) 공인회계사로 25년 동안 일한 사람의 초봉을 회귀선을 사용해 예측하는 것이 적절한가? 이유를 설명하시오.

8 마켓 연구원은 회사 웹사이트 방문자 수와 온라인 상점을 통해 판매된 제품의 수인 두 변수에 대한 회귀방정식을 구하려고 한다. 어느 변수가 x이고 어느 변수가 y인지 결정하시오. 결정에 대한 이유를 설명하시오.

9 종속변수가 주거용 자산의 경우 이 값에 영향을 미칠 3개의 양적 독립변수는 무엇인가? 이 경우는 어떤 종류의 회귀 모형을 사용해야 하는가?

10 어느 한 기업은 기업 임원의 출장 일수(x)와 대응하는 여행의 총비용에 대한 청구(£y)를 조사하였다. 10번의 여행을 포함한 임의표본은 다음과 같은 결과를 주었다.

일수	10	3	8	17	5	9	14	16	21	13
비용 청구	116	39	85	159	61	94	143	178	225	134

(a) 최소제곱회귀선의 방정식을 계산하시오.

(b) (a) 부분에서 찾은 방정식을 사용해 12일 걸린 출장에 대한 청구 비용을 예측하시오.

11 단순선형회귀의 문맥에서 반응변수와 설명변수의 의미를 설명하시오.

12 적당한 그래프를 사용해 단순선형회귀모형을 적용하는 것이 적합하지 않은 경우 예를 들어, 두 변수 사이의 관계를 시각적으로 표현하시오.

13 휴가 일수와 수입의 관계를 조사하는 연구 프로젝트에서 10 가족의 연 수입과 휴가 일수에 대해 질문하였다. 결과는 다음과 같다.

연 수입(천 파운드)	휴가 일수
32.4	15
29.9	15
92.7	29

61	25
44.1	21
52.3	18
36.9	16
31.3	14
22.8	8
27.6	10

데이터에 대한 회귀방정식은 $y = 4.855 + 0.284x$이다.

(a) 연 수입은 x축으로 하고 휴가 기간은 y축으로 한 단순선형회귀모형이 이 경우에 적합하다는 것을 산점도를 그려서 나타내시오. 대답에 대해 설명하시오.

(b) 연 수입과 휴가 일수에 대한 상관계수를 계산하시오. r값은 (a) 부분의 답과 일치하는가?

(c) 연 수입이 165,000파운드인 가족은 작년에 휴가로 며칠을 사용하였는가? 이 추정값은 신뢰할 수 있는가?

14 소프트웨어 개발 회사의 기술 이사는 직원들이 병가로 사용한 일수와 프로젝트가 지연된 기간 사이의 관계를 이해하기 위해 조사를 시작하였다. 회귀방정식 $y = 2.536 + 6.966x$에서 기술 이사는 프로젝트가 지연된 기간이 하루 늘어날 때마다 병가로 사용한 일수가 7일 증가한다는 것을 추정하였다.

기술 이사가 회귀방정식의 기울기를 잘못 해석하는 한 부분에 대해 설명하고 올바른 해석을 하시오.

15 온라인 소매 업체에서 판매되는 10권의 비즈니스 통계 교과서의 쪽수 x와 가격 y를 다음 표에 나타낸다.

쪽수 x	가격(파운드) y
352	36.99
792	60.79
408	11.55
504	32.29
368	42.81
324	66.49
432	11.99
250	55.07
864	43.34
1016	58.89

(a) 적합방정식을 구하시오.

(b) 375쪽인 비즈니스 통계 교과서의 가격을 예측하시오.

(c) 이 문맥에서 a의 실제적 해석을 하는 것이 논리적으로 의미가 없는 이유를 설명하시오.

16 택시를 탄 거리(마일)와 택시 비용에 대한 회귀방정식을 계산하면 방정식의 기울기를 변수의 관점에서 어떻게 해석할 수 있는가? 기울기는 양수인가 아니면 음수인가? 대답에 대한 이유를 설명하시오.

17 회귀선 $y = 152.248 - 13.626x$를 이용해 주어진 다음 x값에 대한 y값을 예측하시오.

(a) $x = 3$

(b) $x = 10$

18 한 소매 회사는 신도시에 있는 몇 개의 상점에서 예상 매출을 알아보려고 한다. 9개 기존 매장의 연간 매출(천 파운드)은 알려져 있고, 각 상점이 있는 도시의 인구수(천 명)도 알 수 있다. 가장 작은 도시의 인구수는 16,000명이고 가장 큰 도시의 인구수는 60,000명이다. 계산된 회귀선은 $y = 42.184 + 0.509x$이다. 회사는 22,000명 인구를 가진 도시의 예상 매출을 5,338파운드로 예측하였다. 회사가 한 예측에 대해 잘못된 부분은 무엇인가?

19 다음 각 변수에 대해 단순선형회귀모형을 적용하는 것이 적합하지 않은 이유를 설명하시오.

(a) 판매된 영화 티켓 매수와 영화 장르

(b) 호텔 계산서 총 가격과 숙박한 날의 수, 사람 수, 예약된 방의 수와 주문된 아침식사의 수

20 두 양적 변수 데이터에 대해 적합선을 찾는 이유를 설명하시오.

21 6월에 9일 동안 야외의 관광 명소를 찾은 방문자 수와 일일 평균 온도를 기록하였다. 어느 변수가 독립변수이고 종속변수인지 결정하고 데이터에 대한 적합선의 방정식을 구하시오.

일일 평균 온도(℃)	13.2	16.5	14.9	15.2	13.6	14.5	15.8	16.9	17.1
방문자 수	1023	1362	1298	1369	986	1425	1459	1447	1698

22 종속변수의 예측값을 찾기 위해 단순선형회귀모형을 사용하는 것이 적합한지 알려주는 도표의 종류는 무엇인가?

(a) 파이그림

(b) 시계열그림

(c) 산점도

23 보간법과 외삽법의 의미를 설명하시오.

24 지방 선거 기간 동안, 공개석상에 등장한 횟수와 각 후보에 대한 득표수를 기록하였다. 데이터는 이 산점도에 나타낸다.

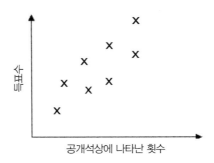

(a) 이러한 데이터에 단순선형회귀모형을 적용하는 것이 적합한가? 답변에 대한 이유를 설명하시오.

(b) 이러한 경우에 반응변수는 무엇인가?

25 주택보험회사에서 주거 고객들로부터 데이터를 수집하였다. 3년간 만들어진 보험 청구 건수와 정책의 갱신을 위해 제공된 보험료의 관계를 조사하고자 한다. 변수들에 대해 계산된 적합선은 $y = 157.23 + 29.5x$이다. 청구 건수가 하나씩 증가할 때 보험료 변화의 추정값은 얼마인가?

(a) 29.50파운드

(b) 회귀방정식을 사용해서 추정값을 계산할 수 없다.

(c) 157.23파운드

26 (a) 다음 표에 나타난 데이터를 사용해 어느 토요일 오후에 슈퍼마켓 계산대에 계산을 위해 줄 서 있는 사람 수와 계산하는 데 걸리는 시간(분)에 대한 회귀방정식을 계산하시오.

대기 사람 수(x)	계산하는 데 걸린 시간(분)(y)
2	5
5	9
8	16
3	7
6	12
4	8

(b) 상수 a와 b를 해석하시오.

27 산점도에서 독립변수의 값을 그리는 데 사용되는 축은 어느 것인가?

(a) x축

(b) y축

(c) 아무 축이나 사용할 수 있다.

28 한 가정의 월간 소득에 대해 월간 음식 비용을 예측할 때 적합선을 사용하는 것이 적당한가? 그 이유를 설명하시오.

29 중고차 대리점의 주인은 파트 교환을 위해 가져온 12대의 자동차에 대한 데이터를 다음과 같이 기록하였다.

연식(연)	3	7	5	2	6	8	9	4	5	9	2	7
주행거리(천 마일)	29	48	39	25	38	55	62	37	41	59	23	50

(a) 반응변수는 무엇인가?

(b) 세 번째 소수점에서 반올림하면 $S_{xx} = 68.917$이고 $S_{xy} = 348.833$인 것을 보이시오.

(c) $y = a + bx$ 형태의 적합선 방정식을 구하시오.

30 온라인 잡지 기사에서 2013년도에 판매를 위해 새롭게 출시된 9가지 자동차 모델의 엔진 용량(CC)과 최고 속도(km/hr)를 측정하였다. 이 데이터의 계산된 회귀방정식은 $y = 152.367 + 0.032x$이다. 기자는 y절편을 해석해서 엔진 용량이 0인 자동차는 최고 속도가 약 $152km/hr$일 것이라고 주장하였다. 이 기자의 주장의 문제점은 무엇인가?

31 회귀에 대한 문장들의 빈칸을 채우시오.

(a) _____ 또는 설명변수는 종속변수값을 예측하는 데 사용된다.

(b) 상수 a, 또는 _____은/는 독립변수의 값이 _____일 경우에 종속변수 값이다.

(c) 상수_____ 또는 변화율은 독립변수가 _____단위의 변화가 _____ 변수에 미치는 변화의 측정량이다.

(d) 측정 또는 기록된 숫자의 변수 쌍(x, y)에서는 항상 _____은/는 독립변수고 y는 _____변수이다.

32 의류 소매 업체에 대한 광고비(천 파운드)와 판매된 제품 수의 최소제곱회귀선은 $y = 6.53 + 0.35x$이다. 회사가 광고를 하지 않을 경우 판매된 제품 수의 추정값은 무엇인가?

(a) 653

(b) 350

(c) 6530

33 다음 표는 15명의 쇼핑객이 구매한 상품의 개수와 상점에서 쇼핑한 시간(분)을 나타낸다.

쇼핑한 시간	구매한 상품 개수
30	12
12	2
85	84
62	49
45	72
17	4
35	26
31	27
26	18
49	61
22	20
27	4
15	8
38	41
40	28

(a) 구매한 상품의 수를 종속변수로 사용해서 구한 적합회귀선이 $y = 1.199x - 12.268$이라는 것을 증명하시오.

(b) 상수 a에 대한 실제적 해석을 제공하는 것이 적당하지 않은 이유는 무엇인가?

34 다음 각 일차방정식에 대한 y절편과 기울기를 말하시오.

(a) $y = 2 - 3x$

(b) $y = 14x - 8$

35 다음 각 문장의 문제점을 설명하시오.

(a) 그래프에 있는 모든 직선은 x가 종속변수이고 y가 독립변수인 일반적인 형태를 가진 일차방정식 $y = a + bx$로 설명할 수 있다.

(b) 직선이 y축과 만나는 점인 상수 a(변화율로 알려진)는 좌표의 y값과 동일하다.

36 제조 회사의 기술 운영 보고서에서, 작년 한 해 동안 20대의 기계 수명(년)과 각각의 기계 고장의 수를 기록하였다. 데이터를 사용해 계산된 값들은 $\bar{x} = 7.667$, $\bar{y} = 4.333$, $S_{xx} = 228$, $S_{xy} = 117$이다. $x = 4$를 회귀방정식에 대입해서 $\hat{y}$값을 찾으시오.

37 다음 문장이 진실인지 거짓인지 말하시오. 거짓 문장에 대해 설명을 하시오.

(a) 회귀방정식의 기울기와 y절편을 계산할 때 반올림을 많이 하면 결과가 정확하지 않을 수 도 있다.

(b) 모든 경우에 a의 실제적 해석을 제공하는 것이 합리적이다.

(c) 최소제곱법을 사용해 적합선을 찾을 경우 어떤 x값에 대한 y값도 예측할 수 있다.

(d) 단순선형회귀모형은 하나의 종속변수와 하나의 독립변수를 가진 경우에만 사용할 수 있다.

(e) 회귀방정식의 기울기는 항상 음수이다.

38 영화 제작 회사는 블록버스터 영화 제작과 관련된 이익(만 달러)과 수입(만 달러)의 관계를 연구하였다. 회귀방정식은 $y = 128.374 + 0.537x$이다. 영화 수입이 600만 달러일 때 기대 이익을 계산하시오.

39 은행 매니저는 8명의 고객의 월 융자 상환금(천 파운드)과 실질 월 소득액(천 파운드)을 기록 하였다. 데이터에 대한 계산 결과가 다음과 같이 나타난다.

$$\sum x = 10.37 \quad \sum y = 12.907 \quad \sum x^2 = 14.322 \quad \sum xy = 15.539$$

(a) 적합선의 방정식을 구하시오.

(b) (a)의 답을 사용해 월 융자상환금이 1,450파운드인 가정의 월간 실질 소득액을 예측하 시오.

40 다음 각 일차방정식에서 $x = 9$이고 $x = 17$일 경우에 y값을 찾으시오.

(a) $y = 35 + 13x$

(b) $y = 26x - 4$

연습문제 해답

1 (a) x = 주택의 내부 공간, y = 광고된 매매 가격

	x	y	xy	x^2	n	$\bar{x}$	$\bar{y}$
	104.9	650	68185	11004.01	12	100.725	366.667
	134.1	400	53640	17982.81			
	78.8	250	19700	6209.44			
	92.6	305	28243	8574.76		S_{xx}	6123.842
	124.7	350	43645	15550.09		S_{xy}	1775405
	104.7	370	38739	10962.09		b	**2.899**
	130.8	470	61476	17108.64		a	**74.641**
	97.9	375	36712.5	9584.41			
	64.5	240	15480	4160.25			
	75.8	270	20466	5745.64			
	77.5	300	23250	6006.25			
	122.4	420	51408	14981.76			
총합	**1208.7**	**4400**	**460944.5**	**127870.2**			

기울기는 2.899, y절편은 74.641이다

(b) 내부 공간이 570제곱미터인 주택의 광고된 매매 가격을 예측하는 것은 적절하지 않다. 독립변수 범위($x = 64.5$부터 $x = 134.1$까지) 밖에 있는 두 변수 사이에 나타난 선형관계는 더 이상 유효하지 않기 때문에 예측값 $\hat{y}$을 신뢰할 수 없다.

2

$$b = \frac{17948 - \dfrac{1900 \times 121}{12}}{\left(309950 - \dfrac{1900^2}{12}\right)} = \frac{-1210.333}{9116.667} = -0.133$$

$$a = \frac{121}{12} - \left(\frac{-1210.333}{9116.667} \times \frac{1900}{12}\right) = 131.104$$

적합회귀선은 $y = 31.104x - 0.133$

3 (a) 독립변수 : 집과 회사 사이의 거리, 종속변수 : 매일 출퇴근에 소요되는 시간

(b) 독립변수 : 일일 평균 온도, 종속변수 : 가정 난방비 청구서 비용

(c) 종속변수 : 관광 단지의 방문자의 수, 독립변수 : 1인당 관광단지 입장료

(d) 종속변수 : 구직자가 한 면접의 수, 독립변수 : 지원한 직장 입사원서의 수

4 (a)

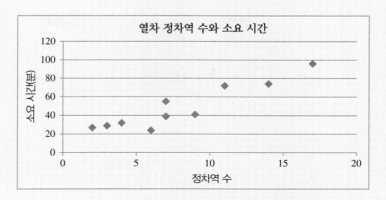

(b) 이 산점도는 데이터들이 왼쪽 아래부터 오른쪽 위로 향하는 양의 기울기를 직선으로 나타내기 때문에 변수의 양의 선형관계를 보여 준다.

(c) x = 기차가 정차한 역의 수, y = 목적지까지 가는 데 걸리는 시간

	x	y	xy	x^2	n	$\bar{x}$	$\bar{y}$
	17	96	1632	289	10	8.000	48.900
	14	74	1036	196			
	7	39	273	49			
	2	27	54	4	S_{xx}	210	
	6	24	144	36	S_{xy}	988	
	3	29	87	9	b	**4.705**	
	4	32	128	16	a	**11.262**	
	7	55	385	49			
	9	41	369	81			
	11	72	792	121			
총합	**80**	**489**	**4900**	**850**			

적합회귀선은 $y = 11.262 + 4.705x$

(d) 기차가 정차한 역의 수가 한 단위 증가하면 목적지까지 가는 데 걸리는 기대 시간은 4.705(분)이다. 기차가 정차하는 역이 하나 늘어 나면 걸리는 시간은 약 5분 더 늘어난다고 추정한다.

5 (a) 기울기는 24로 양수이므로 x와 y는 양의 관계를 가지고 있다. x값이 한 단위 증가할 때마다 y는 24단위 증가한다.

(b) 기울기는 −11.7 음수이므로 x와 y는 음의 관계를 가지고 있다. x값이 한 단위 증가할 때마다 y는 11.7 단위 감소한다.

6 x = 총 인구수, y = 1인당 GDP

	x	y	xy	x^2	n	$\bar{x}$	$\bar{y}$
	8.4	47	394.8	70.56	12	21.717	47.75
	11.1	44	488.4	123.21			
	5.6	56	313.6	31.36			
	5.4	46	248.4	29.16	S_{xx}		8954.857
	65.9	40	2636	4342.81	S_{xy}		−2750.25
	82.8	41	3394.8	6855.84	b		**−0.307**
	25.3	22	556.6	640.09	a		**53.262**
	60.8	33	2006.4	3696.64			
	0.5	105	52.5	0.25			
	10.6	20	212	112.36			
총합	**332.6**	**537**	**12133.6**	**18173.42**			

적합회귀선은 $y = 53.262 - 0.307x$

7 (a) 반응변수 : 초봉

설명변수 : 업무경력 연수

(b) y절편 : 업무 경력 연수가 0이면 22,865파운드가 기대 초봉이다. 업무 경력이 없는 사람의 초봉은 22,865파운드라고 추정할 수 있다.

기울기 : 업무 경력 연수가 한 단위 증가할 때마다 초봉의 증가 기대값은 3,725파운드이다. 공인회계사의 업무 경력 연수가 1년씩 늘어날 때마다 연봉은 3,725파운드씩 늘어날 것이라고 추정할 수 있다.

(c) $x = 12$를 회귀방정식에 대입하면 $\hat{y} = 22.865 + 3.725 \times 12 = 67.565$이다. 공인회계사가 12년의 업무 경력이 있으면 초봉은 67,565파운드라고 추정한다. $x = 12$는 변수의 데이터 값 범위(2~16) 안에 들어가 있기 때문에 보간법이다.

(d) 25년의 업무 경력이 있는 공인회계사의 초봉을 예측하는 것은 적당하지 않다. 독립변수 범위($x = 2$부터 $x = 16$까지) 밖에 있는 두 변수 사이에 나타난 선형관계는 더 이상 유효하지 않기 때문에 예측값 $\hat{y}$을 신뢰할 수 없다.

8 회사 웹사이트 방문자의 수가 독립변수이기 때문에 x는 회사 웹사이트 방문자의 수이고 종속변수인 온라인 상점을 통해 판매된 제품의 수는 y이다.

9 독립변수는 다음을 포함할 수 있다. 방의 개수, 공간의 크기와 시내 중심으로부터의 거리. 종속변수에 미치는 많은 독립변수의 효과를 분석하려면 다중회귀모형을 사용해야 한다.

10 (a) x = 출장 일수, y = 청구 비용

	x	y	xy	x^2	n	$\bar{x}$	$\bar{y}$
	10	116	1160	100	10	11.6	123.4
	3	39	1179				
	8	85	680	64			
	17	159	2703	289	S_{xx}		284.4
	5	61	305	25	S_{xy}		2813.6
	9	94	846	81	b		**9.893**
	14	143	2002	196	a		**8.640**
	16	178	2848	256			
	21	225	4725	441			
	13	134	1742	169			
총합	**116**	**1234**	**17128**	**1630**			

최소자승법에 의한 적합회귀선은 $y = 8.640 + 9.893x$

(b) 적합회귀선에 $x = 12$를 대입하면 $y = 127.356$이므로 ($\hat{y} = 8.640 + 9.893 \times 12 = 127.356$)비지니스 출장 기간이 12일이면 청구 비용은 127.36파운드로 추정할 수 있다.

11 설명변수는 반응변수의 예측값을 찾을 때 사용한다. 이 변수의 변화가 반응변수의 변화를 설명하기 때문에 '설명'이라는 단어를 사용한다.

반응변수의 값은 설명변수에 대해 예측된다. 값이 설명변수의 변화에 반응해서 변하기 때문에 '반응'이라는 단어를 사용한다.

12

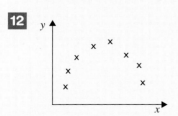

13 (a)

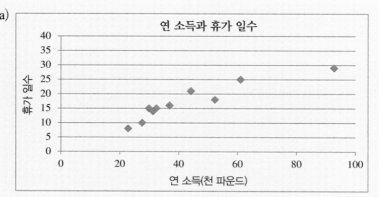

산점도에 그려진 점들의 전체적인 패턴은 위로 향하는 기울기이기 때문에 양의 선형관계를 나타낸다. 이 경우에 단순선형회귀모형을 사용하는 것이 적당하다.

(b) x = 연 수입, y = 휴일 여행 일수

	x	y	x^2	y^2	xy		
	32.4	15	1049.76	225	486		
	29.9	15	894.01	225	448.5	S_{xy}	1132.2
	92.7	29	8593.29	841	2688.3	S_{xx}	3984.96
	61	25	3721	625	1525	S_{yy}	372.9
	44.1	21	1944.81	441	926.1	PMCC	**0.929**
	52.3	18	2735.29	324	941.4		
	36.9	16	1361.61	256	590.4		
	31.3	14	979.69	196	438.2		
	22.8	8	519.84	64	182.4		
	27.6	10	761.76	100	276		
총합	**431**	**171**	**8502.3**	**22561.06**	**3297**		

$r = 0.929$인 값은 (a)에서 구한 답인 변수의 강한 양의 상관관계를 나타낸다.

(c) $x = 165$를 회귀방정식에 대입하면 $\hat{y} = 4.855 + 0.284 \times 165 = 51.715$이기 때문에 한 가정의 연 수입이 165,000파운드일 경우 휴가로 약 52일 사용한다. 외삽법을 사용했기 때문에 이 추정값을 신뢰할 수 없을 수 있다. 독립변수 범위($x = 22.8$부터 $x = 92.7$까지) 밖에 있는 두 변수 사이에 나타난 선형관계는 더 이상 유효하지 않기 때문이다.

14 기술 이사가 종속변수와 독립변수를 잘못 이해해서 기울기를 잘못 해석하였다. 이 경우

종속변수 y는 프로젝트가 지연된 기간이고 독립변수 x는 직원들이 병가로 사용한 일수이다. 이사는 한 직원이 병가로 하루를 사용하면 프로젝트가 지연되는 기간은 7일이 증가한다는 것을 추정했어야 한다.

15 (a) x = 교과서의 쪽수, y = 판매 가격

	x	y	xy	x^2	n	$\bar{x}$	$\bar{y}$
	352	36.99	13020.48	123904	10	531	42.021
	792	60.79	48145.68	627264			
	408	11.55	4712.4	166464			
	504	32.29	16274.16	254016	S_{xx}	620314	
	368	42.81	15754.08	135424	S_{xy}	12543.23	
	324	66.49	21542.76	104976	b	**0.020**	
	432	11.99	5179.68	186624	a	**31.284**	
	250	55.07	13767.5	62500			
	864	43.34	37445.76	746496			
	1016	58.89	59832.24	1032256			
총합	**5310**	**420.21**	**235674.7**	**3439924**			

적합선은 $y = 31.284 + 0.020x$이다.

(b) $x = 375$를 적합선에 대입하면 $\hat{y} = 31.284 + 0.020 \times 375 = 38.784$이기 때문에 375쪽인 비즈니스 통계 교과서의 판매 가격의 추정값은 37.78파운드이다.

(c) 상수 a는 독립변수가 0일 때 종속변수의 값이다. 이 경우 한 쪽도 없는 교과서의 판매 가격을 설명하는 것이 합리적이지 않기 때문에 a의 실질적 해석을 제공하는 것에 논리적으로 의미가 없다.

16 기울기는 여행 길이가 1마일 증가할 때마다 여행 비용의 변화에 대한 기대값이다. 여행 길이가 증가할 때 여행 비용도 증가하기 때문에 기울기는 양수이다.

17 (a) $x = 3$을 회귀방정식에 대입하면 $\hat{y} = 152.248 - 13.626 \times 3 = 111.370$이다.

(b) $x = 26$을 회귀방정식에 대입하면 $\hat{y} = 152.248 - 13.626 \times 10 = 15.988$이다.

18 $x = 22$를 회귀방정식에 대입하면 53.382이기 때문에 도시 인구가 22,000일 경우 연간 매출의 추정값은 53,382파운드이다. 회사는 원데이터(천 파운드)를 사용해 $\hat{y}$값을 계산할 때 실수를 하였다. 53.382파운드를 천 파운드 단위가 아니라 백 파운드 단위로 변환했다.

19 (a) 영화의 장르는 질적변수이기 때문에 영화 장르와 판매된 영화 티켓에 대해 단순선형회귀모형을 적용하는 것은 불가능하다. 회귀모형은 양적변수들에게만 적용될 수 있다.

(b) 단순선형회귀모형은 종속변수에 미치는 단 1개의 독립변수와의 관계를 조사하는 것에 한정되어 있다. 독립변수가 여러 개 있기 때문에 이 모형은 적절하지 않다.

20 적합선을 구하는 중요한 목적은 산점도에 있는 데이터에 가장 적합하고 잔차를 최소화하는 직선을 그리는 것이다. 이 직선은 독립변수에 대한 종속변수의 최적의 예측값을 제공한다.

21 방문자 수 : 종속변수, 일일 평균 온도 : 독립변수, x = 일일 평균 온도, y = 방문자의 수

	x	y	xy	x^2	n	$\bar{x}$	$\bar{y}$
	13.2	1023	13503.6	174.24	9	15.3	1340.778
	16.5	1362	22473	272.25			
	14.9	1298	19340.2	222.01			
	15.2	1369	20808.8	231.04		S_{xx}	15.6
	13.6	986	13409.6	184.96		S_{xy}	2114.9
	14.5	1425	20662.5	210.25		b	**135.571**
	15.8	1459	23052.2	249.64		a	**−733.451**
	16.9	1447	24454.3	285.61			
	17.1	1698	29035.8	292.41			
총합	**137.7**	**12067**	**186740**	**2122.41**			

적합회귀식은 $y = 135.571x - 733.451$

22 옵션 (c). 단순선형회귀모형을 적용하기 전에 산점도로 두 양적변수 사이에 선형관계가 존재하는지를 확인할 수 있다.

23 주어진 x값이 원데이터의 x값 범위에 들어가는 경우에 회귀방정식을 사용해 신뢰성 있는 예측을 할 수 있다. 이것은 보간법이라고 알려져 있다. 데이터 범위 밖에 있는 x값을 사용하는 절차는 외삽법이라고 하고, 두 변수에 대해 선형관계가 더 이상 나타나지 않을 수도 있기 때문에 예측된 값, $\hat{y}$은 신뢰할 수 없는 값일 수도 있다.

24 (a) 산점도가 변수 사이의 선형관계의 존재를 확인시키기 때문에 이 데이터에 단순선형회귀모형을 적용하는 것이 가장 적합하다.

(b) 이 경우에 득표수가 공개석상에 등장한 수에 대해 변하기 때문에 득표수가 반응변수이다.

25 옵션 (a). 청구 건수가 하나씩 늘어나면 보험료의 변화는 적합선의 변화율, 29.50파운드이다.

26 (a) x = 슈퍼마켓에서 줄 서 있는 사람 수, y = 계산하는 데 걸린 시간

	x	y	xy	x^2	n	$\bar{x}$	$\bar{y}$
	2	5	10	4	6	4.667	9.500
	5	9	45	25			
	8	16	128	64			
	3	7	21	9	S_{xx}		23.333
	6	12	72	36	S_{xy}		42.000
	4	8	32	16	b		**1.800**
총합	**28**	**57**	**308**	**154**	a		**1.100**

회귀선은 $y = 1.100 + 1.800x$이다.

(b) 상수 a. 줄 서 있는 사람이 없으면 계산하는 데 걸리는 기대 시간은 1.100이다. 계산대에 기다리는 사람이 없으면 계산하는 데 걸리는 시간은 1.1분이라고 예상한다.

상수 b. 줄 서 있는 사람이 한 명 늘어날 때마다 계산하는 데 걸리는 시간은 1.800분씩 늘어난다고 기대한다. 계산대에 기다리는 사람이 한 명 늘어날 때 계산하는 데 걸리는 시간이 1.8분 더 걸린다고 추정한다.

27 옵션 (a). 독립변수는 항상 x축을 사용해 그린다.

28 월 소득이 독립변수이고 지출한 음식 비용이 종속변수이기 때문에 적합선을 사용해 한 가정의 월 음식 비용에 대해 월 소득을 예측하는 것은 적절하지 않다. 회귀모형을 사용해 독립변수의 특정 값에 대한 종속변수 값을 예측할 수 있다.

29 (a) 자동차의 주행 거리가 반응변수이다.

(b) x = 자동차의 수명(년), y = 주행 거리(천 마일)

	x	y	xy	x^2	n	$\bar{x}$	$\bar{y}$
	3	29	87	9	12	5.583	42.167
	7	48	336	49			
	5	39	195	25			

2	25	50	4		S_{xx}	68.917
6	38	228	36		S_{xy}	348.833
8	55	440	64		b	**5.062**
9	62	558	81		a	**13.906**
4	37	148	16			
5	41	205	25			
9	59	531	81			
2	23	46	4			
7	50	350	49			
총합	**67**	**506**	**3174**	**443**		

문제에서 지시한 대로 $S_{xy} = 68.917$과 $S_{xy} = 348.833$을 소수 셋째 자리에서 반올림한다.

$$S_{xy} = \sum x_i y_i - \frac{\sum x_i \sum y_i}{n} = 3174 - \frac{67 \times 506}{12} = 348.833$$

$$S_{xx} = \sum x_i^2 - \frac{(\sum x_i)^2}{n} = 443 - \frac{67^2}{12} = 68.917$$

(c) 적합선은 $y = 13.906 + 5.062x$이다.

30 기자는 y절편에 대한 실제적 해석이 가능하지 않을 때 그 해석을 하였다. 이 경우 엔진 용량이 절대로 0인 경우는 없기 때문에 엔진 용량이 0일 때의 자동차의 최고속도를 설명하는 것은 아무런 의미가 없다.

31 (a) 독립

(b) y절편, 0

(c) b, 종속, 1

(d) x, 종속

32 옵션 (c). 어떤 한 회사가 광고비 없이 판매할 수 있는 제품의 추정값은 적합선의 y절편과 동일하다. 이 값은 6.53이고 알맞은 단위가 사용되면 6530개의 제품이 판매된다고 기대할 수 있다.

33 (a) x = 슈퍼에서 쇼핑한 시간(분), y = 구입한 물건 수

	x	y	xy	x^2	n	$\overline{x}$	$\overline{y}$
	30	12	360	900	15	35.6	30.4
	12	2	24	144			
	85	84	7140	7225			
	62	49	3038	3844		S_{xx}	5161.6
	45	72	3240	2025		S_{xy}	6186.4
	17	4	68	289		b	**1.199**
	35	26	910	1225		a	**−12.268**
	31	27	837	961			
	26	18	468	676			
	49	61	2989	2401			
	22	20	440	484			
	27	4	108	729			
	15	8	120	225			
	38	41	1558	1444			
	40	28	1120	1600			
총합	534	456	22420	24172			

회귀선이 $y = 1.199x - 12.268$인 것을 확인할 수 있다.

(b) 회귀선이 슈퍼에서 시간을 소비하지 않았을 경우에 구입한 항목을 나타내기 때문에 a의 실제적 해석은 적절하지 않다.

34 (a) y절편은 2, 변화율은 −3이다.

(b) y절편은 −8, 변화율은 14이다.

35 (a) 종속변수와 독립변수가 바르지 않게 설명되었다. 올바른 문장은 다음과 같다. 그래프에 있는 모든 직선은 x가 **독립변수**이고 y가 **종속변수**인 일반적인 형태를 가진 일차방정식 $y = a + bx$로 설명할 수 있다.

(b) 이 문장에서 상수 a는 이름이 잘못 주어졌다. 이 문장은 다음과 같아야 한다. 직선이 y축과 만나는 점의 상수 a 또는 y절편은 좌표의 y값과 동일하다.

36

$$b = \frac{117}{228} = 0.513$$

$$a = 4.333 - \left(\frac{117}{228} \times 7.667\right) = 0.399$$

회귀방정식은 $y = 0.399 + 0.513x$이다.

$x = 4$를 회귀방정식에 대입하면 $\hat{y} = 0.399 + 0.513 \times 4 = 2.451$이다.

37 (a) 참

(b) 거짓. 때로, 0이 독립변수에 대한 적절한 값이 되지 못할 경우에 a에 대한 실제적인 해석을 하는 것이 논리적이지 않다.

(c) 참

(d) 참

(e) 거짓. 회귀방정식의 기울기는 음수 또는 양수가 될 수 있다. 기울기가 음수이면 독립변수가 한 단위 증가하면 y값이 감소하는 것을 나타내고 기울기가 양수이면 y값이 증가하는 것을 나타낸다.

38 $x = 600$을 회귀방정식에 대입하면 $\hat{y} = 128.374 + 0.537 \times 600 = 450.574$이므로 영화로 600만 달러의 수입을 갖게 되면 그 영화의 수익은 약 450.6만 달러로 추정된다.

39 (a)
$$b = \frac{15.539 - \dfrac{10.37 \times 12.907}{8}}{\left(14.322 - \dfrac{10.37^2}{8}\right)} = \frac{-1.192}{0.880} = -1.354$$

$$a = \frac{12.907}{8} - \left(\frac{-1.192}{0.880} \times \frac{10.37}{8}\right) = 3.369$$

회귀식은 $y = 3.369 - 1.354x$

(b) $x = 1.450$을 일차방정식에 대입하면 $\hat{y} = 3.369 - 1.354 \times 1.450 = 1.406$이므로 한 가정의 월 융자 상환이 1,450파운드이면 월 실질 소득액은 1,406파운드이라고 추정할 수 있다.

40 (a) $x = 9$를 대입하면
$$y = 35 + 13 \times 9 = 152$$

$x = 17$을 대입하면
$$y = 35 + 13 \times 17 = 256$$

(b) $x = 9$를 대입하면
$$y = 26 \times 9 - 4 = 230$$

$x = 17$을 대입하면
$$y = 26 \times 17 - 4 = 438$$

목표

이 장에서 설명하는 것은 다음과 같다.

- 경험적, 고전적 그리고 주관적 확률을 구별한다.
- 다음을 이해한다.
  - 상호배반사건과 독립사건
  - 교집합과 합집합
  - 조건부 확률
- 벤다이어그램을 그리고 해석한다.
- 다음을 사용해 확률을 계산한다.
  - 여사건 규칙
  - 덧셈 규칙
  - 곱셈 규칙

핵심용어

결과(outcome)
고전적 접근법(classical approach)
곱셈 규칙(multiplication rule)
교집합(intersection)
단순사건(simple event)
덧셈 규칙(addition rule)
독립사건(independent events)
등확률 결과(equally likely outcomes)
발생이 불가능한 사건(impossible event)

발생할 것이 확실한 사건(certain event)
벤다이어그램(Venn diagram)
복합사건(compound event)
사건(event)
상대빈도확률(relative frequency probability)
상호배반사건(mutually exclusive events)
경험적 접근법(empirical approach)

실험(experiment)
여사건(complement event)
조건부 확률(conditional probability)
주관적 접근법(subjective approach)
표본공간(sample space)
합집합(union)
확률(probability)
확률모형(probability model)

서론

이전 장들에서는 특정 상황에서 측정, 질문, 그리고 관측을 통하여 수집한 데이터를 그래프로 나타내고 숫자로 요약하는 것에 중점을 두었다. 데이터는 대부분 이미 일어난 사건을 기반으로 하기 때문에 데이터에 대해 확신을 할 수 있었다. 어느 한 회사에 대한 고객 불만 건수, 제품의 가격과 월 이익을 확실하게 기록할 수 있다. 마찬가지로, 직원이 회사에 출근하는 방법, 직원 연봉과 몇 번이나 회사에 결근을 하는지를 확실하게 설명할 수 있다. 그러나 가끔씩 불확실성을 가진 상황들을 직면하게 된다. 특히 사건이 일어나지 않은 경우와 같은 상황들, 예를 들면, 내년 여름 세일 기간에 판매될 제품들의 수를 정확히 알 수 없다. 직원들은 내년에 해고되지 않는다는 것을 확실히 장담할 수 없다.

확률(probability)은 불확실성이 내재되어 있는 상황에서 사건이 일어날 수 있는 가능성을 수치화한 것이다. 이 장에서는 기본 용어와 표기법을 소개하고 기본 개념을 설명하고, 확률을 계산하기 위한 몇 가지 규칙을 설명한다.

확률의 개념을 설명할 때 이 장에서는 두 가지 유형을 가진 예를 사용한다. 때때로 주사위를 던지는 간단하고 익숙한 실험을 사용하는 반면, 다른 부분에서는 비즈니스 기반 시나리오들을 사용한다.

용어

확률에 대해 실험, 결과, 표본공간과 사건들을 다음과 같이 정의한다.

실험
실험(experiment)은 반복할 수 있는 행동이나 과정이다. 실험이 수행되기 전에는 어떤 결과가 발생할지 모르지만 발생할 수 있는 모든 결과를 사전에 식별할 수 있다.

결과
결과(outcome)는 단순히 실험의 결과이다.

표본공간
표본공간(sample space)은 실험의 가능한 모든 결과의 집합이다. 각각의 가능한 결과는 표본공간에 단 하나의 원소로 표시된다. 실험의 표본공간을 S로 표기한다. 표본공간의 원소들은 주로 개별적으로 나열되지만, 때로는 기술문장으로 원소들을 식별하는 것이 더 편리할 수도 있다. 각 원소가 표본공간에 나열된 순서는 중요하지 않다.

사건

사건(event)은 실험에서 하나 또는 그 이상의 결과들의 모임이므로 사건은 항상 표본공간의 부분집합이다. **단순사건**(simple event)은 표본공간의 하나의 원소로 구성된다. 표본공간에 하나 이상의 원소를 포함한 사건은 **복합사건**(compound event)이라고 한다.

일반적으로 대문자로 사건을 나타낸다. 하나의 사건을 가진 상황에서는 A를 주로 쓰고, 두 가지 사건이 포함되었을 경우 A와 B를 선택한다. 하지만 아무 대문자나 사용해도 된다. 때때로 하나의 문자 대신 기술문장을 사용한다. 사건의 확률은 P(사건)로 표기하고 사건 A의 확률은 $P(A)$로 나타낸다.

예제—용어

다음의 표는 다양한 시나리오를 예제로 사용해 용어의 용도를 보여 준다.

실험	결과	표본공간	사건
주사위를 1번 던질 때 나타난 숫자	2	$S = \{1, 2, 3, 4, 5, 6\}$	숫자가 짝수인 사건
동전 2개 던질 때 나타난 결과	(앞면, 뒷면)	$S = \{HH, HT, TH, TT\}$	동전 2개의 결과가 동일한 사건
3명의 고객에게 제품 (A, B) 중 선호하는 제품 선택	A B B	$S = \{AAA, AAB, ABB, ABA, BAA, BAB, BBA, BBB\}$	3명 고객이 모두 동일 제품을 선택하는 사건
콜센터 직원의 성별	M	$S = \{M, F\}$	콜센터 직원이 남자

그러나 이러한 예들은 단지 고안될 수 있는 몇 가지 예들을 나타낸다는 것에 주목해야 한다.

- 주사위를 던지고, 동전을 던지고, 고객들을 면접하고 쇼핑객들을 관찰하는 등, 수행할 수 있는 실험들은 많다. 첫 번째 예에서 우리는 2개의 주사위를 던져 위를 향하는 면의 수의 합을 기록하기로 결정할 수 있다.
- 위의 표에서 두 번째 열은 실험의 한 시행의 결과를 나열하였다. 첫 번째 예에서 9 말고 3 또는 6을 선택했을 수 있다.
- 위의 표에서 우리가 선택할 수 있는 각 실험에서의 표본공간은 정의할 수 있는 유일한 표본공간을 말한다. 이 열을 대체할 수 있는 다른 리스트는 없다.
- 표에 있는 각 실험에 대해 정의할 수 있는 몇 가지 가능한 사건이 있다. 주사위를 던질 때 '윗면이 4보다 큰 수'라는 것을 예제의 사건으로 정의할 수 있다.

확률 정의

이 부분에서는 사건의 확률을 결정하는 데 사용할 수 있는 고전적, 경험적, 주관적 접근법을 소개한다.

고전적 접근법

실험에서 표본공간의 모든 결과의 확률이 같을 경우에 고전적 접근법(classical approach)을 사용한다. 이 경우, 실험은 등확률 결과(equally likely outcomes, 결과들이 일어날 수 있는 가능성이 동일하다)를 갖는다고 할 수 있다. 각 사건이 일어날 수 있는 비율을 측정하기 때문에 사건의 확률은 다음과 같이 계산된다.

$$\text{사건의 확률} = \frac{\text{사건이 발생할 수 있는 결과 개수}}{\text{표본공간의 모든 결과 개수}}$$

실험의 성질을 이해하고 표본공간과 관련된 결과를 세는 것으로 사건의 확률을 결정할 수 있기 때문에 고전적 접근법을 사용할 경우에는 실제로 실험을 수행할 필요가 없다. 2장에서 논의한 바와 같이 단순임의표집에서는 지정된 크기의 가능한 모든 표본이 선택될 수 있는 기회는 동일하기 때문에 고전적 접근법을 사용하여 더 큰 원소들의 그룹에서 특정 표본을 선택할 수 있다.

예제−고전적 접근법

1. 실험 : 주사위를 던져 윗면에 적힌 수를 기록하시오.
   사건 : '윗면에 적힌 수가 5 미만'
   표본공간 : $S = \{1, 2, 3, 4, 5, 6\}$

$$P(\text{결과가 5 미만}) = \frac{\text{표본공간 원소 중 5 미만인 원소 개수}}{\text{표본공간의 원소 개수}}$$

5 미만인 사건은 $\{1, 2, 3, 4\}$이므로 4개의 원소가 있기 때문에

$$P(\text{결과가 5 미만}) = \frac{4}{6}$$

2. 실험 : 판매팀(맷, 제인, 알렉스, 엠마, 닉) 멤버 중 고객과 만날 2명을 임의로 선택하시오.

사건 : 제인이 미팅에 참가하는 직원으로 선택되었다.

표본 공간 : S = {맷/제인, 맷/알렉스, 맷/엠마, 맷/닉, 제인/알렉스, 제인/엠마, 제인/ 닉, 알렉스/엠마, 알렉스/닉, 엠마/닉}

$$P(\text{제인 참여}) = \frac{\text{제인이 포함된 원소 개수}}{\text{표본공간의 원소 개수}}$$

표본공간에 제인을 포함한 원소는 4개{맷/제인, 제인/알렉스, 제인/엠마, 제인/닉}이 기 때문에

$$P(\text{제인 참여}) = \frac{4}{10}$$

경험적 접근법

실험이 결과들이 일어날 가능성이 동일하지 않을 경우에는 경험적 접근법(empirical approach)을 사용해 사건의 확률을 구할 수 있다. 수집된 데이터 세트가 주어졌을 때 사건의 상대빈도를 사용 해 사건의 확률을 추정할 수 있다.

$$\text{사건의 확률} = \frac{\text{관심 사건의 발생 횟수}}{\text{실험 총 횟수}}$$

이 접근법의 데이터 자료에 대해 두 가지 선택이 있다 — 우리는 기존에 존재하는 데이터를 사용 하거나 실험을 여러 번 반복적으로 해서 새로운 데이터 세트를 수집할 수 있다.

각 데이터 또는 반복되는 실험에서 각 사건은 다른 상대빈도를 가지고 있기 때문에 경험적 접 근법을 사용할 때는 정확한 확률보다는 대략적인 확률을 얻게 된다. 관측의 수가 증가할수록 추 정값이 사건의 실제 확률값과 더 가까워진다.

이 값은 상대빈도를 기반으로 하기 때문에, 경험적 접근법은 때때로 상대빈도확률(relative frequency probability)로 알려져 있다.

예제 – 경험적 접근법

1. 슈퍼마켓 직원 300명 : 180명의 직원은 파트타임으로 일을 하고 120명의 직원은 풀 타임 직원이다. 직원이 임의로 선택되면, 경험적 접근법을 사용해 선택된 직원이 파트 타임 직원일 확률을 추정하면 다음과 같다.

$$P(\text{파트타임 직원}) = \frac{\text{파트타임 직원 수}}{\text{전체 직원 수}} = \frac{120}{300}$$

2. 고객 만족도 조사에서 250명의 슈퍼마켓 고객에게 그 상점에서 쇼핑하는 주된 이유를 명시하도록 요청했다. 조사의 결과는 다음과 같다.

쇼핑 이유	빈도
저렴한 가격	110
지역생산 품목	12
편리한 영업 시간	32
넓은 주차장	65
친절한 직원	31

고객을 임의로 선택하는 경우 상대빈도를 사용해 슈퍼마켓에서 쇼핑하는 주된 이유가 저렴한 가격이라는 것의 확률을 추정할 수 있다.

$$P(\text{저렴한 가격}) = \frac{\text{'저렴한 가격'이라 응답한 고객 수}}{\text{총 응답자 수}} = \frac{110}{250}$$

주관적 접근법

실험이 등확률결과를 가지지 않고 반복적으로 수행할 수 없는 상황들이 많다. 이 경우 고전적 또는 경험적 접근법 대신에 **주관적 접근법**(subjective approach)을 적용할 수 있다.

이 접근법은 사건의 확률을 결정하는 각각의 개인적인 경험과 판단에 근거한다. 어떤 공식도 없다 — 확률은 개별 사건이 일어날 것이라고 믿고 있는 가능성에 따라 임의로 할당된다.

예제 – 주관적 접근법

온라인 의류 회사를 대표하여, 시장조사 연구원은 회사가 제공하는 고객 서비스에 대해 토론하기 위한 포커스 그룹에 10명의 쇼핑객을 초대하였다.

포커스 그룹이 회의를 하는 동안 연구원은 고객 지원 부서에 전화를 해서 그 회사의 담당자와의 통화가 이루어지기까지 걸리는 시간(분)을 기록할 예정이다. 그는 고객 서비스 담당자와 통화하기까지 5분 이상을 기다려야 할 확률을 조사하려고 한다.

전화 통화가 한 번 이루어지면, 그 상황을 정확히 동일한 상황에서 다시 반복해서 실험할 수가 없다. 다음 전화의 통화가 이루어졌을 때 상담 중인 고객 서비스 상담자의 수가 다를 수도 있고 더 많은 쇼핑객들이 동시에 전화했을 수도 있고 또는 해결하는 데 오랜 시간이 걸릴 아주 복잡한 문제가 있을 수도 있다.

반복 실험이 아니고 결과들이 일어날 가능성이 동일하지 않기 때문에 주관적 접근법을 적용해 포커스 그룹에 있는 각각의 10명의 쇼핑객들에게 사건의 확률에 대한 값을 정하라고 할 수 있다. 이 경우, 각 쇼핑객들이 자신의 지식과 경험에 따라 사건의 확률에 대한 값을 여러 개 또는 10개의 서로 다른 값을 구할 수도 있다. 예를 들어, 이전에 20분 동안 기다린 고객과 3번의 전화 통화에서 고객 서비스 담당자와 즉시 연결된 고객은 확률에 대해 매우 다른 의견을 가질 수 있다.

기본 성질

사건의 확률을 구하는 것에 어느 접근법을 사용했는지와 상관없이 모든 확률은 두 가지 성질에 의해 정의된다. 다음을 확률의 공리라고 한다.

성질 1

사건의 확률은 0과 1 사이에 있는 수치로 표현한다. 사건의 확률은 0보다 작거나 1보다 큰 값이 될 수 없기 때문에 −0.65 또는 2.7인 확률은 불가능하다. 특정 사건 A에 대해 이 성질을 다음과 같이 수학적 표기법으로 표현할 수 있다.

$$0 \leq P(A) \leq 1$$

확률이 0이면 사건이 전혀 발생하지 않는다는 것을 나타낸다. 이 사건은 **발생이 불가능한 사건**(impossible event)으로 알려져 있다. 사건의 확률이 정확하게 1이면, 그 사건이 **발생할 것이 확실한 사건**(certain event)이라고 한다. A가 불가능한 사건이면 $P(A) = 0$이다. $P(B) = 1$일 경우 사건 B는 발생 확실 사건이다. 확률이 0에 가까우면 사건이 발생할 가능성은 매우 낮다는 것을 나타낸다. 마찬가지로 1에 매우 가까운 확률은 사건이 발생할 가능성이 매우 높다는 것이다.

다음 그림은 이 성질을 시각적으로 보여 준다.

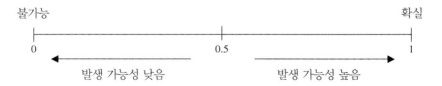

성질 2

표본공간의 하나의 원소만을 포함한 사건을 단순사건이라고 정의했다.

표본공간의 모든 단순사건의 확률을 더하면, 합은 1이어야 한다. 표본공간을 $S = \{e_1, e_2, e_3, \cdots, e_n\}$으로 정의한다면,

$$\sum P(e_i) = P(e_1) + P(e_2) + P(e_3) + \cdots + P(e_n) = 1$$

우리의 표 예제로 돌아가면, 이 성질을 우리에게 보여 준다.

실험	결과	표본공간	사건
주사위를 1번 던질 때 나타난 숫자	2	$S = \{1, 2, 3, 4, 5, 6\}$	$P(1) + P(2) + P(3) + P(4) + P(5) + P(6) = 1$
동전 2개를 던질 때 나타난 결과	(앞면, 뒷면)	$S = \{HH, HT, TH, TT\}$	$P(HH) + P(HT) + P(TH) + P(TT) = 1$
3명의 고객에게 제품 (A, B) 중 선호하는 제품 선택	A B B	$S = \{AAA, AAB, ABB, ABA, BAA, BAB, BBA, BBB\}$	$P(AAA) + P(AAB) + P(ABB) + P(ABA) + P(BAA) + P(BAB) + P(BBA) + P(BBB) = 1$
콜센터 직원의 성별	M	$S = \{M, F\}$	$P(M) + P(F) = 1$

확률모형

확률모형(probability model)은 실험 표본공간에서 각 원소에 대한 확률을 할당하여 만들 수 있다. 확률모형에서 할당된 확률은 확률의 공리인 두 가지 성질에 의해 정의될 수 있는 경우에만 유효하다.

예제−확률모형

이전 2개의 예제로 돌아가면

1. 실험 : 판매팀(맷, 제인, 알렉스, 엠마, 닉) 멤버 중 고객과 만날 2명을 임의로 선택하시오.
   표본공간 : $S = \{$맷/제인, 맷/알렉스, 맷/엠마, 맷/닉, 제인/알렉스, 제인/엠마, 제인/닉, 알렉스/엠마, 알렉스/닉, 엠마/닉$\}$

다음 표는 판매 팀에서 선택될 수 있는 직원들의 쌍과 그 쌍의 확률을 보여 준다. 다음과 같은 이유로 이것은 올바른 확률모형이다.

- 모든 확률은 0과 1 사이의 값이다
- 확률의 총합은 1이다.

관리팀 직원 쌍	확률
맷/제인	0.1
맷/알렉스	0.1
맷/엠마	0.1
맷/닉	0.1
제인/알렉스	0.1
제인/엠마	0.1
제인/닉	0.1
알렉스/엠마	0.1
알렉스/닉	0.1
엠마/닉	0.1

2. 고객 만족도 조사에서 250명의 슈퍼마켓 고객에게 그 상점에서 쇼핑하는 주된 이유를 명시하도록 요청했다. 상대빈도에 대해 확률을 할당하면 다음과 같다.

쇼핑 이유	빈도	확률
저렴한 가격	110	0.440
지역생산 품목	12	0.048
편리한 영업 시간	32	0.128
넓은 주차장	65	0.260
친절한 직원	31	0.124

두 가지 기본 성질이 모두 확률에 적용되기 때문에 유효한 확률모형이라고 결론을 내릴 수 있다.

벤다이어그램

존 벤(John Venn, 1834~1923)의 이름을 딴 벤다이어그램(Venn diagram)은 실험과 관련된 사건의 시각적 해석을 제공하는 데 사용될 수 있다. 실험의 표본공간은 사각형으로 나타내고, 각 사건은 원 또는 사각형 내의 타원으로 나타낼 수 있다.

가장 간단한 형태로, 벤다이어그램은 하나의 사건을 나타내기 위해 그릴 수 있다. 다음 그림에서, 사건 A는 타원 안에 색칠된 면적에 의해 나타난다.

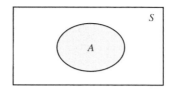

벤다이어그램은 2개 이상의 사건 사이의 관계를 보여 주는 데 특히 유용하며, 이 장의 나머지 부분에서 새로운 개념이 도입될 때 사용할 것이다.

상호배반사건

동시에 발생할 수 없는 사건들이 **상호배반사건**(mutually exclusive events)이다. 그들은 공통 원소가 없다. 실험이 반복될 때마다 하나 이상의 상호배반사건은 발생하지 않는다.

다음 벤다이어그램은 두 가지 상호배반사건 A와 B의 관계를 시각적으로 보여 준다.

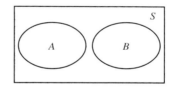

주사위를 던져서 윗면의 수를 기록하는 실험을 실시한다고 가정해 보자.

두 사건을 정의하면, A : '윗면의 수가 홀수인 경우'와 B : '윗면의 수가 짝수인 경우' 사건 A와 B는 동시에 발생할 수 없기 때문에, 사건 A와 B는 상호배반인 것을 알 수 있다. 윗면의 숫자는 홀수이면서 **동시에** 짝수가 될 수 없다. 그러므로 사건 A와 B는 공유하는 원소가 없다. $A = \{1, 3, 5\}$인 반면 $B = \{2, 4, 6\}$이다.

독립사건

실험의 한 사건이 발생하는 것이 다른 한 사건이 발생하는 것에 영향을 주지 않을 경우 두 사건은 **독립사건**(independent events)이라고 한다.

주사위를 던져서 윗면의 수를 기록하고 동전을 던져서 윗면을 기록하는 실험을 실시한다고 가정해 보자. 두 사건을 정의하면, A : '윗면의 수가 홀수인 경우'와 B : '윗면이 앞면일 경우', 주사위 윗면이 홀수일 확률은 동전이 앞면일 확률에 영향을 미치지 않기 때문에 사건 A와 B는 독립적이라는 것을 알 수 있다.

여사건 규칙

사건 A를 살펴보면, 표본공간 내에 A에 포함되지 않은 나머지 원소들로 구성된 **여사건**(complement event)을 정의할 수 있다. A의 여사건은 A^c 또는 A'로 표시하고 'A가 아니다.'라고 읽는다. 다음과 같이 벤다이어그램의 색칠된 면적으로 나타낼 수 있다.

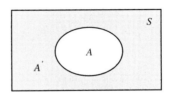

사건 A의 발생은 사건 A'가 발생하지 않는다는 의미이고 반대의 경우도 마찬가지이기 때문에 사건 A와 A'는 상호배반이다.

이 장 앞부분에서 실험에 대한 표본공간에서 각 원소에 대한 확률이 모두 더했을 때, 합이 1이라고 하였다. 두 사건 A와 A'는 함께 표본공간 내의 각 원소를 포함하고 따라서 그들의 확률의 합은 1이어야 한다. 즉, $P(A) + P(A') = 1$이다. 그래서 사건의 확률을 알면 그 사건의 여사건의 확률을 계산할 수 있고 반대의 경우도 마찬가지다.

방정식을 정리하면 다음과 같은 여사건 규칙을 알 수 있다.

$$P(A) = 1 - P(A'), \text{ 그리고 } P(A') = 1 - P(A)$$

예제–여사건 규칙

1. 이전 예에서는 주사위를 던져서 윗면의 수를 기록하는 실험을 시행하였다. 고전적 접근법을 사용해 우리는 다음을 구할 수 있다.

$$P(5 \text{ 미만}) = \frac{4}{6}$$

여사건 규칙을 적용하면

$$P(5 \text{ 이상}) = 1 - P(5 \text{ 미만}) = 1 - \frac{4}{6} = \frac{2}{6}$$

실험의 표본공간을 참고하면 이 결과가 맞는지 확인할 수 있다. 5와 같거나 큰 원소는 표본공간에 2개 있다.

{5와 6}

2. 투표소에서 지방 선거가 마감된 후 650명의 성인에게 투표 참여 여부를 질문하였다. 390명은 투표한 반면 260명은 투표를 하지 않았다고 답했다. 650명의 성인 중 한 명을 임의로 선택하면 상대빈도를 사용해 다음을 추정할 수 있다.

$$P(\text{투표 참여}) = \frac{390}{650} = 0.6$$

A를 사건 '선택된 성인은 투표 참여'를 표시한다고 가정하면 A'는 사건 '선택된 성인은 투표를 하지 않음'을 나타낸다. 여사건 규칙은 $P(A') = 1 - P(A)$

$$P(A') = 1 - \frac{390}{650} = 0.4$$

교집합과 합집합

사건 A와 B를 정의하면, 두 사건의 교집합(intersection)은 사건 A와 사건 B의 표본공간에 공통적으로 포함된 원소들의 모임이다. 확률 표시법을 사용해 교집합은 $A \cap B$로 표시하고, 'A와 B'라고 읽는다. 교집합 $A \cap B$는 사건 A와 B가 둘 다 발생했다는 것을 의미한다.

두 사건 중 적어도 하나에 속해 있는 표본공간의 모든 원소의 모임은 A와 B의 합집합(union)이다. $A \cup B$로 표시되고 'A 또는 B'라고 읽는다. 합집합은 A 또는 B 중 하나만 발생했든지 두 사건 모두 발생했다는 것을 의미한다.

벤다이어그램의 색칠된 부분은 교집합과 합집합을 설명하기 위해 사용될 수 있다.

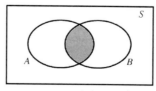

교집합
$A \cap B$
A 그리고 B
사건 A와 사건 B 동시 발생

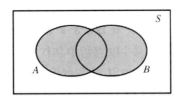

합집합
$A \cup B$
A 또는 B
사건 A 또는 사건 B 발생 또는 동시 발생

예제−교집합과 합집합

1. 실험 : 주사위를 던져 윗면의 수를 기록한다.

   이 실험에서 두 사건 A : '윗면의 수가 홀수인 경우'와 B : '윗면의 수가 3의 배수인 경우'를 정의한다. 원소 {1, 3, 5}는 A에 속하고 {3, 6}은 B에 속한다.

   교집합 $A \cap B$는 사건 A와 사건 B의 공통 원소들을 포함한다. 이 경우, 두 사건에 포함된 원소는 {3}이다.

   합집합 $A \cup B$는 A 또는 B 둘 중 하나에 포함되든지 또는 두 사건 모두 포함된 표본공간의 모든 원소를 포함한다. 이 실험에서 합집합에 포함된 원소들은 {1, 3, 5, 6}이다.

2. 실험 : 직원을 임의로 선택한 뒤 그 직원이 회사 연금을 가지고 있는지 회사 차를 가지고 있는지 기록한다.

   사건 A : '직원은 회사 연금을 가지고 있다.'

   사건 B : '직원은 회사 차를 가지고 있다.'

   이 예제에서, 사건 A와 B의 교집합은 회사 연금과 회사 차를 둘 다 가진 직원을 나타낸다. 두 질문, '회사 연금을 가지고 계신가요?'와 '회사 차를 가지고 계신가요?'에 모두 '예'라고 답한 직원들을 나타낸다.

   A와 B의 합집합에서는 다음과 같은 문장이 설명하는 모든 직원들을 포함한다.

   - 회사 연금만 가지고 있다.
   - 회사 차만 가지고 있다.
   - 회사 연금과 차를 둘 다 가지고 있다.

   A 또는 B, 또는 두 사건 모두에 포함된 모든 직원들을 나타낸다.

덧셈 규칙

덧셈 규칙(addition rule)은 두 사건의 합집합을 계산하는 방법을 알려준다. 두 사건, A와 B가 상호배반이 아닐 경우 합집합을 시각적으로 나타내면 다음 그림과 같다.

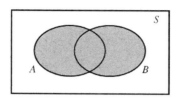

각각의 사건의 확률을 더해서 색칠된 면적의 확률을 계산할 수 있다. 하지만 그림에서 볼 수 있는 것처럼, 중앙 부분 다시 말해서 두 사건의 교집합이 두 번 더해진다는 의미이다. 따라서 각 확률의 합에서 교집합의 확률을 빼야 한다. 이 과정은 두 사건의 합집합의 덧셈 규칙을 나타낸다.

$$P(A \cup B) = P(A) + P(B) - P(A \cap B)$$

두 사건 A와 B가 상호배반이면 사건 A와 사건 B 둘 모두에 포함된 표본공간의 원소는 존재하지 않는다. 따라서 교집합은 불가능한 사건이고 그 확률은 0이다. 그러므로 상호배반인 두 사건 A와 B의 덧셈 규칙은 다음과 같다.

$$P(A \cup B) = P(A) + P(B)$$

어느 경우에도, 덧셈 규칙은 둘 이상의 사건의 합집합의 계산으로도 사용할 수 있다.

예제–덧셈 규칙

1. 슈퍼마켓 직원 200명. 직원의 40명은 파트타임으로 일하고, 직원의 60명은 남자이고, 15명은 여자 파트타임 직원이다. 사건들을 정의하면 사건 F : '임의로 선택된 직원은 여자다.'와 사건 PT '임의로 선택된 직원은 파트타임으로 근무한다.' 우리는 다음을 추론할 수 있다.

$$P(F) = 1 - P(F') = 1 - \frac{60}{200} = \frac{140}{200} \quad P(PT) = \frac{40}{200} \quad P(F \cap PT) = \frac{15}{200}$$

덧셈 규칙을 사용하면, 두 가지 사건의 합집합의 확률을 계산할 수 있다.

$$P(F \cup PT) = P(F) + P(PT) - P(F \cap PT) = \frac{140}{200} + \frac{40}{200} - \frac{15}{200} = \frac{165}{200}$$

2. 온라인 설문 조사에서 60명의 주택 소유주에게 주택 지붕에 태양 전지 패널을 장착하고 싶은지에 대해 질문하였다. 수집된 응답은 다음 표에 나타난다.

응답 결과	주택 소유주 수
예	20
아니요	5
아마도	35

주택 소유주를 임의로 선택하면, 세 가지 사건으로 정의할 수 있다.

Y = 주택 소유주는 태양 전지 패널을 원한다.

N = 주택 소유주는 태양 전지 패널을 원하지 않는다.

M = 주택 소유주는 태양 전지 패널 장착 여부를 결정하지 못했다.

사건 Y와 N은 동시에 발생할 수 없기 때문에 상호배반이다. 주택 소유주는 태양 전지 패널에 대한 질문에 '예.'와 '아니요.'를 둘 다 선택할 수 없다. 따라서 임의로 선택된 주택 소유주가 태양 전지 패널에 대해 결정을 내렸다는 확률은 다음과 같다.

$$P(Y \cup N) = P(Y) + P(N) = \frac{20}{60} + \frac{5}{60} = \frac{25}{60}$$

3. 다음 표는 500명의 청소년들이 옷을 구매할 때 선호하는 방법을 보여 준다.

구매 방법	남자	여자	총합
온라인	55	90	145
스토어	20	175	195
선호 없음	110	50	160
총합	185	315	500

표에 나타낸 빈도와 총합과 덧셈 규칙을 사용해 관심 면적에 대한 확률을 계산할 수 있다. 여자의 총 인원은 315명이기 때문에

$$P(\text{임의로 선택된 청소년은 여자다}) = \frac{315}{500} = 0.63$$

상점에서 쇼핑하는 것을 선호하는 청소년의 수는 195명이기 때문에

$$P(\text{임의로 선택된 청소년이 상점에서 쇼핑하는 것을 선호한다}) = \frac{195}{500} = 0.39$$

온라인에서 쇼핑하는 것을 선호하는 사건과 선호하는 방법이 없는 사건은 상호배반이기 때문에

P(임의로 선택된 청소년이 온라인으로 쇼핑하는 것을 선호하거나 또는

선호하는 방법이 없다) = P(온라인) = P(선호 없음) = $\dfrac{145}{500} + \dfrac{160}{500} = 0.61$

상점에서 쇼핑하는 것을 선호하는 사건과 남자인 사건은 상호배반이 아니기 때문에

P(임의로 선택된 청소년이 상점에서 쇼핑하는 것을 선호하거나 또는 남자이다)

= P(상점) + P(남자) − P(남자이면서 상점) = $\dfrac{195}{500} + \dfrac{185}{500} - \dfrac{20}{500}$

= 0.72

조건부 확률

사건의 조건부 확률(conditional probability)은 다른 사건이 이미 발생했다는 것이 주어졌을 때 그 사건이 발생할 확률이다.

예를 들어, 사건 B의 조건부 확률은 사건 A가 이미 발생하였다는 것을 알았을 때 사건 B가 발생할 확률이다. 그것은 $P(B|A)$로 표시하고 '사건 A가 주어졌을 때 사건 B의 확률'이라고 읽는다.

조건부 확률을 계산하기 위해 다음 식을 사용한다.

$$P(B|A) = \frac{P(B \cap A)}{P(A)}, \quad P(A|B) = \frac{P(A \cap B)}{P(B)}$$

사건 A의 발생이 사건 B의 발생에 영향을 주지 않을 때 우리는 사건 A와 B는 독립적이고 조건부 확률 $P(B|A)$은 사건 B의 확률과 동일하다. 그것은 사건 A의 발생에 의해 변하지 않는다는 뜻이다. 따라서 두 독립사건에 대해 다음이 성립한다.

$$P(B|A) = P(B), \quad P(A|B) = P(A)$$

예제−조건부 확률

1. 식당 주인은 토요일 저녁에 고객의 선호를 알기 위해 설문조사를 실행하였다. 식사를 마친 후, 고객의 37%는 커피를 원한다고 대답했고 24%는 디저트와 커피를 모두 원한

다고 말했다. 다음과 같은 사건을 정의할 수 있다. 사건 C : '고객이 커피를 원한다.'
와 사건 D : '고객이 디저트를 원한다.'. 그래서

$$P(C) = 0.37, \quad P(D \cap C) = 0.24$$

식당에서 고객을 임의로 선택했을 경우, 그 고객이 커피를 원한다는 것이 주어졌을 때
그 고객이 디저트를 원하는 확률은 다음과 같이 계산할 수 있다.

$$P(D \mid C) = \frac{P(D \cap C)}{P(C)} = \frac{0.24}{0.37} = 0.649$$

2. 항공 회사의 감독자는 영국의 공항에서 도착하고 출발하는 100대의 항공편의 세부 사
   항을 기록하였다. 그는 56대의 항공편이 정시에 출발하고 18대의 항공편은 정시에 출
   발하고 도착한다는 것을 알게 되었다. 다음과 같은 사건들을 정의하면 사건 D : '임의
   로 선택된 항공편이 정시에 출발했다.'와 사건 A : '임의로 선택된 항공편이 정시에 도
   착했다.' 다음과 같은 확률을 구할 수 있다.

$$P(D) = 0.56, \quad P(D \cap A) = P(A \cap D) = 0.18$$

따라서 조건부 확률의 공식을 사용해서 임의로 선택된 항공편이 정시에 출발했을 경
우에 그 항공편이 정시에 도착할 확률은 다음과 같이 계산할 수 있다.

$$P(A \mid D) = \frac{P(A \cap D)}{P(D)} = \frac{0.18}{0.56} = 0.321$$

곱셈 규칙

조건부 확률의 공식을 다시 정리하면 다음과 같이 두 사건의 교집합의 확률을 계산할 수 있는 곱셈
규칙(multiplication rule)을 알려준다.

$$P(A \cap B) = P(B \mid A)P(A)$$

$P(A \cap B)$와 $P(B \cap A)$가 같다는 것을 알면 다음 공식을 유도할 수 있다.

$$P(A \cap B) = P(A \mid B)P(B)$$

곱셈 규칙은 조건부 확률의 공식의 재배열이기 때문에 두 사건의 교집합 또는 두 가지 사건에 대

한 조건부 확률을 계산하기 위해 이 규칙을 사용할 수 있다. 두 독립사건에 대한 조건부 확률은 $P(A|B) = P(A)$이기 때문에 곱셈 규칙은 다음과 같다.

$$P(A \cap B) = P(A)P(B)$$

예제-곱셈 규칙

1. 주사위를 던져서 윗면의 수를 기록하고 동전을 던져서 윗면을 기록하는 실험으로 돌아가 보자. 두 사건을 정의하고, A : '윗면의 수가 홀수인 경우'와 B : '윗면이 앞면일 경우', A와 B는 독립사건이라는 사실을 알았다.
   $P(A) = \frac{1}{2}$이고 $P(B) = \frac{1}{2}$이므로 곱셈 규칙에 의해

$$P(A \cap B) = P(A)P(B) = \frac{1}{2} \times \frac{1}{2} = \frac{1}{4}$$

2. 같은 우편 지역 내의 모든 주택들 중에서 임의로 하나를 선택한다. 온실이 있는 주택의 확률은 0.4이고 온실이 있는 주택에 차고가 있는 경우의 확률은 0.8이다.
   곱셈 규칙을 사용해 사건들을 다음과 같이 정의하면 C = '주택에 온실이 있다.'와 G = '주택에 차고가 있다.' 선택된 주택이 온실과 차고를 둘 다 가지고 있는 경우의 확률은 다음과 같이 계산할 수 있다.

$$P(C \cap G) = P(G|C)P(C) = 0.8 \times 0.4 = 0.32$$

3. 20명의 회계사 연수생의 그룹에서 8명은 여자이고 12명은 남자이다. 회계감사관은 임의로 두 명의 연수생을 선택해 그들 업무의 실수를 확인한다. F로 '여자'를 나타내고 M으로 '남자'를 표현하면 다음에 적은 숫자를 사용해 첫 번째와 두 번째 선택된 연수생들을 구별할 수 있다. 예를 들어 F_1M_2는 첫 번째로 선택된 연수생은 여자고 두 번째는 남자라는 것을 의미한다.
   회계감사관이 두 여자 연수생의 업무를 선택하게 될 확률에 관심이 있다면 다음과 같은 곱셈 규칙을 사용해야 한다.

$$P(F_1 \cap F_2) = P(F_2|F_1)P(F_1)$$

주어진 정보로부터, 여자 연수생을 먼저 선택할 확률은, $P(F_1) = \frac{8}{20}$인 것을 알 수 있다. $P(F_2|F_1)$는 여자 연수생이 먼저 선택됐다고 주어졌을 때 그룹에 남은 여자 연수생의 수와 총 연수생의 수를 고려해야 한다.

여자가 한 명 선택되면, 여자는 7명이 남고 전체 연수생은 19명이 남기 때문에 $P(F_2|F_1)$ $= \frac{7}{19}$이다.

곱셈 규칙으로 돌아가면, 다음을 계산할 수 있다.

$$P(F_1 \cap F_2) = P(F_2|F_1)P(F_1) = \frac{7}{19} \times \frac{8}{20} = 0.147$$

힌트와 팁

사건이 3개인 경우 교집합과 합집합

이 장에서 우리는 두 가지 사건의 관점에서 교집합과 합집합에 대해 논의하였다. 그러나 이 개념들을 세 가지 사건, A, B, C에 대해서도 적용시킬 수 있다.

교집합 $A \cap B \cap C$는 세 가지 사건의 공통적인 표본공간의 원소의 모임이다. 벤다이어그램에 다음과 같이 그릴 수 있다.

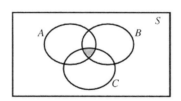

다음 벤다이어그램은 사건 A, B, C의 합집합을 나타내고 $A \cup B \cup C$로 표시한다. A, B, C 중 적어도 하나에 속한 표본공간의 원소의 모임이다.

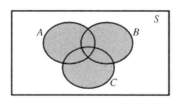

확률 표현

사건의 확률을 분수, 소수 또는 백분율로 나타낼 수 있다. 사건 A에 대해서는 $P(A) = 0.4$ 또는 $P(A) = \frac{2}{5}$ 또는 $P(A) = 40\%$와 같이 말할 수 있다.

합집합과 교집합에서 동등

'이벤트 A와 이벤트 B가 둘 다 발생한다.'와 '이벤트 B와 이벤트 A가 둘 다 발생한다.'

는 같기 때문에 $A \cap B$와 $B \cap A$는 동일하다고 말할 수 있다. 마찬가지로 다음 벤다이어그램에 그려진 바와 같이 $A \cup B$와 $B \cup A$도 동일하다.

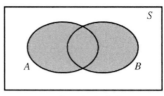

A와 B의 합집합
$A \cup B$

연습문제

1 140명의 슈퍼마켓 고객에 대한 설문 조사 결과 그들 중 62명이 이전 슈퍼마켓 방문에서 고객 우대 카드를 사용해 포인트를 수집했다는 것을 알았다. 표본에서 2명의 고객을 임의로 선택했을 경우 두 명 모두 고객 우대 카드를 사용했을 확률을 찾으시오.

2 실험에 대한 표본공간은 $S = \{1, 2, 3, 4, 5, 6, 7, 8\}$이고, 각 원소가 일어날 수 있는 확률은 모두 같다. 사건들은 다음과 같이 정의된다. $A = \{3, 4, 5, 6\}$, $B = \{1, 2, 3, 4\}$, $C = \{7, 8\}$.

(a) 사건 A와 C는 상호배반인가? 답변에 대한 이유를 설명하시오.

(b) 사건 A와 B는 상호배반인가? 답변에 대한 이유를 설명하시오.

(c) $B \cup C$에 포함된 원소를 적으시오. $P(B \cup C)$를 구하시오.

(d) A'의 원소를 모두 적으시오.

3 각 실험에 대한 표본공간을 적절한 표기법을 사용해 정의하시오.

(a) 3개의 동전을 던져 나오는 윗면을 기록하시오.

(b) 철도 여행 일정에서 기차를 선택하고 최종 목적지에 빨리, 늦게 아니면 정시에 도착했는지에 대해 기록하시오.

(c) 대학에서 학부 학생을 선택해 몇 학년인지를 기록하시오.

4 정당의 멤버가 남자일 확률은 0.74이고 멤버가 남자이고 아이가 있는 확률은 0.20이다. 주어진 조건이 남자일 경우에 임의로 선택된 정당의 멤버가 아이가 있는 확률은

(a) 0.27이다.

(b) 1보다 크다.

(c) 계산할 수 없다.

5 선호하는 뜨거운 음료에 대한 조사에서, 임의로 선택된 여자가 차를 선호하는 확률은 0.34 이고 임의로 선택된 여자가 커피를 선호하는 확률은 0.59이다. 응답자들 중에서 여자가 임의로 선택된 경우

(a) 그녀가 커피를 선호하지 않는 확률은 얼마인가?

(b) 그녀가 차 또는 커피를 선호하는 확률은 얼마인가?

(c) 그녀가 핫초콜릿을 선호하는 확률이 0.21인 것이 가능한가?

6 다음 표는 온라인 주문 서비스를 제공하는 회사에 가입이 가능한 잡지의 카테고리를 표시한다.

잡지 카테고리	빈도
컴퓨터와 기술	61
공예	88
음식과 집	109
과학과 자연	18
스포츠	134
여행	38
라이프스타일	52
총합	500

데이터를 사용해 잡지 카테고리에 대한 확률모형을 만드시오.

7 다음의 각 문제에 대해 색칠된 면적을 사용한 벤다이어그램을 그려서 사건을 나타내시오.

(a) A가 아니다.

(b) $A \cup B$

(c) A와 B와 C

8 슈퍼마켓의 판매 기록은 3개월 동안 구매자의 65%가 한 번 계산할 때 100파운드 이상 지출했다고 나타났다. 구매자는 한 번 계산할 때 신용카드로 100파운드 이상 지출한 확률이 0.28이면, 구매자가 한 번 계산할 때 100파운드 이상 지출했다는 것이 주어졌을 때 그 구매자가 신용 카드를 사용한 확률을 계산하시오.

9 연구 프로젝트에서 같은 학교를 다니는 340명의 어린이들을 면접하였다. 그중 289명은 형제가 한 명 있다는 것을 알게 되었다. 이 그룹에서 아이가 임의로 선택된 경우, 적어도 한명의 형제가 있는 확률은 얼마인가?

10 학교 선생님이 가르치고 있는 과목의 학위를 가지고 있는 확률은 0.72이다. 이 학교에서 임의로 두 선생님을 선택한다고 가정해 보자. 두 선생님 모두 가르치는 과목의 학위를 가지고 있는 확률을 계산하시오.

11 영국에 사는 성인 한 명을 임의로 선택했을 경우 주택 소유주일 확률은 0.64이고 차 소유자일 확률은 0.75이다. 영국에 사는 임의로 선택된 성인이 주택 또는 차를 소유한 확률을 계산하기에 충분한 정보가 있는가? 대답을 설명하시오.

12 확률에 대한 고전적 접근법은 무엇을 의미하는지 설명하시오.

13 성별과 운동 사이의 관계를 조사하는 연구 프로젝트에서 200명의 성인에게 헬스장의 회원인지를 질문하였다. 결과는 다음과 같다.

	남자	여자	총합
헬스장 회원권 소유	24	65	89
헬스장 회원권 소유하지 않음	80	31	111
총합	104	96	200

200명의 응답자에서 임의로 한 명의 성인을 선택하면, 이 성인이 다음과 같을 확률을 찾으시오.

(a) 헬스장 회원이다.

(b) 여자이다.

(c) 헬스장 회원일 경우 남자이다.

(d) 여자일 경우 헬스장 회원이 아니다.

14 A와 B가 독립사건일 경우 $P(A) = 0.34$와 $P(B) = 0.41$일때 $P(A \cap B)$를 찾으시오.

15 꽃 전시회의 정원 중앙에 200가지의 꽃이 있다. 60가지의 꽃은 핑크색, 80가지는 노란색, 40가지는 흰색이고 나머지 꽃은 보라색이다. 꽃 전시회에서 임의로 꽃을 고를 때 다음과 같을 경우의 확률을 구하시오.

(a) P(노란색)

(b) P(보라색)

(c) P(빨간색)

16 A와 B가 상호배반 사건인 경우, 다음과 같은 실험에 대한 A와 B의 합집합의 확률을 계산하시오.

(a) $P(A) = 0.36$, $P(B) = 0.11$

(b) $P(A) = 0.22$, $P(B) = 0.69$

17 문장과 표기법으로 다음의 벤다이어그램에 색칠된 면적의 의미를 설명하시오.

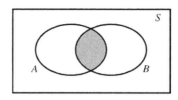

18 다음 수치 중 사건의 확률이 될 수 없는 것은 무엇인가? 답에 대한 이유를 설명하시오.

(a) 0.265

(b) 0

(c) −0.921

(d) 4/5

(e) 2.164

(f) 1

19 다음 표는 성별에 따라 분류된 한 회사의 파트타임과 풀타임 직원의 수를 보여 준다.

	파트타임	풀타임	총합
남자	72	103	175
여자	161	64	225
총합	233	167	400

다음과 같이 임의로 선택된 직원의 확률을 구하시오.

(a) 여자 또는 파트타임인 직원

(b) 풀타임 또는 남자 직원

20 경영 전문 잡지사의 편집자는 350개의 기업에게 작년에 이윤을 남겼는지에 대해 질문하였다. 203개의 기업은 이윤을 남겼다고 대답했다. 회사 중 하나를 임의로 선택했을 경우, 기업이 이윤을 남기지 못했을 확률을 경험적 접근법을 사용해서 구하시오.

21 실험에서 가능한 모든 결과의 확률이 똑같은 상황들에 적용할 수 있는 확률에 대한 접근법은 어느 것인가?

(a) 주관적

(b) 고전적

(c) 경험적

22 확률에 있어서 실험, 결과, 표본공간과 사건의 용어의 의미를 간단히 설명하시오.

23 제과점의 검사를 위해 도넛의 표본을 선택했을 때, 여섯 종류의 분포에 대한 가능한 확률모형을 각 표가 보여 준다. 각 표의 수치가 유효한 확률모형을 제공하는지 결정하시오. 답변에 대한 이유를 설명하시오.

(a)

도넛 종류	확률
애플파이	0.16
초콜릿 아이스	0.31
오리지널 글레이즈드	0.27
산딸기잼	0.09
딸기잼	0.05
레인보우 스프링클	0.12

(b)

도넛 종류	확률
애플파이	0.26
초콜릿 아이스	0.17
오리지널 글레이즈드	0.42
산딸기잼	0.74
딸기잼	0.09
레인보우 스프링클	0.14

(c)

도넛 종류	확률
애플파이	0.23
초콜릿 아이스	0.24
오리지널 글레이즈드	0.09
산딸기잼	0.35
딸기잼	0.17
레인보우 스프링클	−0.08

24 다음과 같은 경우 $P(A \cap B)$를 구하시오.

(a) $P(A) = 0.67$ 그리고 $P(B|A) = 0.29$

(b) $P(B) = 0.14$ 그리고 $P(A|B) = 0.23$

25 같은 우편 지역에 있는 모든 주택에 대한 조사를 시행하였을 때 65%는 차고를 가지고 있고, 22%는 온실을 가지고 있고, 6%는 둘 다 있다는 것을 알게 되었다. 이 우편 지역에서 임의로 선택한 주택이 차고 또는 온실 또는 둘 다 가지고 있을 확률은 무엇인가?

26 광고 회사가 텔레비전 시청자에 대한 데이터를 수집하였다. 이 회사는 남자와 여자 시청자에 대한 광고 효과의 차이를 조사하려고 한다. 다음 표는 시청자 수, 성별, 광고한 제품을 구매한 시청자와 구매하지 않은 시청자의 수를 나타낸다.

	구매	구매하지 않음	총합
남자	128	304	432
여자	256	312	568
총합	384	616	1000

임의로 텔레비전 시청자를 한 명 선택할 경우, 다음을 구하시오.

(a) P(제품을 구매하지 않은 여자 시청자)

(b) P(제품을 구매한 남자 시청자)

27 $P(B) = 0.39$와 $P(A \cap B) = 0.36$이라고 주어졌을때, 사건 B의 발생이 주어진 사건 A가 발생한다는 조건부 확률을 구하시오.

28 각 시나리오에서 확률을 정의할 때 고전적, 경험적, 주관적 접근법 중 어느 접근법을 사용할 것인지를 결정하시오.

(a) 작년에 매월 매출이 증가해서, 국내 장비 업체의 영업 관리자는 이번 달에 판매 증가의 확률이 0.92일 것이라 생각한다.

(b) 여행사 직원은 500명의 고객 표본이 예약한 휴가 유형을 기록한다. 표본에서 고객이 임의로 선택할 경우, 여행사 직원은 그 고객이 스포츠 휴가를 예약한 고객일 확률을 계산하고자 한다.

29 사건 A가 발생할 확률이 0.4이면, $P(A) = \frac{2}{5}$라고 쓰는 것과 같은가?

30 $P(A) = 0.23$과 $P(B|A) = 0.61$이 주어졌을 때, 사건 A와 B의 교집합의 확률을 찾으시오.

31 확률에 대한 다음 문장의 빈칸을 채우시오.

(a) _____사건의 확률은 0이다.

(b) 사건의 확률이 정확히 _____이면 그 사건은 확실히 발생할 것이다.

(c) 사건들이 같은 시간에 동시에 발생할 수 없으면 _____이다.

(d) 실험의 한 사건이 발생하는 것이 다른 한 사건이 발생하는 것에 _____을/를 주지 않을

경우 두 사건은 독립이라고 한다.

32 주사위를 던져 윗면의 수를 기록하는 실험에 대한 두 사건을 A : '윗면의 수가 5보다 작은 경우'와 B : '윗면의 수가 짝수인 경우'로 정의할 수 있다. 다음 원소 세트 중 어느 것이 A와 B의 교집합을 나타내는가?

(a) {2, 4, 6}

(b) {1, 2, 3, 4, 6}

(c) {2, 4}

33 도서관 고객은 한 번에 최대 6권의 책을 빌릴 수 있다. 다음 표는 일주일 동안 도서관에서 빌린 책의 수에 대한 확률모형을 보여 준다.

대여한 책 권수	확률
1	0.11
2	0.09
3	0.25
4	0.34
5	0.06
6	0.15

(a) 이 확률모형은 유효한가? 답변에 대한 이유를 설명하시오.

(b) 임의로 선택한 고객이 3권 또는 4권의 책을 빌렸을 확률은 얼마인가?

(c) 임의로 선택한 고객이 5권의 책보다 적은 수의 책을 빌렸을 확률은 얼마인가?

34 기차역 플랫폼에서 안내전광판은 7시 14분 기차가 정시에 출발한다고 보여 준다. 그러나 매일 아침 7시 14분 기차를 타고 통근하는 사람은 이 열차는 이전에 이틀이나 제시간보다 늦게 왔다는 것을 알고 있다. 하여, 그는 기차가 정시에 출발할 확률이 0.25라고 생각한다. 이 통근자가 사용하는 확률 접근법은 무엇인가?

35 다섯 친구들은 5월 토요일 밤에 이탈리아 식당에서 식사를 하였다. 그들의 이름은 케이트, 샐리, 올리비아, 앨리슨, 매리이다. 식당 주인은 각 테이블에 두 명에게 무료 디저트를 제공하기로 결정하고 선택 과정이 공정할 수 있도록 모자에서 이름을 뽑기로 했다.

(a) 이 실험에 대한 표본공간을 정의하시오.

(b) 매리와 샐리가 무료 디저트를 받을 확률은 얼마인가?

(c) 케이트가 무료 디저트를 받지 못할 확률은 얼마인가?

(d) 앨리슨이 무료 디저트를 받을 확률은 얼마인가?

36 온라인 설문 조사에서 자녀가 있는 여자에게 주말 근무를 하느냐고 질문하였다. 질문에 가능한 답은 '항상 함', '때때로 함', 아니면 '결코 하지 않음'였다. 세 가지 응답에 대한 확률이 다음과 같이 나올 수 있는지 말하시오.

$$P(\text{항상 함}) = 0.36, \ P(\text{때때로 함}) = 0.71, \ P(\text{결코 하지 않음}) = 0.19$$

답변에 대한 이유를 설명하시오.

37 다음 문장이 진실인지 거짓인지 말하시오. 거짓 문장에 대해 설명하시오.

(a) 두 사건이 상호배반인지 아닌지에 상관없이 덧셈 규칙은 같다.

(b) 사건 A의 발생과 사건 A'가 발생하지 않는다는 것은 같은 의미이며, 반대의 경우도 마찬가지이기 때문에 사건 A와 A'는 상호배반이다.

(c) $P(A \cap B)$는 $P(B \cap A)$와 동일하지 않다.

(d) 사건의 확률은 분수, 소수 또는 백분율로 표현할 수 있다.

38 주택 단지 대리인은 자신이 매매한 주택의 67.4%가 광고 매매 가격 이하로 매매됐다는 것을 알았다. 이 그룹에서 임의로 주택을 선택할 경우, 광고 매매 가격 이하로 매매될 확률은 얼마인가?

39 $P(A) = 0.43$, $P(A \cup B) = 0.67$, $P(A \cap B) = 0.12$일 경우, $P(B)$를 계산하시오.

40 $P(A) = 0.63$이고 $P(B) = 0.28$일 경우, 다음에 대한 확률을 구하시오.

(a) A와 B가 상호배반일 때 $P(A \cup B)$

(b) $P(B')$

(c) $P(A \cap B) = 0.05$일 때 $P(A \cup B)$

(d) A와 B가 상호배반일 때 $P(A \cap B)$

연습문제 해답

1 두 고객이 고객 우대 카드를 사용했을 확률은 $\frac{62}{140} \times \frac{61}{139} = 0.1943$이다.

2 (a) 사건 A와 C는 공통 원소가 없으므로 상호배반 사건이다.

(b) $A \cap B = \{3, 4\}$이므로 A와 B는 상호배반이 아니다.

(c) $B \cup C = \{1, 2, 3, 4, 7, 8\}$이므로 $P(B \cup C) = \frac{6}{8} = 0.75$

(d) $A' = \{1, 2, 7, 8\}$

3 (a) $S = \{HHH, HHT, HTH, HTT, THH, THT, TTH, TTT\}$

(b) $S = \{E, L, OT\}$

(c) $S = \{$첫 번째, 두 번째, 세 번째, 네 번째$\}$

4 옵션 (a), $P($아이 있음 $|$ 남자$) = \frac{0.20}{0.74} = 0.27$

5 (a) $P($커피 선호하지 않음$) = 1 - 0.59 = 0.41$

(b) $P($차나 커피를 선호$) = 0.34 + 0.59 = 0.93$

(c) 핫초콜릿을 선호할 확률은 0.21이 될 수 없다. 왜냐하면 0.34 + 0.59 + 0.21은 1보다 크므로 확률의 공리를 만족하지 못하기 때문이다.

6 잡지 카테고리 확률모형은 다음과 같다.

잡지 카테고리	빈도
컴퓨터와 기술	61/500 = 0.122
공예	0.176
음식과 집	0.218
과학과 자연	0.036
스포츠	0.268
여행	0.076
라이프스타일	0.104

7 (a)

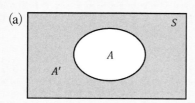

(b)
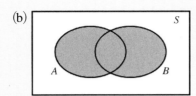

(c)
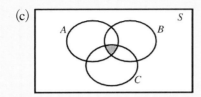

8 $P(\text{신용카드 사용} \mid 100\text{파운드 이상 사용}) = \dfrac{0.28}{0.65} = 0.431$

9 $P(1\text{명 이상의 자녀}) = \dfrac{289}{340} = 0.85$

10 $P(\text{두 교사 모두 학위 소유}) = 0.72 \times 0.72 = 0.5184$

11 영국에서 사는 임의로 선택된 성인이 주택 또는 차를 가진 확률을 계산하기에는 충분한 정보를 가지고 있지 않다. 성인의 일부는 주택과 자동차를 소유하고 있기 때문에 이 비율을 알아야 두 사건의 합집합을 계산할 수 있다.

12 실험에서 가능한 모든 결과의 확률이 같을 경우에 고전적 방법을 적용한다. 이 경우, 실험은 등확률결과를 가지고 있다고 한다. 각 사건이 일어날 수 있는 비율을 측정하기 때문에 사건의 확률은 다음과 같다.

$$\text{사건 확률} = \frac{\text{사건에 의해 발생한 결과 개수}}{\text{실험의 모든 결과 개수}}$$

실험의 성질을 이해하고 표본공간과 관련된 결과를 세는 것으로 사건의 확률을 결정할 수 있기 때문에 고전적 접근법을 사용할 경우 실제로 실험을 수행할 필요가 없다.

13 (a) $P(\text{헬스장 회원}) = \dfrac{24 + 65}{200} = 0.445$

(b) $P(\text{여자}) = \dfrac{24 + 80}{200} = 0.52$

(c) $P(\text{남자} \mid \text{헬스장 회원}) = \dfrac{65}{200} \div \dfrac{89}{200} = \dfrac{65}{89}$

(d) $P(\text{헬스장 회원 아님} \mid \text{여자}) = \dfrac{80}{200} \div \dfrac{104}{200} = \dfrac{80}{104}$

14 사건 A와 B가 서로 독립적이므로 $P(A \cap B) = P(A) \times P(B) = 0.34 \times 0.41 = 0.1394$

15 (a) $P(\text{노랑}) = \dfrac{80}{200} = 0.4$

(b) $P(\text{보라}) = \dfrac{20}{200} = 0.1$

(c) $P(\text{빨강}) = 0$, 왜냐하면 꽃 전시회에는 빨간 꽃이 없다.

16 (a) 사건 A와 B는 상호배타적인 사건이므로 $P(A \cup B) = P(A) + P(B) = 0.36 + 0.11$
    $= 0.47$

(b) 사건 A와 B는 상호배타적인 사건이므로 $P(A \cup B) = P(A) + P(B) = 0.22 + 0.69$
    $= 0.91$

17 벤다이어그램에서 색칠한 부분은 사건 A와 사건 B가 동시에 발생, 기호 $A \cap B$

18 (c), (e) 확률은 0보다 작거나 1보다 클 수 없다.

19 (a) $P(F \cup PT) = P(F) + P(PT) - P(F \cap PT) = \dfrac{225}{400} + \dfrac{233}{400} - \dfrac{161}{400} = 0.7425$

(b) $P(M \cup FT) = P(M) + P(FT) - P(M \cap FT) = \dfrac{175}{400} + \dfrac{167}{400} - \dfrac{103}{400} = 0.5975$

20 $P(\text{이익 없음}) = 1 - \dfrac{203}{350} = 0.42$

21 옵션 (b). 실험에서 가능한 모든 결과의 확률이 같을 경우에 고전적 접근법을 적용한다. 이 경우, 실험은 등확률결과를 가지고 있다고 한다.

22 실험 : 실험은 반복할 수 있는 행동이나 과정이다.

결과 : 결과는 단순히 실험의 결과이다.

표본공간 : 표본공간은 실험의 가능한 모든 결과의 집합이다.

사건 : 사건은 실험에서 하나 또는 그 이상의 결과들의 모임이다.

23 (a) 그렇다. 각각의 확률은 0과 1 사이에 포함되어 있고, 확률들의 합이 1이기 때문에 이 확률모형은 유효하다.

(b) 아니다. 확률의 합이 1보다 크기 때문에 이 확률모형은 유효하지 않다.

(c) 아니다. $P(\text{레인보우 스파클링})$는 0보다 작기 때문에 이 확률모형은 유효하지 않다.

24 (a) $P(A \cap B) = P(B \mid A) \times P(A) = 0.29 \times 0.67 = 0.1943$

(b) $P(A \cap B) = P(A \mid B) \times P(B) = 0.23 \times 0.14 = 0.0322$

25 $P(\text{차고와 온실 둘다}) = 0.65 + 0.22 - 0.06 = 0.81$

26 (a) $P(\text{여자이고 구매하지 않음}) = \dfrac{312}{1000} = 0.312$

   (b) $P(\text{남자이고 구매}) = \dfrac{128}{1000} = 0.128$

27 $P(A \mid B) = \dfrac{P(A \cap B)}{P(B)} = \dfrac{0.36}{0.39} = 0.923$

28 (a) 국내 장비 업체의 경우 확률은 영업 관리자가 자신의 개인적인 경험과 판단에 근거하기 때문에 주관적 접근법을 사용하고 있다.

   (b) 이 실험은 등확률결과(결과들이 나올 수 있는 가능성이 모두 같다)를 가지고 있지 않기 때문에 여행사는 확률에 대한 경험적 접근법을 사용한다. 표본 데이터는 상대빈도를 기반으로 확률을 계산하는 데 사용될 수 있다.

29 그렇다. 사건의 확률은 분수, 소수 또는 백분율로 표현할 수 있기 때문이다.

30 $P(A \cap B) = P(B \mid A) \times P(A) = 0.23 \times 0.61 = 0.1403$

31 (a) 불가능

   (b) 1

   (c) 상호배반

   (d) 영향

32 옵션 (c). 원소 {1, 2, 3, 4}는 사건 A에 속해 있고, {2, 4, 6}은 사건 B에 속해 있다. 교집합 $A \cap B$는 사건 A와 사건 B의 공통 원소들을 포함한다. 이 경우, 두 원소 {2, 4}가 이 두 사건에 공통적으로 속해 있다.

33 (a) 각각의 확률은 0과 1 사이에 포함되어 있고, 확률들의 합이 1이기 때문에 이 확률모형은 유효하다.

   (b) $P(\text{3권이나 4권}) = 0.25 + 0.34 = 0.59$

   (c) $P(\text{5권 미만}) = 0.11 + 0.09 + 0.25 + 0.34 = 0.79$

34 7시 14분 열차가 정시에 출발하는 확률은 자신의 개인적인 경험으로 추정했기 때문에 통근자는 주관적 접근법을 사용하고 있다.

35 (a) $S = \{\text{KS, KO, KA, KM, SO, SA, SM, OA, OM, AM}\}$

   (b) $P(\text{매리와 샐리}) = \dfrac{1}{10} = 0.1$

(c) $P(케이트 아님) = \dfrac{6}{10} = 0.6$

(d) $P(앨리슨) = \dfrac{4}{10} = 0.4$

36 아니다. 확률들의 합이 1보다 크기 때문에, 할당 확률은 가능하지 않다.

37 (a) 거짓. 두 사건의 합집합에 대한 일반적인 덧셈 규칙은 다음과 같다.

$$P(A \cup B) = P(A) + P(B) - P(A \cap B)$$

그러나 두 사건이 상호배반인 경우, 그 교집합의 확률은 0이기 때문에 덧셈 규칙은 다음과 같다.

$$P(A \cup B) = P(A) + P(B)$$

(b) 참

(c) 거짓. '이벤트 A와 이벤트 B가 둘 다 발생한다.'와 '이벤트 B와 이벤트 A가 둘 다 발생한다.'는 같기 때문에 $P(A \cap B)$와 $P(B \cap A)$는 동일하다고 말할 수 있다.

(d) 참

38 소수를 비율로 바꾸면, 광고 매매 가격 이하로 매매될 확률은 0.674이다.

39 덧셈 규칙을 재배열하면 다음과 같다.

$$P(B) = P(A \cup B) + P(A \cap B) - P(A) = 0.67 + 0.12 - 0.43 = 0.36$$

40 (a) 사건 A와 B가 상호배반이므로, $P(A \cup B) = P(A) + P(B) = 0.63 + 0.28 = 0.91$

(b) $P(B') = 1 - P(B) = 1 - 0.28 = 0.72$

(c) $P(A \cap B) = 0.05$이면, $P(A \cup B) = P(A) + P(B) - P(A \cap B) = 0.63 + 0.28 - 0.05 = 0.86$

(d) 사건 A와 B가 상호배반이므로, $P(A \cap B) = 0$

⑩ 통계적 추론

목표

이 장에서 설명하는 것은 다음과 같다.

- 이산확률변수와 연속확률변수를 구별한다.
- 정규분포의 성질을 설명한다.
- 표준정규분포의 중요성을 이해한다.
- 표준정규곡선 아래의 면적을 계산하고 해석한다.
  - z점수의 왼쪽
  - z점수의 오른쪽
  - 2개의 특정한 z점수 사이
- 표본통계량의 샘플링분포를 해석하고 이 지식을 사용해 모평균에 대한 구간추정치를 계산한다.

핵심용어

구간 추정치(interval estimate)
모수(population parameter)
샘플링분포(sampling distribution)
신뢰구간(confidence interval)
신뢰수준(confidence level)
연속확률변수(continuous random variable)
이산확률변수(discrete random variable)

점 추정치(point estimate)
정규곡선(normal curve)
정규분포(normal distribution)
중심극한정리(central limit theorem)
표본통계량(sample statistic)
표준오차(standard error)
표준정규곡선(standard normal curve)

표준정규분포(standard normal distribution)
확률밀도함수(probability density function)
확률변수(random variable)
확률분포(probability distribution)
z점수(z-score)

서론

확률변수에 대한 소개와 함께 이 장을 시작하고 정규분포의 성질과 모수를 설명하는 것으로 정규분포의 중요성에 대한 설명을 제공한다. 확률변수를 표준화해야 할 필요가 있는 경우 등, 다양한 상황에서 표준정규분포곡선 아래의 면적을 계산하기 위해 통계표를 사용하는 방법들을 제시한다.

통계적 추론은 표본을 추출한 관심 모집단에 대한 결론을 내릴 수 있도록 표본통계량을 사용하는 것을 포함한다. 모집단의 모든 데이터에 대한 정보를 수집하는 것은 비용이 많이 들고, 비실용적이고 때로는 불가능하기 때문에 표본 데이터를 사용하는 것이 필요하다. 확률변수와 정규분포에 대한 이해에 기반을 두고 표본평균에 초점을 맞춰 샘플링분포를 설명하기로 한다. 마지막으로 모표준편차가 알려진 경우 모평균의 구간 추정치를 구하기 위한 과정을 설명한다.

확률변수

9장에서는 확률실험과 결과에 대한 개념을 소개하였다. 이 개념들을 확장시키면 **확률변수**(random variable)를 정의할 수 있다. 임의 확률실험에서 발생 가능한 숫자를 가진 변수가 확률변수이다. 대문자와 소문자로 확률변수와 그 변수의 결과를 구별한다. 대문자 X, Y, Z로 확률변수를 표시하고 대응하는 소문자 x, y, z는 실험의 결과를 나타내기 위해 사용한다.

예제—확률변수

2개의 동전을 던져서 나오는 윗면의 수를 기록한다고 가정해 보자. 실험에 대한 표본공간은 $S = \{HH, HT, TH, TT\}$라는 것을 이미 알고 있다. 만약 X가 실험을 실행할 때마다 기록된 동전 뒷면의 수를 나타낸다면 X는 확률변수이다. X의 가능한 값인 $x = 0$, $x = 1$ 또는 $x = 2$를 사용해 실험의 결과를 뒷면 0개, 뒷면 1개 또는 뒷면 2개로 기록할 수 있다.

이산확률변수와 연속확률변수

확률변수는 두 가지 유형, 이산확률변수와 연속확률변수가 있다. **이산확률변수**(discrete random variable)는 측정하기보다는 하나하나 세어서 모든 가능한 값을 기록하는 것이다. 대부분의 이산확률변수의 가능한 결과의 수는 한정되어 있다. 측정 실험에서 결과가 주어진 어떤 구간에서 하나 이상의 결과값이 관측될 수 있는 경우 **연속확률변수**(continuous random variable)를 정의할 수 있다. 이 경우, 가능한 결과의 수가 무한하기 때문에 모두 일일이 기록할 수는 없다.

예제 – 이산확률변수

실험 : 병원에서 근무하는 직원을 임의로 선택해서 지난달에 의사들을 방문한 환자 수를 기록한다. 확률변수 X가 환자들이 의사를 방문한 횟수를 나타낼 경우 실험의 결과를 셀 수 있기 때문에 X는 이산확률변수이다. 가능한 값은 $x = 0, 1, 2, 3, \cdots$이다.

예제 – 연속확률변수

실험 : 생산된 제품 중 용량 200ml 샴푸를 임의로 선택한 뒤 병에 담겨 있는 실제 양을 측정한다. X가 임의로 선택된 병의 실제 샴푸의 양이라면, X는 확실한 범위 내의 값이 될 수 있다. 정밀도면에서는 샴푸의 양을 196ml, 또는 196.37ml, 또는 196.372618ml로 측정할 수 있다. 따라서 실험에서 가능한 결과를 모두 적을 수 없기 때문에 X는 연속확률변수이다.

확률분포

확률변수의 **확률분포**(probability distribution)는 변수가 결과로 나타날 수 있는 값과 그 값들에 대응하는 확률에 대한 정보를 제공한다. 확률변수의 성질에 따라 확률분포는 표, 방정식 또는 그래프로 나타낼 수 있다.

이산확률변수의 확률분포

이산확률변수의 경우, 대부분의 확률분포는 변수의 발생 가능한 모든 값과 각 값에 대응하는 확률을 나열한 표로 나타낸다. 앞 장에서 설명했던 바와 같이, 기존 데이터 또는 실험 데이터의 상대빈도를 사용해 확률을 결정하는 경험적 접근법을 적용할 수 있다. 이산확률변수의 확률분포는 다음 두 가지 성질을 만족시켜야 한다

- 변수의 각 값에 대응하는 확률은 0과 1 사이여야 한다.
- 변수의 모든 가능한 값의 확률 총합은 1이여야 한다.

확률분포표를 사용해 확률변수의 각각의 값에 대한 확률을 구하고, 이를 이용하여 누적확률을 계산할 수 있다.

예제 — 이산형 확률분포

1. 2개의 동전을 던져서 윗면을 기록하는 실험으로 돌아가서, X가 실험을 실행할 때마다 나오는 동전 뒷면이 기록된 수를 나타낸다면, X의 가능한 값은 $x = 0$, $x = 1$ 또는 $x = 2$이다. 표본공간 $S = \{HH, HT, TH, TT\}$를 사용해 이산확률변수 X에 대한 확률분포를 다음과 같이 구할 수 있다.

뒷면 개수 x	확률 $P(x)$
0	0.25
1	0.50
2	0.25

표를 사용해 $P(X = 1)$이 0.5인 것을 알 수 있을 뿐 아니라 다음을 계산할 수 있다.

$$P(X < 2) = P(X = 0) + P(X = 1) = 0.25 + 0.50 = 0.75$$

2. 다음의 표는 도시의 주거 지역에서 같은 지역에 있는 각 주택의 침실 개수를 보여 준다.

침실 개수	빈도	상대빈도
1	9	0.09
2	12	0.12
3	42	0.42
4	21	0.21
5	13	0.13
총합	100	1.00

X가 지역에서 임의로 선택된 주택의 침실 개수이면, 상대빈도를 사용해 확률변수 X에 대한 확률분포를 구할 수 있다.

침실 개수 x	확률 $P(x)$
1	0.09
2	0.12
3	0.42
4	0.21
5	0.13

임의로 선택된 주택에 대해 $P(X = 1) = 0.09$와 $P(X > 3) = 0.34$인 것을 알 수 있다.

연속형 확률변수의 확률분포

변수에 대한 결과값은 무한하고 모두 기록할 수 없기 때문에 표를 사용해서 연속확률변수의 확률분포를 나타내는 것은 불가능하다. 대신에 연속확률변수는 수학 방정식을 사용해 나타낸다. 이것은 확률밀도함수(probability density function)라고 알려져 있다.

연속확률변수의 확률밀도함수는 두 가지 특성을 만족시켜야 한다.

- 확률밀도함수는 결코 음수일 수 없다.
- 함수의 곡선 아래의 총 면적은 1이다.

임의의 한 값의 확률은 0이기 때문에 확률밀도함수의 곡선을 사용해 연속확률변수에 대한 확률을 나타낼 때 값의 구간을 사용한다.

구간에 대한 곡선 아래의 면적은 연속확률변수가 그 구간 내의 값일 확률을 나타낸다. 이 개념의 시각적 표현은 다음과 같다. 변수 X의 값이 a와 b 사이에 놓여질 확률은 두 점 사이의 곡선 아래 면적으로 주어진다.

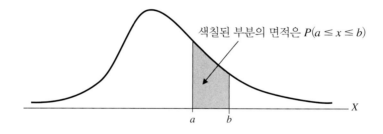

색칠된 부분의 면적은 $P(a \leq x \leq b)$

정규분포

실제 데이터에서는 대부분의 연속확률변수는 비슷한 모양의 확률분포를 가지고 있다. 가장 자주 나타나는 모양은 정규분포(normal distribution)로 알려져 있다. 변수가 정규분포되어 있는 경우는 많은 데이터들이 중앙값 주위에 모여 있고 그 중앙값과 거리가 멀어질수록 데이터의 수(확률)가 적어진다.

예를 들어, 한 달 동안 매일 평일 아침에 집부터 회사까지 가는 데 차로 걸리는 시간을 생각해 보자. 매일 통근 시간은 대부분 매우 비슷하지만 때때로 시간이 훨씬 적게 걸리거나 훨씬 길수도 있다. 지역 학교가 하루 휴교한다면 더 적은 수의 사람들이 그 시간에 출퇴근하기 때문에 통근 시간이 줄어들 수도 있다. 또 다른 경우에, 물 파이프가 터져서 도로가 막힌다면 시간이 훨씬 더 많이 걸릴 수도 있다. 이 확률밀도함수는 정규곡선(normal curve)의 모양을 갖는다고 말할 수 있다.

다음 변수도 정규분포화될 수 있다.

- 일일 최고 온도
- 제조 공정에 있어서의 패키지의 중량
- 프로젝트를 완료하는 데 걸리는 시간
- 연간 자동차 보험 비용

정규곡선은 다음 그림과 같이 나타나며, 명확하게 정의된 모양(하나의 최고점에 대칭인 종의 모양)을 가진 것을 알 수 있다.

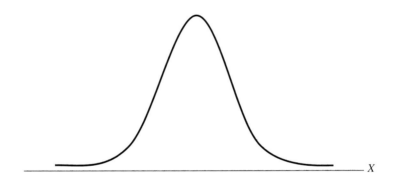

정규분포

정규분포는 다음과 같은 성질을 가지고 있다.

성질	추가 정보
정규곡선 아래 면적은 1이다.	곡선 아래 면적은 확률이고 확률 총합은 1이다.
평균을 중심으로 좌우대칭이다.	평균을 중앙으로 하여 우함수 형태(거울) — 평균을 중심으로 좌측 면적, 우측 면적은 각각 0.5이다.
평균에서 피크를 갖는 단봉 형태이다.	평균을 중심으로 데이터가 집중되어 있고 멀어질수록 데이터 개수가 줄어든다.
곡선은 수평선에 근사한다.	분포의 꼬리 부분은 0에 근사하게 된다(x축과 만나지는 않는다).

정규분포의 모수는 평균 μ와 표준편차 σ이다. μ와 σ 값의 조합은 서로 다른 정규곡선을 만든다.

평균은 X축상의 곡선의 중심 위치를 결정한다. 분포의 평균의 증가는 곡선을 오른쪽으로 이동시키지만, 전체적인 모양은 바뀌지 않는다. 다음 그림은 동일한 표준편차와 다른 평균값을 가진 2개의 정규곡선을 나타낸다.

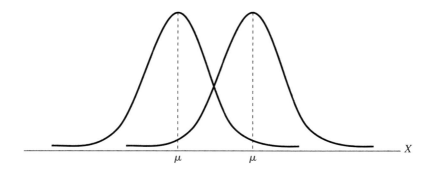

다음 그림은 평균이 같을 때 표준편차가 어떻게 곡선의 퍼짐에 영향을 미치는지 보여 준다. 표준편차의 커지면 더 큰 퍼짐을 가진 평평한 넓은 곡선을 보여 주는 반면, 표준편차가 작아지면 높고 좁은 곡선으로 나타난다.

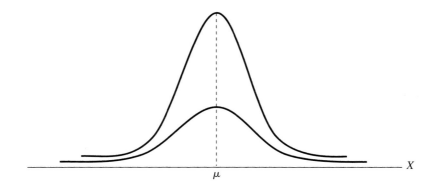

모든 정규분포를 들어, 다음과 같이 평균으로부터 일정 거리 내에 놓여 있는 데이터의 백분율을 명시할 수 있다.

- 데이터의 약 68%는 $\mu - \sigma$와 $\mu + \sigma$ 사이인 평균으로부터 표준편차 내에 있다.
- 데이터의 약 95%는 $\mu - 2\sigma$와 $\mu + 2\sigma$ 사이인 평균으로부터 두 배의 표준편차 내에 있다.
- 데이터의 약 99.7%는 $\mu - 3\sigma$와 $\mu + 3\sigma$ 사이인 평균으로부터 세 배의 표준편차 내에 있다.

이 성질을 시각적으로 나타내면 다음과 같다.

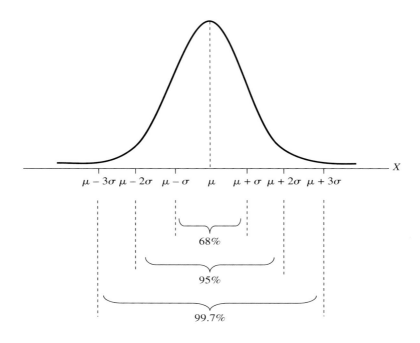

표준정규분포

앞서 언급했듯이 구간에 대한 곡선 아래의 면적은 연속확률변수가 그 구간 내의 발생 확률을 나타낸다. 정규곡선 아래의 면적을 계산하려면 복잡한 수학 함수를 써야 하기 때문에 시간이 많이 들고 어려울 수 있다. 다른 방법으로, 우리는 요구되는 확률을 제공하는 통계표의 사용에 의존한다. 모든 평균과 표준편차의 독특한 조합의 정규곡선에 대한 표를 만드는 것은 비현실적이기 때문에 대신에 우리는 $\mu = 0$과 $\sigma = 1$을 가진 특정 정규분포를 만들도록 한다. 이것은 표준정규분포(standard normal distribution)로 알려져 있으며, 다음 그림에 나타나 있다.

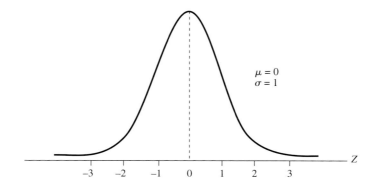

이 분포로 나타내는 표준정규확률변수는 항상 다른 확률변수와 구별하기 위해 Z로 표시하기 때문에 가로축은 이제부터 Z로 표시한다.

표준정규곡선(standard normal curve)의 경우, z의 특정값은 평균과 표준편차로 나타나는 지점 사이의 거리로 나타낸다. 평균의 오른쪽 값은 모두 양수인 반면에 평균의 왼쪽 값은 모두 음수이다. 가로축에 표시하는 z의 특정값은 z점수(z-score)로 알려져 있다.

표준정규분포표

다음 표준정규분포와 연관된 통계표는 양과 음의 z점수의 왼쪽 범위의 누적 확률을 알려준다. 표시법에서 볼 때, 이것은 $P(Z \leq z)$로 표현하고, 특정 값 z의 왼쪽에 놓인 표준정규곡선 아래의 면적과 같다. 부록의 표준정규표는 -3.09와 3.09 사이의 z값에 대해 사용할 수 있다.

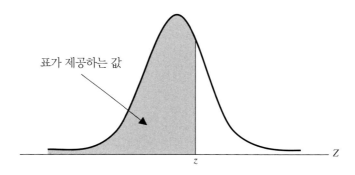

다음의 예는 z점수의 왼쪽의 표준정규곡선 아래의 면적을 찾기 위해 표를 이용하는 데 필요한 과정을 나타낸다.

1. z점수를 두 부분으로 나누시오.

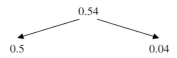

2. z점수의 첫 부분과 대응하는 표의 행을 찾고 z점수의 두 번째 부분에 대응하는 표의 열을 찾으시오.

z	0.00	0.01	0.02	0.03	0.04	0.05	...
...							
0.2					0.5948		
0.3					0.6331		

〈계속〉

z	0.00	0.01	0.02	0.03	0.04	0.05	...
0.4					0.6700		
0.5	0.6915	0.6950	0.6985	0.7019	0.7054	0.7088	
0.6					0.7389		
0.7					0.7704		
...							

3. 알맞은 행과 열의 교차점에 위치하는 표 값이 z점수의 왼쪽에 표준정규곡선 아래의 면적을 보여 준다. 이 예제에서, 우리는 다음과 같이 말할 수 있다.

- $P(Z \leq 0.54) = 0.7054$
- $z = 0.54$의 **왼쪽**에 표준정규곡선 아래의 면적은 0.7054이다.
- 연속확률변수 Z가 0.54보다 적을 확률은 0.7054이다.

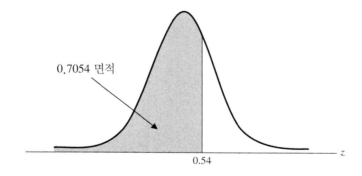

0.7054 면적

0.54

정규곡선 아래의 전체 면적이 1과 같은 것을 알고 있기 때문에, 표 값을 사용해 z점수의 왼쪽 면적뿐만 아니라 다른 면적들도 계산할 수 있다. 임의 z점수의 오른쪽 면적은 1에서 z점수의 왼쪽 면적을 빼면 구할 수 있다.

예를 들어, $z = 0.54$의 오른쪽 면적을 찾고 싶으면 다음과 같이 z점수에 대응하는 표 값을 1에서 빼면 된다.

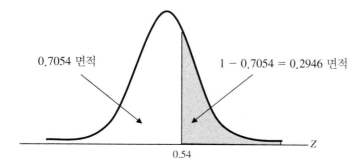

0.7054 면적 $1 - 0.7054 = 0.2946$ 면적

0.54

여기서 우리는 다음과 같이 말할 수 있다.

- $P(Z \geq 0.54) = 0.2946$
- $z = 0.54$의 **오른쪽**의 표준정규곡선 아래의 면적은 0.2946이다.
- 연속확률변수 Z가 0.54보다 클 확률은 0.2946이다.

또한 특정 z점수들 사이의 정규곡선 아래의 면적을 찾을 수 있다. 이것은 가장 큰 z점수의 왼쪽 면적에서 최소 점수 z의 왼쪽 면적을 빼면 구할 수 있다. 실제로, 단순히 표에서 2개의 확률을 찾은 뒤 최대값에서 최소값을 빼면 된다.

예를 들어 $z_1 = -1.85$와 $z_2 = -0.54$ 사이의 곡선 아래의 면적을 구하려면 표에서 2개의 확률을 찾은 뒤 뺄셈을 사용해 필요한 면적을 계산하면 된다.

z	0.00	0.01	0.02	0.03	0.04	0.05	...
...							
−1.9						0.0256	
−1.8	0.0359	0.0351	0.0344	0.0336	0.0329	0.0322	
−1.7						0.0401	
−1.6						0.0495	
−1.5						0.0606	
−1.4						0.0735	
...							
−0.9					0.1736		
−0.8					0.2005		
−0.7					0.2296		
−0.6					0.2611		
−0.5	0.3085	0.3050	0.3015	0.2981	0.2946	0.2912	0.2877
−0.4					0.3300		

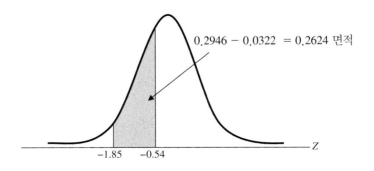

0.2946 − 0.0322 = 0.2624 면적

이 경우, 우리는 다음과 같이 말할 수 있다.

- $P(-1.85 \leq Z \leq -0.54) = 0.2624$
- $z_1 = -1.85$와 $z_2 = -0.54$ **사이의** 표준정규곡선 아래의 면적은 0.2624이다.
- 연속확률변수 Z가 -1.85와 -0.54 구간 사이의 값을 가질 확률은 0.2624이다.

다른 방법으로, 표 값을 사용해 역방향 과정으로 표준정규곡선 아래의 특정 면적과 관련된 z점수를 찾을 수 있다.

다음의 예는 표를 사용해 표준정규곡선의 아래 왼쪽 면적이 0.6217인 z점수를 찾을 때 필요한 과정을 나타낸다.

1. 표준정규분포표에서 주어진 확률(면적) 값이 있는 셀의 위치를 찾으시오.

z	0.00	0.01	0.02	0.03	0.04	0.05	...
...							
0.2		0.5832					
0.3	0.6179	0.6217	0.6255	0.6293	0.6331	0.6368	
0.4		0.6591					
0.5		0.6950					
0.6		0.7291					
0.7		0.7611					
...							

2. 필요한 z점수를 찾기 위해 연관된 행 값과 열 값을 결합하시오.

표준정규곡선 아래 왼쪽 면적이 0.6217일 경우 z점수는 0.31이라고 말할 수 있다.

분포 표준화

이전 부분에서 설명된 과정은 표준정규분포인 경우에만 적용된다. 하지만 우리가 보는 일반적으로 정규분포화된 연속확률변수 X는 0이 아닌 평균과 1이 아닌 표준편차를 가지고 있을 것이다.

X가 평균 μ와 표준편차 σ를 가진 정규분포화된 확률변수인 경우, 다음 공식을 사용해 표준정규분포로 변환할 수 있다.

$$Z = \frac{X - \mu}{\sigma}$$

표준화로 알려진 이 과정을 수행한 뒤, 표준정규분포에 대한 표를 사용해 특정 정규곡선의 왼쪽 면적에 대응하는 z점수를 찾을 수 있다.

x값이 분포의 평균보다 작으면, 대응하는 z점수는 **음수**이다. 표준화된 x값이 분포의 평균보다 크면 z점수는 **양수**이다.

예제 – 표준화

X는 $\mu = 22$와 $\sigma = 5$를 가진 정규분포 연속확률변수라고 가정해 보자. 모든 특정 x값을 대응하는 z값으로 바꿀 수 있다.

$x = 34$일 경우,

$$z = \frac{x - \mu}{\sigma} = \frac{34 - 22}{5} = 2.4$$

표준정규분포의 표를 사용하면 $P(Z \leq 2.4) = 0.9918$이라는 것을 알 수 있기 때문에 $P(X \leq 34) = 0.9918$이라고도 말할 수 있다.

$x = 16$일 경우,

$$z = \frac{x - \mu}{\sigma} = \frac{16 - 22}{5} = -1.2$$

$z = -1.2$인 정규곡선의 왼쪽 면적은 $P(Z \leq -1.2) = 0.1151$이라는 것을 알 수 있기 때문에 $P(X \leq 16) = 0.1151$이라고도 말할 수 있다.

예제 – 정규분포

이력 정보로부터 선도적인 가정용 제품 제조 업체는 자사 방향제의 수명이 대략 평균 30일이고 표준편차가 4일인 정규분포를 가지고 있다고 알고 있다.

방향제를 임의로 선택하면 25일에서 28일 동안 지속할 확률을 계산할 수 있다. 이것은 이 한정된 기간 동안 방향제가 지속될 비율을 제공하는 것과 동일하다.

X가 방향제의 수명을 일로 나타낸다고 하자. $\mu = 30$이고 $\sigma = 4$이다. 표준화 공식을 사용해 x값을 z점수들로 바꿀 수 있다.

$x = 25$일 경우,

$$z = \frac{x - \mu}{\sigma} = \frac{25 - 30}{4} = -1.25$$

$x = 28$일 경우,

$$z = \frac{x - \mu}{\sigma} = \frac{28 - 30}{4} = -0.5$$

각 z값의 왼쪽 면적을 구하기 위해 표준정규분포표를 사용하면, $P(Z \leq -1.25) = 0.1057$ 과 $P(Z \leq -0.5) = 0.3085$라는 것을 알 수 있기 때문에 방향제가 25일에서 28일 동안 지속될 확률은 $0.3085 - 0.1057 = 0.2028$이다.

그러므로 방향제의 약 20.28%가 25일에서 28일 동안 지속될 것이라는 결론을 내릴 수 있다.

모수와 표본통계량

전체 모집단과 표본에서 수집된 데이터를 사용할 때를 구별하기 위해 관심 값에 대한 용어와 표기법을 다르게 사용한다.

모수(population parameter)는 모집단의 특성에 대한 값이다. 일반적으로 이것은 알 수 없지만 고정된 값이다. 표본 데이터를 수집할 경우 표본에 대한 관심 특성을 표현할 때 **표본통계량**(sample statistic)이라는 용어를 사용한다. 표본통계량은 모든 표본에 대해 계산될 수 있고 이 값은 표본에 포함된 선택된 모집단의 데이터들에 따라 달라진다.

이 장의 나머지 부분에서 우리는 가장 일반적으로 사용되는 모수와 표본통계량에 중점을 둘 것이다.

관심 특성	모수와 통계량	기호
모집단 평균	모수	μ
모집단 표준편차	모수	σ
표본평균	통계량	$\bar{x}$
표본 표준편차	통계량	s

샘플링 분포

만일 모집단의 관심 특성인 모수 값에 관심이 있다면 우리는 표본으로부터 데이터를 수집한 뒤 대응하는 표본통계량을 계산하여 활용할 수 있다. 모집단으로부터 같은 크기의 표본을 반복적으로 추출하면 약간의 차이를 가진 많은 표본통계량을 계산한다는 것을 의미한다.

예를 들어, 시리얼을 생산하는 기업의 품질 관리 부서의 역할을 생각해 보자. 품질 관리자는 시리얼 봉지 표본을 선택하고 각 봉지의 무게를 재서 표본에 대한 봉지의 평균 무게를 계산할 것이다. 5일 동안 이 과정이 반복되면 5개의 표본평균이 계산될 것이다. 각 표본평균은 서로 다른 값일 수도 있고 같은 값일 수도 있다. 다음 표는 500g 시리얼 봉지에 대한 가능한 결과를 보여 준다.

일	표본 크기	표본평균
1	50	501.3
2	50	499.6
3	50	502.6
4	50	506.2
5	50	499.6

표본통계량의 수치가 변하고 임의 실험의 결과이기 때문에 우리는 표본통계량은 주어진 표본 크기에 대한 가능한 값의 정보를 제공하는 확률분포를 가진 확률변수라고 말할 수 있다. 표본통계량의 확률분포는 샘플링분포(sampling distribution)로 알려져 있고, 이는 모수에 대한 추정을 위해 사용할 수 있다.

표본평균의 샘플링분포 $\bar{x}$

$\bar{x}$의 샘플링분포는 크기 n을 가진 다른 표본들에 대한 표본통계량이 어떻게 바뀌는지 보여 준다. $\bar{x}$ 샘플링분포에 대해서 우리는 평균을 $\mu_{\bar{x}}$라고 표시하고 표준편차를 $\sigma_{\bar{x}}$라고 나타낸다. 샘플링분포 $\bar{x}$는 다음과 같은 몇 가지 중요한 성질을 가지고 있다.

성질	기호	추가 정보
$\bar{x}$의 샘플링분포의 평균은 모집단 평균이다.	$\mu_{\bar{x}} = \mu$	• 모집단 평균은 표본 크기 n의 표본들의 총 평균으로 계산할 수 있다. • 계산된 표본평균은 모집단 평균보다 크거나 작을 수 있다.
$\bar{x}$의 표준편차는 모집단의 표준편차를 표본 크기의 제곱근으로 나눈 값이다.	$\sigma_{\bar{x}} = \dfrac{\sigma}{\sqrt{n}}$	• 표본평균의 표준오차(standard error)는 표본평균의 표준편차의 또 다른 이름이다. • 표본평균 표준편차는 표본 크기가 커질수록 작아진다. 그러므로 표본 크기가 커지면 표본평균은 모집단 평균과 같아진다.
관심 모집단이 정규분포를 따르면 표본평균도 정규분포를 따른다.		• 관심 모집단은 평균 μ, 표준편차 σ를 갖는다.
대표본($n \geq 30$)에서 모집단의 분포와 상관없이 표본평균의 분포는 정규분포에 근사한다.		• 중심극한정리(central limit theorem) • 대표본의 표본 크기는 모집단의 분포에 의존한다. • 표본 크기가 커질수록 정규분포에 더욱 근사한다.

이 장에서 우리는 구간의 정규곡선 아래의 면적은 연속확률변수가 그 구간 내에서 값을 가질 확률을 나타낸다는 것을 공부하였다. z점수를 사용해 $\bar{x}$와 관련된 확률을 다음과 같은 공식으로 계산하는 이러한 방법을 표본평균 $\bar{x}$를 구하는 데 사용할 수 있다.

$$z = \frac{\bar{x} - \mu}{\sigma_{\bar{x}}}$$

예제-샘플링분포 $\bar{x}$

시리얼을 생산하는 회사에 대한 이전 예로 돌아가면 품질 관리자가 생산된 모든 시리얼 봉지의 무게가 정규분포를 따른다는 것을 알고 있다. 이 지식은 $\mu = 500.64\,\mathrm{g}$과 $\sigma = 29.7\,\mathrm{g}$을 가진 정규분포의 모수를 나타내는 이력 기록에 근거한다.

50개의 시리얼 봉지의 임의 표본에서, 우리는 평균 무게 $\bar{x}$가 $505\,\mathrm{g}$ 미만이 될 확률을 찾을 수 있다. 모집단은 정규분포이기 때문에 $\bar{x}$의 샘플링분포도 정규분포인 것을 알 수 있다. 샘플링분포 $\bar{x}$의 모수는 다음과 같다.

$$\mu_{\bar{x}} = \mu = 500.64$$

$$\sigma_{\bar{x}} = \frac{\sigma}{\sqrt{n}} = \frac{29.7}{\sqrt{50}} = 4.20$$

$P(\bar{x} \leq 505)$의 값을 구하려면 표준화 공식을 사용해 $\bar{x}$값을 z점수로 바꾼다.

$$z = \frac{\bar{x} - \mu}{\sigma_{\bar{x}}} = \frac{505 - 500.64}{4.20} = 1.04$$

표준정규분포표를 사용하면, $z = 1.04$의 왼쪽인 표준정규분포곡선 아래의 면적은 0.8508이라는 것을 찾을 수 있다. 여기에서 우리는 표본평균이 $505\,\mathrm{g}$ 미만일 확률이 0.8508이라고 결론을 내릴 수 있다.

점 추정치와 구간 추정치

점 추정치(point estimate) 또는 구간 추정치(interval estimate)는 계산된 표본통계량에 기초하여 모수값을 할당할 때 사용할 수 있다.

점 추정치에 대해, 표본으로부터 데이터를 수집한 뒤 표본평균과 같은 표본통계량을 계산한다. 이 단일값이 모평균의 추정치로 사용될 수 있다. 하지만 각 표본이 다른 값을 제공하기 때문에 실제 모수와 점 추정치 사이에는 차이가 있을 것이다.

모수를 추정하는 데 단일값을 사용하는 대신 미지의 모수를 포함한다고 기대하는 값의 범위를 주고 점 추정치 주위의 구간을 만들 수 있다. 또한 구간이 해당 모수를 포함한다는 신뢰수준(confidence level)에 대한 설명을 제공한다면 우리는 신뢰구간(confidence interval)을 만든 것이다.

예를 들어, 90% 신뢰구간을 구하면 우리는 구간이 모수의 실제값을 포함할 가능성이 90%라고 말하는 것이다. 이 뜻은 모집단에서 같은 표본 크기 n인 표본들을 반복해서 선택하고 각 표본에 대한 90% 신뢰구간을 구하면, 다음과 같은 것들을 기대할 수 있다.

- 계산된 신뢰구간의 90%는 실제 모수를 포함한다.
- 계산된 신뢰구간의 10%는 실제 모수를 포함하지 **않는다**.

다음 도표는 이 해석을 시각적으로 나타낸다.

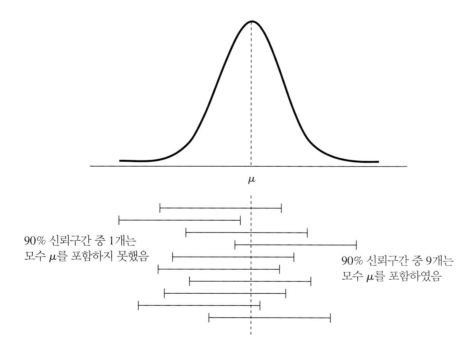

구간을 만들 때 모든 신뢰수준을 사용할 수는 있지만, 일반적으로 90%, 95%, 99%를 사용한다.

신뢰구간을 쓸 때 범위의 상한과 하한으로 만들어진 값의 쌍으로 표시한다. 값들은 쌍이라는 것을 나타내기 위해 항상 괄호 안에 표시되고 하한은 쓰여지는 첫 번째 값이다.

모집단 평균 신뢰구간

모집단 표준편차 σ가 주어졌을 경우, 우리는 모평균 μ를 사용해서 신뢰구간을 다음과 같이 구한다.

$$\bar{x} \pm z \frac{\sigma}{\sqrt{n}}$$

공식의 z값은 사용되는 신뢰수준에 의존하고 이 장 앞에서 설명된 과정을 거쳐 찾을 수 있다. 다음 그림은 표준정규분포표를 사용해 95% 신뢰구간에 대한 z값 1.96을 찾는 방법을 시각적으로 보여준다.

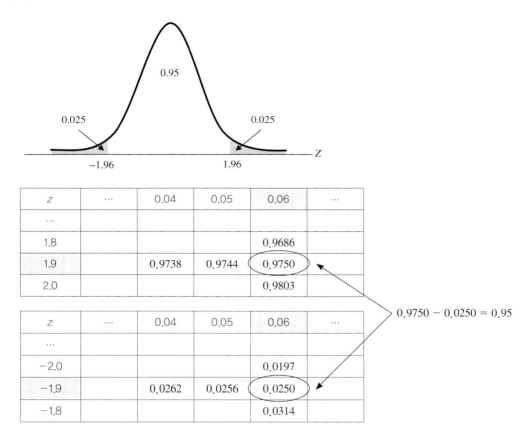

상대적으로, 90% 신뢰수준에 대한 z값은 1.64이며, 99% 신뢰구간에 대해 우리는 2.58을 사용한다.

예제 – 모집단 평균 신뢰구간

이력 정보에 따르면 어느 한 슈퍼마켓은 고객이 계산대에서 기다리는 시간은 모집단 표준편차가 약 $\bar{x} = 18$인 표본통계량을 제공한다. 이것은 모평균 μ의 점 추정치이다.

다음과 같이 z값 2.58을 사용하여 모든 고객의 대기 시간의 평균에 대한 99% 신뢰구간을 구할 수 있다.

$$\bar{x} \pm z \frac{\sigma}{\sqrt{n}} = 18 \pm 2.58 \times \frac{4}{\sqrt{35}} = 18 \pm 1.74$$

모평균 μ에 대한 99% 신뢰구간은 (16.256, 19.744)이고 우리는 이 구간이 모든 고객의 평균 대기 시간을 포함하는 것은 99%의 가능성이 있다는 결론을 내릴 수 있다.

힌트와 팁

근사값 사용

표준정규분포표를 사용해 표준정규곡선 아래 특정 면적과 관련된 z점수를 확인할 경우, 알려진 면적이 실제로 표에 있는 값이 아니라는 것을 알 수 있다. 이러한 경우에 주어진 면적과 가장 수치적으로 가까운 표 값을 선택한 뒤 전과 같이 행과 줄의 제목을 조합해서 z점수를 찾는다.

예를 들어, 표준정규곡선의 아래 왼쪽 면적이 0.80인 z점수를 찾기를 원한다고 가정해 보자. 0.80에 가장 가까운 표 값은 0.7995이기 때문에 표준정규곡선의 아래 왼쪽 면적이 0.80인 z점수는 약 0.84라고 결론 내릴 수 있다.

z	0.00	0.01	0.02	0.03	0.04	0.05	…
…							
0.6					0.7389		
0.7					0.7704		
0.8	0.7881	0.7910	0.7939	0.7967	0.7995	0.8023	
0.9					0.8264		
1.0					0.8508		
1.1					0.8729		
…							

신뢰구간 해석 오류

만들어진 신뢰구간을 해석할 때 주의해야 한다. 계산된 확률은 구간이 모수를 포함할 가능성을 나타내기 때문에 신뢰수준은 표본통계량 또는 모수가 아닌 구간과 관련되어 있다.

그러므로 '구간이 표본평균을 포함할 가능성은 95%이다.'라는 문장은 옳지 않다. 구간은 표본평균을 값들의 범위의 중앙에 두고 만들기 때문에 신뢰구간은 확실히 표본평균을 포함할 것이다.

표준정규분포표는 다양하다

표준정규분포표를 사용할 때 표가 나타내는 그림 또는 설명을 이해하고 있는지 확인해야 한다. 이 장에서 예제에서 사용된 모든 표 값은 특정 z값의 **왼쪽**에 놓인 표준정규곡선 아래 면적을 나타내는 표를 사용했다. 하지만 어떤 표들은 z값의 **오른쪽**에 놓인 표준정규곡선 아래의 면적을 나타내기 때문에 이 장에 설명된 방법들을 그에 맞춰서 적절하게 조정해야 한다.

연습문제

1 모수를 추정하는 과정에서 점 추정치와 구간 추정치의 차이점을 설명하시오.

2 연구 프로젝트의 결과는 런던에 기반을 둔 컨설팅 회사가 프로젝트를 끝마치는 시간은 평균 45일과 표준편차 7일을 가진 정규분포인 것을 보여 준다. 표본의 크기가 10일 때 표본평균의 샘플링분포에 대한 평균과 표준편차를 구하시오.

3 다음의 각 확률변수가 이산확률변수 또는 연속확률변수 중 어느 것인지 말하시오.

(a) 3시간 안에 판매된 기차 티켓의 수

(b) 웹사이트 탐색에 보낸 시간

(c) 슈퍼마켓의 계산대에 줄 서 있는 고객의 수

4 다음 z점수 **왼쪽**에 놓여진 표준정규곡선 아래의 면적을 찾으시오.

(a) $z = 2.35$

(b) $z = -1.87$

5 정규분포의 모수에 대한 다음 문장이 진실인지 거짓인지 말하시오. 거짓 문장에 대한 설명을 하시오.

(a) 정규분포의 모수는 평균 μ와 표준편차 σ이다.

(b) 모든 정규분포는 평균이 1이고 표준편차가 0이다.

(c) 같은 평균을 가진 정규분포의 곡선은 항상 같은 모양이다.

6 $\bar{x}$의 샘플링분포의 정의를 설명하시오.

7 연속확률변수 X는 영화관에서 상영하는 영화의 상영 시간(분)을 나타낸다. 그리고 $\mu = 195$와 $\sigma = 26$을 가진 정규분포이다. 영화가 임의로 선택되었을 경우, 이 영화가 다음과 같을 확률을 찾으시오.

(a) 201분보다 길 확률

(b) 194.5분보다 짧을 확률

8 $\mu = 39$, $\sigma = 7.6$과 표본 크기 $n = 140$인 모집단에 대한 각 $\bar{x}$값에 대응하는 z점수를 구하시오.

(a) $\bar{x} = 40.7$

(b) $\bar{x} = 38.1$

9 이산확률변수의 확률분포의 목적은 무엇인가?

10 평균 μ를 가진 모집단에 대해 100개의 90% 신뢰구간을 만들면 μ의 실제 값을 포함한 구간의 수는 약 몇 개인지 고르시오.

(a) 90

(b) 10

(c) 0개의 구간

11 '확률변수' 용어의 의미를 간단히 설명하시오.

12 다음 z점수 **오른쪽**에 놓여진 표준정규곡선 아래의 면적을 구하시오.

(a) $z = -1.94$

(b) $z = 2.23$

13 이산확률변수와 연속확률변수의 차이점을 설명하시오. 대답에 대한 이유를 각각의 유형에 대한 예를 사용하여 설명하시오.

14 주택 소유주의 월 융자 상환금의 분포는 약 $\mu = 1857.54$파운드와 $\sigma = 94.15$파운드를 가진 정규분포이다. x가 임의 표본 22명의 주택 소유주의 평균 월간 융자 상환금이라고 주어졌을 때 x의 샘플링분포를 자세히 설명하시오.

15 모표준편차 σ가 주어졌을때 모평균 μ에 대한 신뢰구간을 구하는 데 다음과 같은 공식을 사용해야 한다.

$$\bar{x} \pm z\frac{\sigma}{\sqrt{n}}$$

방법을 설명하고 99% 신뢰수준에 대한 z값을 찾으시오.

16 $\bar{x}$의 샘플링분포의 성질에 대한 다음 문장의 빈칸을 채우시오.

(a) 각 개별 표본의 평균은 고정된 _____ 평균보다 작거나 클 수 있다.

(b) 표본 크기가 증가할수록 $\sigma_{\bar{x}}$값은 _____.

(c) $\bar{x}$의 샘플링분포의 _____은/는 모평균과 같다.

(d) $\bar{x}$의 샘플링분포의 표준편차의 다른 이름은 표본평균의 _____이다.

17 다음 각각의 리스트는 표본평균 x, 표본 크기 n과 모집단 표준편차 σ에 대한 값을 보여 준다. $z = 1.64$를 사용해 각 리스트에 대한 90% 신뢰구간을 만드시오.

(a) $\bar{x} = 62$, $n = 31$, $\sigma = 16$

(b) $\bar{x} = 8.64$, $n = 100$, $s = 0.77$

18 (a) 모수와 표본통계량의 의미를 설명하시오.

(b) 모평균과 표본평균을 식별하는 표기법을 설명하시오.

19 평균이 63이고 표준편차가 9인 정규분포가 아닌 모집단이 있다. 임의 표본 크기 $n = 87$의 표본평균이 62보다 클 확률은 얼마인가?

(a) -1.04

(b) 0.1492

(c) 0.8508

20 $P(Z \le -0.31) = 0.3783$이 주어졌을 때, 표준정규분포표를 사용하지 않고 $P(Z > 0.31)$를 계산하시오. 답을 구한 과정을 설명하시오.

21 확률변수 X는 $\mu = 16$과 $\sigma = 3.4$인 정규분포를 가진 연속확률변수라고 한다. 다음을 찾으시오.

(a) $P(X \ge 14)$

(b) $P(X \le 19)$

(c) $P(15.5 \le X \le 16.5)$

22 모든 정규분포에 대해 평균으로부터 다음과 같은 거리를 가진 데이터의 백분율을 말하시오.

- 데이터의 약 ____ %는 $\mu - \sigma$와 $\mu + \sigma$ 사이인 평균으로부터 표준편차 내에 있다.

- 데이터의 약 ____ %는 $\mu - 2\sigma$와 $\mu + 2\sigma$ 사이인 평균으로부터 두 배의 표준편차 내에 있다.

- 데이터의 약 ____ %는 $\mu - 3\sigma$와 $\mu + 3\sigma$ 사이인 평균으로부터 세 배의 표준편차 내에 있다.

23 다음의 각 표는 확률변수 X의 가능한 모든 값과 그와 대응하는 확률을 나타낸다. 각 표가 나타내는 수치가 유효한 확률분포를 나타내는지를 결정하시오. 답변에 대한 이유를 설명하시오.

(a)

x	P(x)
0	0.34
1	0.96
2	0.12
3	0.07

(b)

x	P(x)
0	0.21
1	0.05
2	0.48
3	0.26

(c)

x	P(x)
0	0.31
1	0.16
2	−0.41
3	0.12

24 다음 두 값 **사이의** 표준정규곡선 아래 면적을 찾으시오.

(a) $z = -0.72$, $z = -1.25$

(b) $z = 1.95$, $z = 2.34$

25 이력 정보에서, 기업 이벤트 주최자는 이벤트를 편성하는 데 걸리는 시간이 0.25일의 모집단 표준편차를 가진 정규분포라는 것을 알고 있다.

$\bar{x} = 8$일이었고, 모든 이벤트를 편성하는 시간의 평균에 대한 95% 신뢰구간은(7.928, 8.072)이다. 이 신뢰구간을 해석하는 문장을 작성하시오.

26 물리 치료 센터는 환자에게 오전, 오후 또는 저녁 예약 시간을 제시할 수 있다. 어느 특정한 날에, 4명의 환자가 센터에 예약하려고 전화를 했다. X가 4명 중에 저녁 예약 시간을 선택한 환자의 수일 때 X로 추정할 수 있는 값을 적으시오.

27 예제에서 공부한 대로 표준정규분포표를 사용해 표준정규곡선 아래 왼쪽 면적을 가진 z점수를 찾을 때 필요한 과정을 설명하시오. 표가 양과 음의 z점수 범위의 왼쪽의 누적 확률을 제공하고 주어진 면적이 표에서 보여 주는 값이라고 가정하시오.

28 $\mu = 117$과 $\sigma = 14.9$를 가진 정규분포에 대해 다음의 각 x값에 대한 z점수를 구하시오.

(a) $x = 150$

(b) $x = 91$

29 국제 택배 회사를 통해 운송되는 소포 무게의 평균은 3.44kg이고, 표준편차는 0.27kg이다.

(a) 200개의 소포를 포함한 표본의 표본평균 무게의 샘플링분포를 설명하시오.

(b) 소포 무게의 분포가 정규분포가 아니라는 것을 안다면, (a)의 답에 영향을 미치는가? 대답에 대한 이유를 설명하시오.

30 모집단은 정규분포를 따르고 표준편차는 68.7이다. 이 모집단에서 크기가 17인 임의 표본을 선택하여 얻은 표본평균은 251.4이다. 90%, 95%, 99%의 신뢰수준을 사용해 모평균에 대한 신뢰구간을 만드시오.

31 이산확률변수의 확률분포는 다음 두 가지 성질을 만족시켜야 한다.

(a) 변수의 각 값에 대응하는 확률은 _____와/과 _____ 사이여야 한다.

(b) 변수의 모든 가능한 값에 대응하는 확률의 _____은/는 1이어야 한다.

32 180표본 가구의 아파트 월세 평균은 726파운드이다. 월세의 모집단 표준편차는 46파운드이다.

(a) 모든 아파트의 월세의 모평균에 대한 점추정치는 얼마인가?

(b) 모든 아파트의 월세의 평균에 대한 95% 신뢰구간을 만드시오.

33 대용량 모집단은 모수 $\mu = 17$와 $\sigma = 3$을 가지고 있다.

(a) $n = 100$인 크기를 가진 표본에 대한 $\bar{x}$의 샘플링분포를 정의하시오.

(b) (a)에 답할 때 가정한 사실들이 있었는가? 대답에 대해 설명하시오.

(c) 다른 정보 없이 $n = 4$의 크기를 가진 표본에 대한 $\bar{x}$의 샘플링분포를 정의할 수 있는가?

34 (a) 평균의 증가가 정규분포의 곡선에 어떤 영향을 미치는지 설명하시오.

(b) 표준편차의 감소가 정규분포의 곡선에 어떤 영향을 미치는지 설명하시오.

35 모집단이 평균이 138이고 표준편차가 21인 정규분포이다. 표준정규표를 사용해서 크기가 $n = 25$인 임의 표본의 평균이 다음과 같을 확률을 구하시오.

(a) 128보다 작을 경우

(b) 128보다 클 경우

36 $P(Z < 1.21) = 0.8869$로 주어졌을 때 표준정규분포표를 사용하지 않고 $P(Z \geq 1.21)$을 계산하시오. 답을 구한 과정을 설명하시오.

37 다음 문장이 진실인지 거짓인지 말하시오. 거짓 문장에 대해 설명하시오.

(a) 샘플링분포는 모수의 확률분포이다.

(b) 데이터 수집을 위해 표본을 선택하는 대신 총조사를 실시하는 것이 더 빠르고 효율적이다.

(c) 표본통계량은 확률변수이다.

38 다음 99% 신뢰구간에 대한 해석 문장이 옳지 않은 이유를 설명하시오. '구간이 표본평균을 포함할 가능성은 99%이다.'

39 정규분포의 성질들에 대한 다음 문장의 빈칸을 채우시오.

(a) 정규곡선 아래의 _____합은 1과 같다.

(b) _____에 대한 대칭분포이다.

(c) 곡선의 왼쪽 면은 _____ 면에 대해 좌우대칭이다. 평균의 각 면에 대해 곡선 아래의 면적은 _____와/과 같다.

(d) 곡선은 _____축을 따라 점근적이다.

40 다음 표는 제조 공장에서 3개월 동안 작업 기계가 고장난 횟수에 대한 확률분포를 나타낸다. 이 확률분포가 유효한지 결정하고 답을 설명하시오.

고장난 기계 수	확률
0	0.1359
1	0.3441
2	0.0593
3	0.2982
4	0.0417
5	0.1208

연습문제 해답

1 모수의 점 추정치는 표본통계량의 하나의 특정값이다. 구간 추정치는 모수를 포함한다고 기대하는 값의 범위를 제공한다.

2 표본평균에 대한 샘플링분포의 평균은 45일이고 표준편차는 2.214일이다.

3 (a) 이산형 확률변수

(b) 연속형 확률변수

(c) 이산형 확률변수

4 표준정규분포표를 활용하여

(a) $z = 2.35$ **왼쪽** x 곡선 아래 면적은 0.9906

(b) $z = -1.87$ **왼쪽** 곡선 아래 면적은 0.0307

5 (a) 참

(b) 거짓. 각 독특한 정규분포는 특정 평균과 표준편차를 가지고 있다. 표준정규분포만이 평균이 1이고 표준편차가 0이다.

(c) 거짓. 같은 평균을 가진 정규분포에서는 x축에 놓인 곡선의 중앙 지점은 같지만 표준편차의 값은 곡선의 퍼짐에 영향을 미친다. 표준편차의 증가는 더 큰 퍼짐을 가진 평평한 넓은 곡선을 보여 주는 반면 더 작은 표준편차는 높고 좁은 곡선으로 표시된다.

6 $\bar{x}$의 샘플링분포는 모집단에서 크기 n을 가진 표본에 대해 계산될 수 있는 가능한 모든 값에 대응하는 확률분포이다.

7 (a) $x = 201$을 z점수로 변환하면,

$$z = \frac{x - \mu}{\sigma} = \frac{201 - 195}{26} = 0.23$$

표준정규분포표를 활용하면

$$P(Z > 0.23) = 1 - 0.5910 = 0.4090$$

그러므로

$$P(X > 201) = 0.4090$$

(b) $x = 194.5$를 z점수로 변환하면,

$$z = \frac{x - \mu}{\sigma} = \frac{194.5 - 195}{26} = -0.02$$

표준정규분포표를 활용하면

$$P(Z < -0.02) = 0.4920$$

그러므로

$$P(X < 194.5) = 0.4920$$

8 대표본이므로 모집단 분포와 관계없이

$$\mu_{\bar{x}} = \mu = 39$$

$$\sigma_{\bar{x}} = \frac{\sigma}{\sqrt{n}} = \frac{7.6}{\sqrt{140}} = 0.642$$

(a) $\bar{x} = 40.7$을 z점수로 변환하면(표준화하면)

$$z = \frac{\bar{x} - \mu}{\sigma_{\bar{x}}} = \frac{40.7 - 39}{0.642} = 2.65$$

(b) $\bar{x} = 38.1$을 z점수로 변환하면(표준화하면)

$$z = \frac{\bar{x} - \mu}{\sigma_{\bar{x}}} = \frac{38.1 - 39}{0.642} = -1.40$$

9 이산형 확률분포는 확률변수가 가질 수 있는 값과 그에 대응하는 확률에 대한 정보를 제공한다.

10 옵션 (a). 100개의 모집단 평균에 대한 90% 신뢰구간 중 약 90개는 모집단 평균의 참 값을 포함하고 있다.

11 확률변수는 확률실험의 모든 결과를 숫자로 표현한 값이다.

12 표준정규분포표에 의해

(a) $P(Z \leq -1.94) = 0.0262$이므로 $P(Z > -1.94) = 1 - 0.0262 = 0.9738$.

(b) $P(Z \leq 2.23) = 0.9871$이므로 $P(Z > 2.23) = 1 - 0.9871 = 0.0129$.

13 이산확률변수는 측정보다는 하나하나 세어서 모든 가능한 값을 적을 수 있다. 대부분의 이산확률변수의 가능한 결과의 수는 제한되어 있다(예 : 한 시간 동안 접수된 고객 불만의 수). 실험이 측정을 포함하는 경우, 결과가 주어진 구간 내의 수치인 연속확률변수를 정

의할 수 있다. 이 경우, 가능한 결과의 수가 무한할 수 있기 때문에 모두 기록할 수 없다 (예 : 매일 집에서부터 회사까지 출퇴근하는 데 걸리는 시간).

14 $\bar{x}$의 샘플링분포는 정규분포이다.

$\bar{x}$의 샘플링분포의 평균은 모평균 1857.54파운드와 같다. $\bar{x}$의 샘플링분포의 표준편차는 다음과 같다.

$$\sigma_{\bar{x}} = \frac{\sigma}{\sqrt{n}} = \frac{94.15}{\sqrt{22}} = £20.07$$

15 99% 신뢰수준에 대해 표준정규곡선 아래 면적이 0.99를 나타내는 z점수를 찾아야 한다. 표준정규분포표를 활용하여 z점수는 −2.58과 2.58이다. 그러므로 공식의 z점수는 2.58 이다.

16 (a) 모집단

(b) 작은

(c) 평균

(d) 표준, 오차

17 (a) 90% 신뢰구간의 z점수는 1.64이므로

$$\bar{x} \pm z\frac{\sigma}{\sqrt{n}} = 62 \pm 1.64 \times \frac{16}{\sqrt{31}} = 62 \pm 4.713 \quad \text{즉, } (57.287, 66.713)$$

(b) 90% 신뢰구간의 z점수는 1.64이므로

$$\bar{x} \pm z\frac{\sigma}{\sqrt{n}} = 8.64 \pm 1.64 \times \frac{0.77}{\sqrt{100}} = 8.64 \pm 0.126 \quad \text{즉, } (8.514, 8.766)$$

18 (a) 모수는 모집단에 대해 측정된 양이다. 일반적으로 이것은 알 수 없는 고정된 값이다. 표본통계량은 모집단으로부터 수집된 표본에 대한 측정된 양을 나타낸다. 이것은 모든 표본에 대해 계산될 수 있고 이 값은 표본에 포함된 선택된 모집단의 데이터들에 따라 달라진다.

(b) 모집단 평균은 μ로 나타내고 표본평균은 $\bar{x}$로 나타낸다.

19 옵션 (c). 대응하는 z 점수는 −1.04이고 이 점 왼쪽의 표준정규곡선 아래 면적은 0.1492 이기 때문에 $n = 87$의 크기를 가진 임의 표본의 평균이 62보다 클 확률은 1 − 0.1492 = 0.8508이다.

20 표준정규분포가 평균에 대해 대칭이므로, $P(Z > 0.31)$는 $P(Z \leq -0.31)$과 같고, 그래서 $P(Z > 0.31) = 0.3783$.

21 (a) $x = 14$를 z점수로 변환하면,

$$z = \frac{x - \mu}{\sigma} = \frac{14 - 16}{3.4} = -0.59$$

표준정규분포표를 활용하면

$$P(Z \geq -0.59) = 0.7224$$

그러므로

$$P(X \geq 14) = 0.7224$$

(b) $x = 19$를 z점수로 변환하면,

$$z = \frac{x - \mu}{\sigma} = \frac{19 - 16}{3.4} = 0.88$$

표준정규분포표를 활용하면

$$P(Z \leq 0.88) = 0.8106$$

그러므로

$$P(X \leq 19) = 0.8106$$

(c) $x = 15.5$를 z점수로 변환하면,

$$z = \frac{x - \mu}{\sigma} = \frac{15.5 - 16}{3.4} = -0.15$$

$x = 16.5$이면

$$z = \frac{x - \mu}{\sigma} = \frac{16.5 - 16}{3.4} = 0.15$$

표준정규분포표를 활용하면

$$P(Z \leq -0.15) = 0.4404 \quad \text{그리고} \quad P(Z \leq 0.15) = 0.5596$$

그래서

$$P(-0.15 \leq Z \leq 0.15) = 0.5596 - 0.4404 = 0.1192$$

그러므로

$$P(15.5 \leq X \leq 16.5) = 0.1192$$

22 68, 95, 99.7

23 (a) 아니다. 확률의 합이 1이 아니기 때문에 확률분포는 유효하지 않다.

(b) 그렇다. 각 확률이 0과 1 사이에 있고 확률의 합이 1이기 때문에 이것은 유효한 확률분포이다.

(c) 아니다. 하나의 확률이 0보다 작기 때문에 확률분포는 유효하지 않다.

24 표준정규분포표를 활용하면,

(a) $z = -0.72$ 왼쪽의 표준정규곡선 아래 면적은 0.2358이고 $z = -1.25$의 경우는 0.1057이므로 구하는 면적은 $0.2358 - 0.1057 = 0.1301$이다.

(b) $z = 1.95$ 왼쪽의 표준정규곡선 아래 면적은 0.9744이고 $z = 2.34$의 경우는 0.9904이므로 구하는 면적은 $0.9904 - 0.9744 = 0.0160$이다.

25 신뢰구간(7.928, 8.072)은 모든 이벤트를 편성하는 데 소요되는 평균 시간(알지 못함)을 포함할 확률이 95%이다.

26 확률변수 X는 $x = 0, 1, 2, 3, 4$ 값을 갖는다.

27 표준정규분포표가 양과 음의 z점수 범위의 왼쪽의 누적 확률을 나타내고 주어진 면적이 표에서 보여 주는 값이라고 가정하면 다음 예는 표준정규분포표를 사용해 표준정규곡선 왼쪽 아래 면적이 0.6217을 가진 z점수를 찾을 때 필요한 과정을 설명한다.

1. 분포표의 셀에서 0.6217 값(없다면 가장 가까운 값이 있는 셀)을 찾는다.

z	0.00	0.01	0.02	0.03	0.04	0.05	...
...							
0.2		0.5832					
0.3	0.6179	0.6217	0.6255	0.6293	0.6331	0.6368	
0.4		0.6591					
0.5		0.6950					
0.6		0.7291					
0.7		0.7611					
...							

2. 선택된 셀의 행 값을 첫 자리, 열 값을 뒤에 결합하여 z점수 값을 얻는다.

0.6217이 속한 행 값 0.3, 열 값 0.01이므로 z점수는 0.31이다.

28 (a) 표준화 공식을 적용하여 $x = 150$을 z점수로 변환하면 다음과 같다.

$$z = \frac{x - \mu}{\sigma} = \frac{150 - 117}{14.9} = 2.21$$

(b) 표준화 공식을 적용하여 $x = 91$을 z점수로 변환하면 다음과 같다.

$$z = \frac{x - \mu}{\sigma} = \frac{91 - 117}{14.9} = -1.74$$

29 (a) 200개의 소포 표본의 표본평균 무게에 대한 샘플링분포는 평균 3.44kg과 표준편차 0.019kg을 가진 정규분포이다.

(b) 아니다. 표본 크기($n \geq 30$)가 크므로 샘플링분포는 원 모집단의 분포와 상관없이 정규분포이기 때문에 (a)답에 영향을 미치지 않는다.

30 $\bar{x} \pm z\dfrac{\sigma}{\sqrt{n}} = 251.4 \pm 1.64 \times \dfrac{68.7}{\sqrt{17}} = 251.4 \pm 27.326$에 의해 90% 신뢰구간은 (224.074, 278.726)이다.

$\bar{x} \pm z\dfrac{\sigma}{\sqrt{n}} = 251.4 \pm 1.96 \times \dfrac{68.7}{\sqrt{17}} = 251.4 \pm 32.658$에 의해 95% 신뢰구간은 (218.742, 284.058)이다.

$\bar{x} \pm z\dfrac{\sigma}{\sqrt{n}} = 251.4 \pm 2.58 \times \dfrac{68.7}{\sqrt{17}} = 251.4 \pm 42.988$에 의해 99% 신뢰구간은 (208.412, 294.388)이다.

31 (a) 0, 1

(b) 합

32 (a) 전체 아파트 월세 평균은 표본평균 726파운드이다.

(b) $\bar{x} \pm z\dfrac{\sigma}{\sqrt{n}} = 726 \pm 1.96 \times \dfrac{46}{\sqrt{180}} = 726 \pm 6.72$에 의해 95% 신뢰구간은 (719.28, 732.72)이다.

33 (a) 표본 크기 100인 $\bar{x}$의 샘플링분포는 $\mu = 17$, $\sigma = 0.3$인 정규분포에 근사한다.

(b) 아니다. $\bar{x}$의 샘플링분포는 모집단의 분포와 상관없이 정규분포이고 어떠한 가정도 할 필요가 없다.

(c) 아니다. $\bar{x}$의 샘플링분포를 정의하려면 관심 모집단이 정규분포인지 알아야 한다.

34 (a) 평균은 x축상의 곡선의 중심의 위치를 결정한다. 분포의 평균 증가는 곡선을 오른쪽으로 이동시키지만, 전체적인 모양은 변하지 않는다.

(b) 정규분포의 표준편차는 곡선의 퍼짐에 영향을 미친다. 표준편차를 감소시키면 폭이 좁고 높이가 높은 곡선을 나타내지만 곡선의 중앙 점의 위치는 동일하다.

35 모집단이 정규분포를 따르므로 다음과 같다.

$$\mu_{\bar{x}} = \mu = 138$$

$$\sigma_{\bar{x}} = \frac{\sigma}{\sqrt{n}} = \frac{21}{\sqrt{25}} = 4.2$$

(a) $\bar{x} = 128$의 z점수를 구하면 다음과 같다.

$$z = \frac{\bar{x} - \mu}{\sigma_{\bar{x}}} = \frac{128 - 138}{4.2} = -2.38$$

표준정규분포표를 활용하여 $z = -2.38$ 왼쪽의 표준정규곡선 아래 면적은 0.0087이다. 그러므로 표본 크기 25인 표본평균이 128보다 작은 값일 확률은 0.0087이다.

(b) 표준정규곡선 전체 면적은 1이므로 표본 크기 25인 표본평균이 128보다 클 확률은 $1 - P(X < 128) = 1 - 0.0087 = 0.9913$이다.

36 표준정규곡선 전체 면적은 1이므로 $P(Z \geq 1.21) = 1 - P(Z < 1.21) = 1 - 0.8869 = 0.1131$이다.

37 (a) 거짓. 샘플링분포는 표본통계량의 확률분포이다.

(b) 거짓. 모집단 전체 개체에 대한 데이터 수집보다 표본 데이터 수집이 경제적이고 시간 효율적이다.

(c) 참

38 구간은 표본평균을 값들의 범위의 중앙에 두고 구성하기 때문에 신뢰구간은 확실히 표본평균을 포함할 것이다. 그러므로 이 구간이 표본평균을 포함할 가능성은 100%이다.

39 (a) 면적   (b) 평균   (c) 오른쪽, 0.5   (d) 수평선

40 그렇다. 각 확률이 0과 1 사이에 있고 확률의 합이 1이기 때문에 이것은 유용한 확률분포이다.

표준정규분포

표 값은 표준정규분포곡선에서 z값 왼쪽
면적을 나타낸다. 표를 사용하는 방법은
10장 예제를 참고하면 된다.

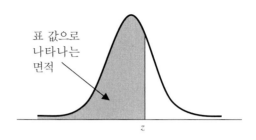

표 값으로
나타나는
면적

z	0.00	0.01	0.02	0.03	0.04	0.05	0.06	0.07	0.08	0.09
−3.0	0.0013	0.0013	0.0013	0.0012	0.0012	0.0011	0.0011	0.0011	0.0010	0.0010
−2.9	0.0019	0.0018	0.0018	0.0017	0.0016	0.0016	0.0015	0.0015	0.0014	0.0014
−2.8	0.0026	0.0025	0.0024	0.0023	0.0023	0.0022	0.0021	0.0021	0.0020	0.0019
−2.7	0.0035	0.0034	0.0033	0.0032	0.0031	0.0030	0.0029	0.0028	0.0027	0.0026
−2.6	0.0047	0.0045	0.0044	0.0043	0.0041	0.0040	0.0039	0.0038	0.0037	0.0036
−2.5	0.0062	0.0060	0.0059	0.0057	0.0055	0.0054	0.0052	0.0051	0.0049	0.0048
−2.4	0.0082	0.0080	0.0078	0.0075	0.0073	0.0071	0.0069	0.0068	0.0066	0.0064
−2.3	0.0107	0.0104	0.0102	0.0099	0.0096	0.0094	0.0091	0.0089	0.0087	0.0084
−2.2	0.0139	0.0136	0.0132	0.0129	0.0125	0.0122	0.0119	0.0116	0.0113	0.0110
−2.1	0.0179	0.0174	0.0170	0.0166	0.0162	0.0158	0.0154	0.0150	0.0146	0.0143
−2.0	0.0228	0.0222	0.0217	0.0212	0.0207	0.0202	0.0197	0.0192	0.0188	0.0183
−1.9	0.0287	0.0281	0.0274	0.0268	0.0262	0.0256	0.0250	0.0244	0.0239	0.0233
−1.8	0.0359	0.0351	0.0344	0.0336	0.0329	0.0322	0.0314	0.0307	0.0301	0.0294
−1.7	0.0446	0.0436	0.0427	0.0418	0.0409	0.0401	0.0392	0.0384	0.0375	0.0367
−1.6	0.0548	0.0537	0.0526	0.0516	0.0505	0.0495	0.0485	0.0475	0.0465	0.0455
−1.5	0.0668	0.0655	0.0643	0.0630	0.0618	0.0606	0.0594	0.0582	0.0571	0.0559
−1.4	0.0808	0.0793	0.0778	0.0764	0.0749	0.0735	0.0721	0.0708	0.0694	0.0681

〈계속〉

z	0.00	0.01	0.02	0.03	0.04	0.05	0.06	0.07	0.08	0.09
−1.3	0.0968	0.0951	0.0934	0.0918	0.0901	0.0885	0.0869	0.0853	0.0838	0.0823
−1.2	0.1151	0.1131	0.1112	0.1093	0.1075	0.1056	0.1038	0.1020	0.1003	0.0985
−1.1	0.1357	0.1335	0.1314	0.1292	0.1271	0.1251	0.1230	0.1210	0.1190	0.1170
−1.0	0.1587	0.1562	0.1539	0.1515	0.1492	0.1469	0.1446	0.1423	0.1401	0.1379
−0.9	0.1841	0.1814	0.1788	0.1762	0.1736	0.1711	0.1685	0.1660	0.1635	0.1611
−0.8	0.2119	0.2090	0.2061	0.2033	0.2005	0.1977	0.1949	0.1922	0.1894	0.1867
−0.7	0.2420	0.2389	0.2358	0.2327	0.2296	0.2266	0.2236	0.2206	0.2177	0.2148
−0.6	0.2743	0.2709	0.2676	0.2643	0.2611	0.2578	0.2546	0.2514	0.2483	0.2451
−0.5	0.3085	0.3050	0.3015	0.2981	0.2946	0.2912	0.2877	0.2843	0.2810	0.2776
−0.4	0.3446	0.3409	0.3372	0.3336	0.3300	0.3264	0.3228	0.3192	0.3156	0.3121
−0.3	0.3821	0.3783	0.3745	0.3707	0.3669	0.3632	0.3594	0.3557	0.3520	0.3483
−0.2	0.4207	0.4168	0.4129	0.4090	0.4052	0.4013	0.3974	0.3936	0.3897	0.3859
−0.1	0.4602	0.4562	0.4522	0.4483	0.4443	0.4404	0.4364	0.4325	0.4286	0.4247
−0.0	0.5000	0.4960	0.4920	0.4880	0.4840	0.4801	0.4761	0.4721	0.4681	0.4641

z	0.00	0.01	0.02	0.03	0.04	0.05	0.06	0.07	0.08	0.09
0.0	0.5000	0.5040	0.5080	0.5120	0.5160	0.5199	0.5239	0.5279	0.5319	0.5359
0.1	0.5398	0.5438	0.5478	0.5517	0.5557	0.5596	0.5636	0.5675	0.5714	0.5753
0.2	0.5793	0.5832	0.5871	0.5910	0.5948	0.5987	0.6026	0.6064	0.6103	0.6141
0.3	0.6179	0.6217	0.6255	0.6293	0.6331	0.6368	0.6406	0.6443	0.6480	0.6517
0.4	0.6554	0.6591	0.6628	0.6664	0.6700	0.6736	0.6772	0.6808	0.6844	0.6879
0.5	0.6915	0.6950	0.6985	0.7019	0.7054	0.7088	0.7123	0.7157	0.7190	0.7224
0.6	0.7257	0.7291	0.7324	0.7357	0.7389	0.7422	0.7454	0.7486	0.7517	0.7549
0.7	0.7580	0.7611	0.7642	0.7673	0.7704	0.7734	0.7764	0.7794	0.7823	0.7852
0.8	0.7881	0.7910	0.7939	0.7967	0.7995	0.8023	0.8051	0.8078	0.8106	0.8133
0.9	0.8159	0.8186	0.8212	0.8238	0.8264	0.8289	0.8315	0.8340	0.8365	0.8389
1.0	0.8413	0.8438	0.8461	0.8485	0.8508	0.8531	0.8554	0.8577	0.8599	0.8621
1.1	0.8643	0.8665	0.8686	0.8708	0.8729	0.8749	0.8770	0.8790	0.8810	0.8830

〈계속〉

z	0.00	0.01	0.02	0.03	0.04	0.05	0.06	0.07	0.08	0.09
1.2	0.8849	0.8869	0.8888	0.8907	0.8925	0.8944	0.8962	0.8980	0.8997	0.9015
1.3	0.9032	0.9049	0.9066	0.9082	0.9099	0.9115	0.9131	0.9147	0.9162	0.9177
1.4	0.9192	0.9207	0.9222	0.9236	0.9251	0.9265	0.9279	0.9292	0.9306	0.9319
1.5	0.9332	0.9345	0.9357	0.9370	0.9382	0.9394	0.9406	0.9418	0.9429	0.9441
1.6	0.9452	0.9463	0.9474	0.9484	0.9495	0.9505	0.9515	0.9525	0.9535	0.9545
1.7	0.9554	0.9564	0.9573	0.9582	0.9591	0.9599	0.9608	0.9616	0.9625	0.9633
1.8	0.9641	0.9649	0.9656	0.9664	0.9671	0.9678	0.9686	0.9693	0.9699	0.9706
1.9	0.9713	0.9719	0.9726	0.9732	0.9738	0.9744	0.9750	0.9756	0.9761	0.9767
2.0	0.9772	0.9778	0.9783	0.9788	0.9793	0.9798	0.9803	0.9808	0.9812	0.9817
2.1	0.9821	0.9826	0.9830	0.9834	0.9838	0.9842	0.9846	0.9850	0.9854	0.9857
2.2	0.9861	0.9864	0.9868	0.9871	0.9875	0.9878	0.9881	0.9884	0.9887	0.9890
2.3	0.9893	0.9896	0.9898	0.9901	0.9904	0.9906	0.9909	0.9911	0.9913	0.9916
2.4	0.9918	0.9920	0.9922	0.9925	0.9927	0.9929	0.9931	0.9932	0.9934	0.9936
2.5	0.9938	0.9940	0.9941	0.9943	0.9945	0.9946	0.9948	0.9949	0.9951	0.9952
2.6	0.9953	0.9955	0.9956	0.9957	0.9959	0.9960	0.9961	0.9962	0.9963	0.9964
2.7	0.9965	0.9966	0.9967	0.9968	0.9969	0.9970	0.9971	0.9972	0.9973	0.9974
2.8	0.9974	0.9975	0.9976	0.9977	0.9977	0.9978	0.9979	0.9979	0.9980	0.9981
2.9	0.9981	0.9982	0.9982	0.9983	0.9984	0.9984	0.9985	0.9985	0.9986	0.9986
3.0	0.9987	0.9987	0.9987	0.9988	0.9988	0.9989	0.9989	0.9989	0.9990	0.9990

표 값은 엑셀의 NORMDIST 함수를 사용하여 얻은 값이다.

가중평균(weighted mean) 가중치를 사용하여 구한 산술평균

개방형 질문(open question) 응답자들이 자신들의 의견을 직접 기입할 수 있도록 구성한 질문

결합평균(combined mean) 두 데이터의 평균값들의 산술평균

경험적 접근법(empirical approach) 확률실험의 각 결과가 발생할 확률이 동일하지 않을 경우 적용하는 확률 정의 방법

계급(class) 연속형 데이터의 빈도표를 위하여 데이터 범위를 일정 간격으로 나눈 그룹으로 구간 폭이 일정함

계급 경계(class boundary) 이전 계급의 계급 상한값(하한값)과 현재 계급의 계급 하한값(상한값)의 중간값

계급 상한(class boundary) 계급 구간의 높은 값

계급 중간값(class mid-point) 계급 한계값의 합을 2로 나눈 값

계급 폭(class width) 계급 구간의 높은 계급 경계에서 낮은 계급 경계를 뺀 값

계급 하한(lower class limit) 계급 구간의 낮은 값

계급 한계(upper class limit) 그룹화된 빈도표의 경우 계급 구간의 끝 점

계통추출(systematic sampling) 모집단의 리스트에 적혀 있는 모든 개체 중에 임의로 한 사람을 선택한 뒤 그다음 사람을 리스트에서 규칙적으로 일정한 간격을 두고 선택하는 것

고전적 접근법(classical approach) 실험에서 표본공간의 모든 결과의 발생 확률이 동일하다는 가정하에 확률을 정의하는 방법

곱셈법칙(multiplication rule) 두 사건의 교집합의 확률을 계산할 수 있는 방법

관측값(observation) 주어진 대상의 변수의 값

교집합(intersection) 두 사건의 원소들 중 표본공간에 공통적으로 포함된 원소들의 모임

구간추정치(interval estimate) 모수의 값을 구간으로 추정하는 경우

군집추출(cluster sampling) 모집단의 개체들을 집단 또는 군집으로 나눈 후 선택된 군집에 있는 모든 사람들로 표본을 구성하는 표본추출방법

그룹화된 빈도표(grouped frequency distribution) 연속형 데이터를 구간(그룹)을 만든 후 각 그룹에 포함되어 있는 데이터 값을 세어 정리한 빈도표

기술통계학(descriptive statistics) 데이터를 숫자나 그래프로 요약하여 정보를 얻는 데 활용되는 통계학

낮은 계급 경계(lower class boundary) 이전 계급의 계급 상한값과 현재 계급의 계급 하한값의 중간값

높은 계급 경계(upper class boundary) 현재 계급의 계급 상한값과 다음 계급의 계급 하한값의 중간값

누적 상대빈도(cumulative relative frequency) 누적빈도를 백분율로 표현한 값

누적빈도(cumulative frequency) 임의의 값보다 작거나 같은 값을 갖는 데이터 개수

다봉(multimodal) 최빈값을 2개 이상 갖는 데이터

다섯 숫자 요약(five-number summary) 최소값, 최대값, 제1사분위값, 제3사분위값, 중위수, 5개 값을 오름차순으로 나열한 요약

단순사건(simple event) 표본공간의 하나의 원소로 구성된 사건

단순선형회귀(simple linear regression) 종속변수는 y, 독립변수는 x인 일차 선형방정식과 오차항으로 이루어진 식

단순임의추출(simple random sampling) 모집단의 개체들이 표본으로 선택될 수 있는 가능성이 동일한 추출 방법

덧셈규칙(addition rule) 두 사건의 합집합을 계산하는 방법

데이터(data) 변수와 관측값으로 이루어진 행렬, 데이터 세트와 동일

데이터 세트(data set) 변수와 관측값으로 이루어진 행렬, 데이터와 동일

독립변수(independent variable) 종속변수의 값을 예측하는 데 사용하는 변수, 인과관계의 원인이 되는 변수

독립사건(independent events) 실험의 한 사건이 발생하는 것이 다른 한 사건이 발생하는 것에 영향을 주지 않을 경우 두 사건을 독립사건이라고 함

등확률 결과(equally likely outcomes) 확률실험의 각 결과가 발생할 확률이 동일한 경우

막대(바)차트(bar chart) 직사각형의 막대의 높이나 길이를 사용하여 각 범주의 빈도를 표현한 그래프

면접(interview) 조사지를 활용하여 대상자의 의견을 조사하는 방법

모수(population parameter) 모집단의 특성에 대한 값

모집단(population) 조사를 할 때 정보를 얻고자 하는 관심 집단, 즉 모든 사람들의 모임

무응답 편이(non-response bias) 조사 대상이 조사를 위한 데이터 제공을 하지 않아 발생하는 조사 편이

반응변수(response variable) 종속변수의 다른 이름

발생이 불가능한 사건(impossible event) 확률실험 결과로 발생할 수 없는 사건

발생할 것이 확실한 사건(certain event) 사건의 발생 확률이 정확하게 1인 사건

범위(range) 데이터의 최대값과 최소값의 차이

벤다이어그램(Venn diagram) 실험과 관련된 사건의 시각적 해석을 제공하는 데 사용하는 도구

변동계수(coefficient of variation) 표준편차를 평균으로 나눈 값을 비율로 표현한 것

변수(variable) 다양한 값을 가질 수 있는 특성 혹은 속성

변화율(gradient) 회귀선의 기울기

보간법(interpolation) 회귀선에서 데이터 범위 안의 독립변수 값에 대한 종속변수 값을 예측하는 방법

복합사건(compound event) 표본공간에 하나 이상의 원소를 포함한 사건

분산(variance) 편차(개별 데이터 값과 데이터의 평균과 차이)의 제곱합을 데이터 크기로 나눈 값

빈도표(frequency distribution) 데이터 개별값이나 구간과 이에 대응하는 데이터 개수인 빈도를 표로 나타낸 것

사건(event) 확률실험에서 하나 또는 그 이상의 결과들의 모임

사분위값(quartiles) 데이터를 크기순으로 정렬한 후 네 등분으로 나눈 값

사분위범위(interquartile range) 제3사분위값과 제1사분위값의 차이

산술평균(arithmetic mean) 데이터의 모든 값의 합을 데이터 총 개수로 나누어서 계산

산점도(scatter diagram) 2개의 양적변수의 값들을 나타내 그 변수들 사이의 잠재적인 관계를 관찰하고 싶을 때 사용하는 도표

상관계수(correlation coefficient) 두 양적변수 사이의 선형관계의 강도와 방향의 값

상대빈도(relative frequency) 특정 개별 값의 빈도를 빈도 총합으로 나눈 값

상대빈도확률(relative frequency probability) 확률에 대한 경험적 접근법의 다른 이름

상자 그림(box plot) 데이터의 순위 통계값과 변동성에 대한 정보를 알려주는 그래프

상자-수염 그림(box-and-whisker plot) 상자 그림의 다른 이름

상호배반사건(mutually exclusive events) 두 사건의 원소가 동시에 발생할 수 없는 경우

샘플링분포(sampling distribution) 표본통계량의 확률분포

선형관계(linear relationship) 이변량 데이터에 대한 산점도에 표시된 데이터가 나타낸 직선 관계

설명변수(explanatory variable) 독립변수의 다른 이름

설문지(questionnaire) 조사 대상자의 의견을 수렴하기 위하여 설문 형식으로 구성된 조사지

수정 상자 그림(modified box plot) 다섯 숫자 요약뿐만 아니라 데이터의 특이점(극단값, 이상값)을 표시할 때 사용하는 도표

시계열그림(time series plot)   각각의 관측치를 시간 주기에 의해 표시할 수 있는 그래프

신뢰구간(confidence interval)   미지의 모수가 포함되어 있을 가능성이 있는 구간

신뢰수준(confidence level)   신뢰구간이 미지의 모수를 포함할 가능성

실험(experiment)   반복할 수 있는 행동이나 과정

아래 사분위값(lower quartile)   데이터의 최소 25%와 나머지 세트로 구분하는 값

양봉(bimodal)   데이터가 2개의 최빈값을 가지고 있을 때

양의 상관관계(positive correlation)   두 양적변수 사이의 선형관계가 양인 관계

양적자료(quantitative data)   수치로 나타낼 수 있는 정보

여사건(complement event)   표본공간 내에 관심 사건에 포함되지 않은 나머지 원소들로 구성된 사건

연속형(continuous)   임의 구간의 어떤 값이라도 가질 수 있는 경우

연속확률변수(continuous random variable)   측정 실험에서 결과가 주어진 어떤 구간에서 하나 이상의 결과값이 관측될 수 있는 경우의 변수

외삽법(extrapolation)   회귀선에서 데이터 범위 밖의 독립변수 값에 대한 종속변수 값을 예측하는 방법

원자료(raw data)   질적 또는 양적자료 값들이 수집되는 순서로 기록한 자료

위 사분위값(upper quartile)   데이터의 최소 75%와 나머지 세트와 구분하는 값

음의 상관관계(negative correlation)   두 양적변수 사이의 선형관계가 음인 관계

응답자 편이(response bias)   면접 조사지 또는 설문지에 주어진 답변이 응답자의 진실과 의견을 반영하지 않을 경우에 발생함

응답자(respondent)   설문지의 질문에 답하는 사람

이변량 데이터(bivariate data)   2개 이상의 변수를 가진 데이터

이산형(discrete)   데이터가 가질 수 있는 값이 정수인 경우

이산확률변수(discrete random variable)   하나하나 세어서 모든 가능한 값을 기록한 변수

인과관계(cause-and-effect relationship)   한 변수의 변화가 다른 변수에 변화를 일으킨다는 것

일차방정식(linear equation)   절편과 기울기로 이루어진 직선 방정식

잔차(residual)   종속변수 실제 관측값과 회귀 적합값과의 차이

잠재변수(lurking variable)   두 변수의 인과관계에 영향을 주는 변수

저항성(resistant)   어떤 개념에 대하여 영향받는 정도가 거의 없음

적합선(line of best fit)   이변량 양적 데이터에 적합한 일차방정식

전수조사(census)   모집단에 속한 모든 사람에 대한 조사

점 추정치(point estimate)   모수의 값을 하나의 값으로 추정

정규곡선(normal curve)   좌우 대칭인 종 모양을 갖는 정규확률분포함수를 따르는 곡선

정규분포(normal distribution)   확률변수의 확률분포함수가 정규분포를 따르는 경우

제1사분위(first quartile)   데이터의 최소 25%와 나머지 세트로 구분하는 값

제3사분위값(third quartile)   데이터의 최소 75%와 나머지 세트와 구분하는 값

조건부 확률(conditional probability)   다른 사건이 이미 발생했다는 것이 주어졌을 때 관심 사건이 발생할 확률

종속변수(dependent variable)   독립변수에 의해 설명되는(예측되는) 변수, 인과관계에서 결과로 나타나는 변수

주관적 접근법(subjective approach)   개인의 주관이나 경험에 의해 확률을 정의하는 방법

줄기-잎 그림(stem and leaf diagram)   양적자료를 그래프로 나타낸 것으로 줄기가 구간, 잎이 빈도인 막대 차트(히스토그램)

중심극한정리(central limit theorem)   대표본에서 모집단의 분포와 상관없이 표본평균의 분포는 정규분포에 근사한다.

중앙 위치 척도(measure of central tendency)   데이터를 대표하는 '전형적인' 요약 값으로 데이터 값의 중앙을 나타내는 대표값

중위수(median)   크기 순서대로 정리된 데이터를 반으로 나누는 중간값, 데이터의 최소 50%와 나머지

세트로 구분하는 값

질적자료(qualitative data) 수치로 나타낼 수 없는 특징을 갖는 정보

최빈값(mode) 데이터에서 가장 빈번하게 나타나는 값

최소제곱법(least squares method) 오차 제곱 합을 최소화하는 값을 회귀선의 회귀계수 추정치로 사용하는 추정법

추론통계학(inferential statistics) 모집단에 대한 정보를 추정과 검정을 통하여 얻는 과정에 활용되는 통계학

층화추출(stratified sampling) 모집단 내에 속해 있는 많은 특성들을 나타낼 수 있는 그룹 또는 계층들로 모집단을 나눈 후 각 층에서 확률비례로 표본을 추출하는 방법

특이점(outlier) 데이터 내의 다른 값들에 비해 특이하게 크거나 작은 관측값

파이차트(pie chart) 질적자료를 나타낼 수 있는 원(파이) 도표

파일럿 연구(pilot study) 설문지 또는 면접에서 사용되는 질문 문항의 질을 평가하기 위해 진행하는 소규모 연구

편의추출(convenience sampling) 표본을 추출할 때 조사를 편리하게 진행할 수 있는 사람들만 선택하는 표본추출방법

편차(deviation) 개별 데이터 값과 데이터의 평균과의 차이

평균(average) 데이터의 모든 값의 합을 데이터 총 개수로 나누어서 계산

평균(mean) 데이터의 모든 값의 합을 데이터 총 개수로 나누어서 계산한 값

폐쇄형 질문(closed question) 응답자가 선택할 수 있는 답들이 보기로 정해져 있는 질문

표본 프레임(sampling frame) 모집단에 속해 있는 모든 사람들의 정보가 있는 리스트

표본(sample) 정보를 얻을 모집단에 속한 그룹

표본공간(sample space) 실험의 가능한 모든 결과의 집합

표본통계량(sample statistic) 표본 데이터를 수집할 경우 표본에 대한 관심 특성값

표준오차(standard error) 표본평균의 표준편차

표준정규곡선(standard normal curve) 평균이 0, 분산이 1이고 좌우 대칭인 종 모양을 갖는 정규확률분포함수를 따르는 곡선

표준정규분포(standard normal distribution) 확률변수의 확률분포함수가 평균이 0, 분산이 1인 정규분포를 따르는 경우

표준편차(standard deviation) 데이터 분산의 양의 제곱근

피면접인(interviewee) 면접 대상자

할당추출(quota sampling) 모집단의 특성을 사용해 편리하게 가능한 사람들을 정해진 인원수만큼 조사에 참여하는 방법

합집합(union) 두 사건 중 적어도 하나에 속해 있는 표본공간의 모든 원소의 모임

확률(probability) 불확실성이 내재되어 있는 상황에서 사건이 일어날 수 있는 가능성을 수치화한 것

확률모형(probability model) 실험 표본공간에서 각 원소에 대한 확률을 할당하는 모형

확률밀도함수(probability density function) 확률변수의 값과 이에 대응하는 확률을 수식으로 나타낸 함수 관계

확률변수(random variable) 임의 확률실험에서 발생 가능한 숫자를 가진 변수

확률분포(probability distribution) 확률밀도함수의 다른 이름

확률비례배분(proportional allocation) 계층 내의 모집단 크기에 비례하여 표본을 추출하는 방법

회귀선(regression line) 독립변수를 기초로 해서 종속변수에 대한 최선의 예측을 가능하게 하는 직선의 방정식

히스토그램(histogram) 그룹이나 계급으로 체계화된 양적자료를 막대차트로 표현한 그래프

1차 데이터(primary data) 면접 또는 설문지를 통해 분석자가 직접 수집한 데이터

2차 데이터(secondary data) 신문과 리포트 또는 정부나 기업의 출판물 그리고 역사적 기록들을 통해 이미 수집·공표된 데이터

y**절편**(y-intercept) 직선이 y축과 만나는 점

z**점수**(z-score) 데이터의 개별값에서 평균을 뺀 값을 표준편차로 나눈 값

저자 소개

Dawn Willoughby는 영국 레딩대학교에서 10년 동안 근무했고, 통계 분야의 수상 경력을 가진 작가이자 강사이다. 통계 및 컴퓨터 과학 학위를 갖춘 적임 수학 교사이며 현재는 사업 관리, 통계, 수학, 심리학, 정보 시스템 및 컴퓨터 과학을 포함한 분야에서 다양한 학부생 프로그램을 가르치고 있다.

강의실 밖에서는 다양한 교육 및 학습 관련 프로젝트에 참여하고 있다. 특히 기술을 사용해 학생들의 참여를 강화하고 학생들이 교육 단계들을 거칠 때 원활한 전환을 촉진하는 데 관심이 있다.

주요 임무는 수와 관련된 과목을 어려워하는 학생과 독자들이 통계에 쉽게 다가가도록 하는 것이다. 그는 모든 사람이 그들에게 제시된 숫자의 가치와 품질을 평가하는 법을 배워야 한다고 생각한다. 이것을 염두에 두고, 그녀는 영국 문화원 ELTons 2014에서 학습자 자료 혁신상을 수상한 학술 기술 시리즈의 첫 번째 책, **숫자 : 비전문가를 위한 데이터와 통계**를 공동 저술했다. 그는 고등 교육 아카데미의 연구원으로 전문적인 명성을 얻고 교육학 석사학위 과정을 밟고 있다.

교육 분야 외에 그는 예리한 사진 작가이며, 자유 시간은 좋은 책을 읽는 데 보낸다.

역자 소개

권세혁
성균관대학교 통계학 학사 및 석사
미국 노스캐롤라이나 주립대학 통계학 박사
한국전자통신연구원 선임연구원
현 한남대학교 경상대학 비즈니스통계학과 교수
통계학 강의노트 제공(http://wolfpack.hnu.ac.kr)